“博学而笃志，切问而近思。”

（《论语》）

博晓古今，可立一家之说；

学贯中西，或成经国之才。

复旦博学 · 复旦博学 · 复旦博学 · 复旦博学 · 复旦博学 · 复旦博学

普通高等教育"十一五"国家级规划教材

文科高等数学（第二版）

华宣积　谭永基　徐惠平　编著

博学·数学系列

复旦大学出版社
www.fudanpress.com.cn

内容提要

本书是上海市重点课程教材之一，是一本面向大学文史哲等人文科学和社会科学各专业学生的文化素质教材. 书中讲述了最基本的数学思想、概念、内容和方法，使学生在初等数学的基础上，通过学习高等数学，熟悉数学的语言和功能，提高推理、判断、论证和演算的能力，了解数学在社会科学中的一些应用，将来有可能在各自的领域中应用数学的思想和方法.

本书内容的广度和深度恰当，叙述简明扼要.

本书可作为高等学校有关文科各专业(不包括经济和管理专业)，本科和专科的教材，也是需要数学和爱好数学的有关人员的参考书.

第二版前言

根据6年来的教学情况和读者的宝贵意见，我们对本教材（第一版）作了如下的修改：加强了第六章概率统计初步的内容；删去附录 derive 软件部分；增加了一些有关的数学史资料；在书后附上习题的参考答案；还对教材的文字作了一些小的修改.我们希望这些改进能使本教材的质量进一步提高.

我们对关心本教材的同事、读者和编辑表示感谢.

编　者

2006 年 6 月

第一版前言

本教材是在《文科高等数学》讲义的基础上修改定稿的. 该讲义在复旦大学文科有关专业已经使用了 3 年. 它的部分内容还更早地在公共选修课中讲授过.

数学是研究数量关系和空间形式的科学. 它是科学和技术发展的基础. 它的严密性、逻辑性和高度抽象的特点，使得它有广泛的应用性. 数学对学生思维能力的培养、聪明智慧的启迪以及创造能力的开发都起着重要作用. 数学是一种语言. 随着数字化生存方式的发展，极限、变化率、概率、图像、坐标、优化和数学模型等等数学词汇的使用越来越频繁. 人们在思维、言谈和写作中，在文化创造和日常生活中将会越来越多地应用数学的概念和词汇. 数学是各类学科和社会活动中必不可少的工具. 不仅在自然科学领域，而且在社会科学和生命科学领域都需要建立数学模型. 在计算机飞速发展的今天，数学的作用与日俱增. 如果仅仅了解中学里所学的那些数学知识，就显得很不够了. 文科专业大学生修学高等数学，是十分有意义的也是势在必行的.

如何编写一本符合我国中学生基础的，内容的广度和深度恰当的，形式又能被文科大学生欢迎的高等数学教材，是一个长期探索的过程. 我们只是作了一些努力. 首先，在内容的取舍上，我们确定了"广而浅"的原则. 范围要广一些但又不求全；写得浅一些，但又要有实在的内容，使学生能从教材中学到一些高等数学的知识和得到一些能力的训练. 其次，我们希望学生对重要的数学思想、概念和方法能有所了解，对传递和接收信息的基本语汇能够运用，对推理、判断、论证和演算的能力要有所提高，但在技巧方面及习题难度上都不作过高的要求. 第三，我们尽可能多地列举出数学在各方面的应用实例，使学生了解数学是如何发挥作用的. 一旦自己的工作或生活领域中需要应用高等数学时，也能联想起来，不至于完全是生疏的.

我们曾用 72 学时或 36 学时讲授本教材，在学时数较少时将打" * "号的几段和一些例子删去不讲. 在使用本教材进行教学时，任课教师可根据学时数和学生的基础增加或删减一些内容，使教学活动更加有效.

本教材的第一章、第四章和第五章由华宣积执笔，第二章和第三章由徐惠平执笔，第六章及附录由谭永基执笔，全书由华宣积统稿.

在教材正式出版之际，我们要感谢复旦大学教务处. 他们多次组织我们参加

"综合知识"系列教材的座谈会,使我们逐步了解到文科学生的需要,开阔了思路. 特别是在今年 3 月,教务处邀请了 10 多位专家、教授专门对本教材的进一步修改提出了宝贵意见,使教材质量有了很大提高,我们对教务处及赴会的专家表示衷心的感谢. 复旦大学数学系的陆立强副教授与我们一起承担了上海市重点建设课程《文科高等数学》项目,在课件编制方面做了大量工作,他还对教材的修改提出过宝贵意见;承蒙姚允龙教授的应允,本书线性规划一节的一些例子引自他们编著的《应用数学基础》一书,我们在此一并表示感谢. 最后,我们感谢复旦大学出版社,他们的辛勤劳动使本书得以早日与读者见面.

限于学识与水平,本书的缺点和错误在所难免. 敬请专家和读者批评指正.

编　者

2000 年 6 月

目　　录

第一章　实数系与几何学

§1　实　数　系

1.1　自然数

最基本的数是

1, 2, 3, 4, 5,⋯

它们也是我们最熟悉的数,被称为自然数或正整数.自然数的全体构成的集合记为

$$\mathbf{N}=\{1, 2, 3, 4, 5, \cdots\}.$$

它是一个无限的序列,5 的后面是 $5+1=6$, 6 的后面是 $6+1=7$, ⋯.称 6 是 5 的后继,7 是 6 的后继.虽然不能将所有的自然数都写出来,但我们还是能知道 1 000 属于 $\mathbf{N}$,999.5 不属于 $\mathbf{N}$,即

$$1\,000\in\mathbf{N},\ 999.5\notin\mathbf{N}.$$

自然数序列自"1"开始.每个自然数都有一个后继数,一个继续一个,无穷无尽.

两个自然数可以相加,$a\in\mathbf{N}$, $b\in\mathbf{N}$,则有唯一的

$$a+b\in\mathbf{N}.$$

自然数的加法满足结合律和交换律.即对任意的自然数 a, b 和 c,成立

$$(a+b)+c=a+(b+c),$$

和

$$a+b=b+a.$$

两个自然数可以相乘,乘法满足下列性质.设 a, b 和 c 都是自然数,则

$$ab\in\mathbf{N};$$

$$a\cdot 1=a;$$

$$ab = ba;$$

$$(ab)c = a(bc);$$

$$a(b+c) = ab + ac;$$

$$(a+b)c = ac + bc.$$

两个自然数是可以比较大小的. $a \in \mathbf{N}$, $b \in \mathbf{N}$, 则下列 3 个式子中有且仅有一个成立：

$$a < b,$$

$$a = b,$$

$$a > b.$$

如果 $a < b$, 则有唯一的 $c \in \mathbf{N}$,使 $a + c = b$.

如果 a, b 和 c 都是自然数,则

$$a < b,\ b < c \Rightarrow a < c,$$

$$a < b \Rightarrow a + c < b + c,$$

$$a < b \Rightarrow ac < bc.$$

$\Rightarrow$表示"可以推出". 因为 $\mathbf{N}$ 中的任何两个自然数都可以比较大小,我们说 $\mathbf{N}$ 是有序的.

以上这些事实是中学里都学过的,是人们对自然数的直观的认识. 1889 年,意大利数学家 G. Peano(皮亚诺,1858—1932 年)规定了自然数集合满足 5 条公理. 由这些公理出发去推导自然数的其他性质和运算规律. 有兴趣的读者可参阅《中国百科全书》数学卷.

1.2 $\sqrt{2}$不是两个整数的比值

两个自然数相减所得到的差不一定是自然数. 例如

$$3 - 5 = -2.$$

于是将自然数集合扩充,使得在新的集合中减法运算也可以进行. 这个集合就是整数集

$$\mathbf{Z} = \{\cdots, -3, -2, -1, 0, 1, 2, 3, \cdots\}.$$

显然 $\mathbf{N} \subset \mathbf{Z}$.

整数集中的任何两个数相加、相减或相乘,所得的结果仍是整数. 我们说它对加法、减法和乘法运算是可以进行的(即是封闭的,反之则是不封闭的).

$\mathbf{Z}$ 对除法运算是不封闭的. 例如

$$\frac{2}{3} \notin \mathbf{Z}.$$

于是进一步将整数集合扩充,使新的集合对加、减、乘、除四则运算都是封闭的. 这就是有理数集

$$\mathbf{Q} = \left\{ \frac{p}{q} \middle| p \in \mathbf{Z},\ q \in \mathbf{N} \right\}.$$

例如

$$\frac{2}{3} \div \frac{-5}{6} = \frac{-12}{15} = \frac{-4}{5} \in \mathbf{Q}.$$

当然在进行除法运算时,规定除数不能等于 0.

如果取 $q = 1$, 那么有理数 $\frac{p}{q} = p$, 就是一个整数. 这说明所有整数都属于 $\mathbf{Q}$,即

$$\mathbf{Z} \subset \mathbf{Q}.$$

应用直角三角形勾股定理求斜边长的时候,产生了新的矛盾. 设两条直角边的长都是 1,则斜边长 c 满足

$$c^2 = 1 + 1 = 2.$$

因为 $1^2 = 1$, $2^2 = 4$, 所以 $c \notin \mathbf{Z}$,c 是否属于 $\mathbf{Q}$ 呢? 不妨再试一试.

$$(1.4)^2 = 1.96,\ (1.5)^2 = 2.25.$$

可知

$$1.4 < c < 1.5.$$

$$(1.41)^2 = 1.9881,\ (1.42)^2 = 2.0164.$$

可知

$$1.41 < c < 1.42.$$

有限小数或无限循环小数可化成分数. 如果上述的试算能得出 c 是一个有限小数或无限循环小数,那么 $c \in \mathbf{Q}$. 遗憾的是,此法未能奏效. 于是就怀疑 $c \in \mathbf{Q}$,设法去证明 $c \notin \mathbf{Q}$,这时使用反证法是最好的.

用$\sqrt{2}$表示 c(因为斜边长总是正数,$-\sqrt{2}$可略去),我们要证明

$$\sqrt{2} \neq \frac{m}{n},$$

m, $n \in \mathbf{N}$.

证　如

$$\sqrt{2}=\frac{m}{n},\quad m,\ n\in\mathbf{N}.$$

假定 m 和 n 是互质的,它们没有公因子(如果有公因子就可以约简).将等式两边平方,得

$$2=\frac{m^2}{n^2},$$

$$2n^2=m^2,$$

左边 $2n^2$ 是偶数,右边 m^2 也应是偶数.但奇数的平方一定是奇数,所以 m 必须是偶数,记 $m=2k$,于是

$$2n^2=(2k)^2=4k^2,$$

$$n^2=2k^2.$$

同理可知 $n=2l$.这样 m 和 n 有公因子 2,与假定矛盾.证毕.

勾股定理在几何学中占有重要的地位,应用勾股定理时的开方运算也是必需的,不能避免的.$\sqrt{2}\neq\frac{m}{n}$ 打破了长期以来的"自然数与它们的比支配着宇宙"的观念.数学需要不包含在 $\mathbf{Q}$ 中的数,而且这种数可以是某条线段的长度,称这种数为无理数,它是无限不循环小数.

不但$\sqrt{2}$是无理数,而且可证明

$$2\sqrt{2},\ 3\sqrt{2},\ 4\sqrt{2},\ 5\sqrt{2},\ \cdots$$

$$\frac{\sqrt{2}}{2},\ \frac{\sqrt{2}}{3},\ \frac{\sqrt{2}}{4},\ \frac{\sqrt{2}}{5},\ \cdots$$

$$1+\sqrt{2},\ 2+\sqrt{2},\ 3+\sqrt{2},\ 4+\sqrt{2},\ \cdots$$

$$\cdots\cdots\cdots\cdots$$

都是无理数.

1.3　实数系

实数集合是所有正的或负的无限小数的全体,用 $\mathbf{R}$ 表示.

$$\mathbf{R}=\{x\mid x\text{ 是无限小数}\}.$$

有限小数 2.6 是无限小数的特例,它可写成 2.600 0…或 $2.5\dot{9}$,无限循环小数全体构成 $\mathbf{Q}$,无限不循环小数是无理数,有理数和无理数全体构成 $\mathbf{R}$.

自然数集合 $\mathbf{N}$,整数集合 $\mathbf{Z}$,有理数集合 $\mathbf{Q}$ 和实数集合 $\mathbf{R}$ 都是无限的集合,它们之间有下列关系:

$$\mathbf{N} \subset \mathbf{Z} \subset \mathbf{Q} \subset \mathbf{R}.$$

$\mathbf{N}$ 是 $\mathbf{Z}$ 的子集,$\mathbf{N}$ 的元素总数是不是比 $\mathbf{Z}$ 的元素总数少呢? $\mathbf{N}$ 中有的元素 $\mathbf{Z}$ 中也有,$\mathbf{Z}$ 中有的元素 $\mathbf{N}$ 中可能没有,如

$$-3 \in \mathbf{Z},\ -3 \notin \mathbf{N}.$$

这是不是可以说明 $\mathbf{Z}$ 的元素总数比 $\mathbf{N}$ 的元素总数多呢? $\mathbf{N}$ 是 $\mathbf{Z}$ 的一部分,整体中的元素数目大于部分中的元素数目这难道会不对吗?

让我们举个例子,老师手中有一盒钢笔,不知钢笔的数目与班级学生数目哪个大,怎么办? 老师发给学生一人一支,如钢笔还有剩余,每个学生都拿到,则钢笔数目多于学生数目;如钢笔发完,还有学生没有拿到,则学生数目多于钢笔数目;如钢笔已发完,学生也每人都拿到,我们就说钢笔数目与学生数目相等.

考虑集合 A 和 B 的元素之间的一种对应. 如果对 A 中的任何一个元素都有 B 中的一个确定的元素与它对应,并且 A 中的不同元素在 B 中的对应元素也不同;反之,B 中任何一个元素都有 A 中的元素与它对应,那么我们称这种对应是 A 与 B 的一对一的对应或一一对应. 两个集合的元素之间存在一一对应时,这两个集合称为等势的.

例如,自然数集合 $\mathbf{N}$ 和偶数集合之间有一一对应:

$$\begin{array}{cccccccc} 1 & 2 & 3 & \cdots & 12 & \cdots & n & \cdots \\ \uparrow & \uparrow & \uparrow & & \uparrow & & \uparrow & \\ 2 & 4 & 6 & & 24 & & 2n & \cdots \end{array}$$

$\mathbf{N}$ 和 $\mathbf{Z}$ 之间也有一一对应:

$$\begin{array}{cccccccccccc} 1 & 2 & 3 & 4 & 5 & 6 & 7 & 8 & 9 & \cdots & 2n & 2n+1 & \cdots \\ \uparrow & \uparrow & \uparrow & \uparrow & \uparrow & \uparrow & \uparrow & \uparrow & \uparrow & & \uparrow & \uparrow & \\ 0 & -1 & 1 & -2 & 2 & -3 & 3 & -4 & 4 & \cdots & -n & n & \cdots \end{array}$$

可见,自然数集 $\mathbf{N}$ 与偶数集等势,$\mathbf{N}$ 与 $\mathbf{Z}$ 等势,还可证明 $\mathbf{N}$ 与 $\mathbf{Q}$ 等势.

我们再来观察几何图形之间的对应,见图 1.1. 线段 AB 的长是 10 厘米,CD 的长为 3 厘米,但它们之间可以建立一一对应:将 AC 与 BD 的交点记为 O,过 O 作一直线,它与 CD 交于 x,与 AB 交于 y. 我们规定一种对应,把 CD 上的 x 对应 AB 上的 y. 这种对应是一一对应. 作为点的集合,CD 与 AB 是等势的,也可

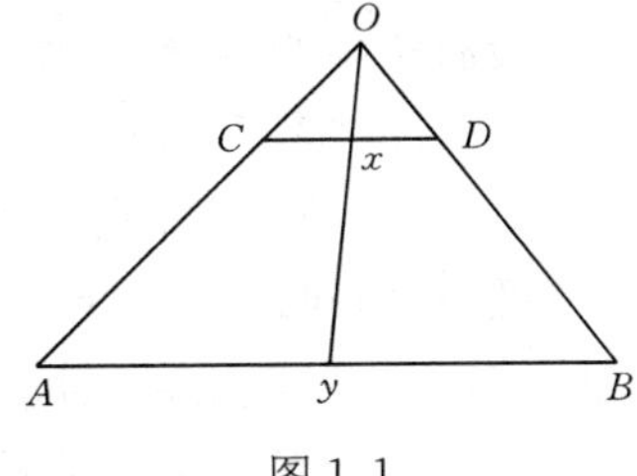

图 1.1

以说 CD 上的点的总数与 AB 上点的总数相同.

同中心 O 的半径不同的两个圆的圆周之间,也可以建立一一对应($x\to y$),见图 1.2. 作为点的集合,大圆和小圆是等势的,它们上面的点的总数相同.

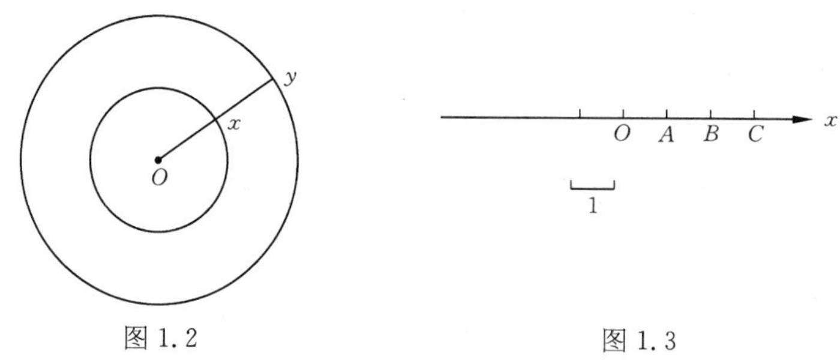

图 1.2　　图 1.3

中学里学过,实数集合与数轴之间可以建立一一对应,这种对应是怎样规定的呢? 如图 1.3 所示,在直线上取点 O 为原点,规定一个正向 Ox,取定一个长度单位. $\mathbf{R}$ 中的整数 1, 2, 3 马上可以找到数轴上的对应点 A, B, C. $\mathbf{R}$ 中数的一般形式是无限小数,例如 $\sqrt{2}=1.414\,213\,562\,3\cdots$ 则与它对应的点 M 在线段 AB 上,这是因为数 1 对应点 A,数 2 对应点 B 的缘故. 我们将 AB 10 等分,可以得到数 1.4 的对应点 A_1 和数 1.5 的对应点 B_1. M 在线段 A_1B_1 上,再将 A_1B_1 10 等分,可以得到数 1.41 的对应点 A_2 和数 1.42的对应点 B_2,M 应该在 A_2B_2 上……继续下去,可得到数 1.414 213 562的对应点 A_9 和数 1.414 213 563 的对应点 B_9,M 应在 A_9B_9 上,…… 这个过程可以无限地进行下去,应该注意到 A_9B_9 的长度已经非常小,仅 $0.000\,000\,001=10^{-9}$. 总结上面的过程,我们知道 $M\in\cdots[A_n, B_n]\subset[A_{n-1}, B_{n-1}]\subset\cdots\subset[A_9, B_9]\subset\cdots\subset[A_1, B_1]\subset[A, B]$. 点 M 在一列区间套之中,这些区间的每一个都包在前一个区间中,区间的长度越来越小. A_nB_n 的长度是 10^{-n},n 越来越大时,A_nB_n 越来越小. A_n 与 B_n 将会碰到一起吗? 点列 A, A_1, A_2, A_3, …, A_n, …, M, …, B_n, …, B_3, B_2, B_1, B 表明 M 应该在 A, A_1, A_2, A_3, …, A_n…的右边,在 B, B_1, B_2, B_3, …, B_n, …的左边. M 夹在距离越来越近的 A_nB_n 中间. 我们设想数轴上任何两点之间都是没有空隙的,数轴是由连续不断的点填满的. 我们假定存在唯一的一点 M,夹在所有的"A"和所有的"B"中间.

反过来,对数轴上的任一点 M,必有一个无限小数与它对应.

实数集合与数轴上的点建立了一一对应. 由于数轴的任何两点之间没有空隙,因此我们说实数集合也是一个连续的系统,通常称为实数连续统.

自然数集合 $\mathbf{N}$ 对应于数轴上的一些离散的点列,任何两邻近点之间再也没有自然数的对应点,**N** 与 **R** 之间不能建立一一对应.

在实数系统基础上考虑问题和进行研究,形成连续数学;在自然数集合基础上考虑问题,形成离散数学,它们各有各的用处,相辅相成,都在蓬勃发展.

实数的加、减、乘、除以及次序关系(不等式)是大家熟知的,这里不再叙述.

1.4　数学归纳法

数学归纳法在数学的各个分支中都有广泛的应用. 它的原理如下:假设 $P(n)$是一个与自然数 n 有关的数学命题,它满足下面两个条件:

(1) 当 $n=1$ 时 $P(n)$为真;

(2) 如 $P(n)$对 $n=k$ 时为真,就可以推出 $P(n)$对 $n=k+1$ 也为真.

则 $P(n)$对所有的自然数 n 都为真.

例 1.1　求证:

$$1^2+2^2+\cdots+n^2=\frac{1}{6}n(n+1)(2n+1).$$

证　用数学归纳法.

(1) $n=1$ 时,左边 $=1^2=1$, 右边 $=\frac{1}{6}\cdot 2\cdot 3=1$. 命题为真.

(2) 设 $n=k$ 时命题为真,即

$$1^2+2^2+\cdots+k^2=\frac{1}{6}k(k+1)(2k+1).$$

当 $n=k+1$ 时,

$$\begin{aligned}
\text{左边}&=1^2+2^2+\cdots+k^2+(k+1)^2\\
&=\frac{1}{6}k(k+1)(2k+1)+(k+1)^2\\
&=\frac{1}{6}(k+1)[k(2k+1)+6(k+1)]\\
&=\frac{1}{6}(k+1)(2k^2+7k+6)\\
&=\frac{1}{6}(k+1)[(k+1)+1][2(k+1)+1]\\
&=\text{右边}.
\end{aligned}$$

命题为真.

根据数学归纳法原理，该命题对任何自然数 n 为真.

下面用数学归纳法来证明二项式定理：

$$(a+b)^n = a^n + C_n^1 a^{n-1}b + C_n^2 a^{n-2}b^2 + \cdots + C_n^r a^{n-r}b^r + \cdots + b^n,$$

其中

$$C_n^r = \frac{n(n-1)\cdots(n-r+1)}{r!}$$

是组合数.

证 (1) $n=1$ 时，左边 $=a+b$，右边 $=a+b$. 命题为真.

(2) 设 $n=k$ 时命题为真，即

$$(a+b)^k = a^k + C_k^1 a^{k-1}b + C_k^2 a^{k-2}b^2 + \cdots + C_k^r a^{k-r}b^r + \cdots + b^k,$$

则

$$\begin{aligned}(a+b)^{k+1} &= (a+b)^k(a+b)\\ &= (a+b)(a^k + C_k^1 a^{k-1}b + C_k^2 a^{k-2}b^2 \\ &\quad + \cdots + C_k^r a^{k-r}b^r + \cdots + b^k)\\ &= a^{k+1} + (1+C_k^1)a^k b + (C_k^1 + C_k^2)a^{k-1}b^2 \\ &\quad + \cdots + (C_k^{r-1} + C_k^r)a^{k+1-r}b^r + \cdots + b^{k+1}.\end{aligned}$$

因为

$$1 + C_k^1 = k+1 = C_{k+1}^1,$$

$$C_k^1 + C_k^2 = C_{k+1}^2,$$

$$\cdots\cdots\cdots\cdots$$

$$C_k^{r-1} + C_k^r = C_{k+1}^r,$$

所以

$$(a+b)^{k+1} = a^{k+1} + C_{k+1}^1 a^k b + C_{k+1}^2 a^{k-1}b^2 + \cdots + C_{k+1}^r a^{k+1-r}b^r + \cdots + b^{k+1}.$$

命题对 $n=k+1$ 为真.

根据数学归纳法，该命题对任何自然数 n 为真.

二项式定理中的 a 和 b 取一些特殊的数值，可以获得一些有趣的公式：

$$1=[a+(1-a)]^n$$
$$=a^n+C_n^1a^{n-1}(1-a)+C_n^2a^{n-2}(1-a)^2$$
$$+\cdots+C_n^ra^{n-r}(1-a)^r+\cdots+(1-a)^n,$$
$$2^n=(1+1)^n=1+C_n^1+C_n^2+\cdots+C_n^{n-1}+1,$$
$$0=(1-1)^n=1-C_n^1+C_n^2-\cdots+(-1)^{n-1}C_n^{n-1}+(-1)^n.$$

其中第一个式子将在概率论里再次碰到."1"是最小的自然数,它作为一个整体,可以分成 $n+1$ 项的和,每一项都有明确的意义.

1.5 数论中的猜想

数论里有很多猜想,它们有很大的吸引力.它们只涉及正整数,很容易理解,但使用已知的方法和技巧来证明这些貌似简单的问题,往往是徒劳的.在寻求和创造新方法、开辟新领域努力解决猜想的过程中,对数学的发展和应用产生了积极的影响,有重大的意义.

法国数学家费马(Fermat, 1601—1665 年)的大定理或费马猜想就是其中最著名的一个.大约在 1637 年,费马写道:

"不可能将一个立方数写成两个立方数之和,或者将一个四次幂数写成两个四次幂数之和.一般地,对任何一个数,其幂次大于 2,就不可能写成同幂次的另两数之和.对此我得到了一个真正奇妙的证明,可惜空白太小无法写下来."

上述的费马猜想可以简单地表达如下:对任意大于 2 的自然数 n,方程

$$x^n+y^n=z^n$$

无正整数解.

当 $n=2$ 时,满足 $x^2+y^2=z^2$ 的正整数解很多.如

$$3^2+4^2=5^2,\ 5^2+12^2=13^2,\ 7^2+24^2=25^2.$$

这种被称为勾股数组的"三数小组"有无穷多,奇怪的是,对 $n=3,4$ 以及更大的 n, $x^n+y^n=z^n$ 竟无一组正整数解!

许多著名的数学家曾致力于费马大定理的证明,对 $n=3$ 的情形,瑞士数学家欧拉(L. Euler, 1707—1783 年)曾在 1753 年给德国数学家哥德巴赫(C. Goldbach,1690—1764 年)的信中,宣布证明了费马大定理,但没有给出证明,直到 1770 年,他在他的《代数学导论》中给出了一个证明,这个证明有严重的缺陷.许多资料使人相信费马本人证明了 $n=4$ 的情形.1825 年德国数学家狄利克雷(Dirichlet, 1805—1859 年)和法国数学家勒让德(Legendre, 1752—1833 年)证

明了 $n=5$ 的费马大定理. 库默尔(Kummer, 1810—1893 年)在 1847 年宣告了对 100 以内的 n,费马大定理成立. 1976 年,有人用计算机证明了对小于 125 000 的幂指数,费马大定理是正确的.

1983 年,29 岁的德国数学家法尔廷斯(G. Faltings)获得了引人注目的成果,他证明了对每一个大于 2 的 n,方程

$$x^n + y^n = z^n$$

至多有有限个本原整数解. 这一证明使他获得 1986 年的菲尔兹(Fields)奖. 为说明本原解的含义,我们考虑方程

$$x^2 + y^2 = z^2.$$

(3, 4, 5)是它的一组解,显然(6, 8, 10),(9, 12, 15),甚至($3m$, $4m$, $5m$)都是这个方程的解,m 可以是任意的自然数. 除(3, 4, 5)外,其余各组都有公因子. 称(3, 4, 5)是本原解.

法尔廷斯把存在无穷多个解的可能性否定了,证明了费马方程的本原整数解只能有有限多个. 从可能有无限多个解一下子到了至多只有有限个解,将证明推进了一大步.

又过了 10 年,1993 年 6 月,怀尔斯(Andrew Wiles)在英国剑桥牛顿研究所的演讲中宣布了对费马大定理的证明. 当他的结论在网络上广为传播时,他的证明中存在漏洞的传闻也与日俱增. 1993 年 12 月 4 日,怀尔斯向同行们发出了电子邮件,承认证明中确有漏洞.

又经过一年的努力,泰勒(R. Taylor)和怀尔斯发表了文章,并未填补漏洞,而是绕道证明了费马大定理. 1994 年 10 月 25 日,鲁宾(K. Rubin)以电子邮件介绍了他们的文章,并且说"虽然在稍长一点时间里保持小心谨慎是明智的,但是肯定有理由表示乐观".

法尔廷斯在 1995 年发表文章"泰勒和怀尔斯对费马大定理的证明"(The proof of Fermat's Last Theorem by R. Taylor and A. Wiles. *Notics of the AMS*. July, 1995, pp. 743—746),以肯定的语调宣称:费马猜想在 1994 年 9 月终于被证明了.

1998 年 8 月在德国柏林召开的国际数学家大会上,怀尔斯作了题为"数论 20 年"的特邀报告,为表彰他的重大贡献,会议决定授予他"特别奖"(因为他的年龄已超过了菲尔兹奖的规定).

另一个著名的猜想是由哥德巴赫提出的. 1742 年,他在给欧拉的信中指出:每个大于 2 的偶数都是两个质数的和,然而他未能证明. 这里的质数,也即素数,是一个自然数,只能被 1 和它本身整除. 2, 3, 5, 7, 11, …都是质数. 他的猜想

看起来十分简单，例如 $6=3+3$，$8=3+5$，$10=3+7$，…，$100=3+97$，然而至今未能被证明.

在攻克这个难题中，我国数学家做出了重要贡献. 1966 年，陈景润(1933—1996 年)在《科学通报》上发表了《表大偶数为一个素数及一个不超过二个素数的乘积之和》的文章，文章共两页，没有给出详细的证明. 1973 年，他又在《中国科学》上发表了《大偶数表为一个素数及一个不超过二个素数乘积之和》的文章，给出了详细完整的证明，引起了国内外数学界的高度重视. 人们公认陈景润的论文是哥德巴赫猜想研究的里程碑. 这项成果被誉为"陈氏定理"，被载入美、英、法、苏、日等国的许多数论方面的专著. 现在，已有学者在陈景润的基础上，给出了该定理的几个简化的证明. 30 多年过去了，陈景润的"$1+2$"(即大偶数表为一个素数及一个不超过二个素数乘积之和)仍居世界领先地位而无人超越.

在陈景润之前，1962 年潘承洞证明了"$1+5$"，即大偶数表为一个素数及一个不超过 5 个素数乘积之和. 王元和潘承洞在 1962 年又证明了"$1+4$"，他们的文章发表在《中国科学》上，"$1+3$"则是由苏联科学家维诺格拉多夫(N. M. Виноградов)证明的.

陈景润、王元、潘承洞由于哥德巴赫猜想的研究，在 1978 年一起获得了中国自然科学一等奖.

1978 年春天，报告文学作家徐迟的《哥德巴赫猜想》唤起了无数渴求知识的人们对科学殿堂的景仰，一大批青年人投身于科学事业. 但长期从事数论研究的专家们不止一次地告诫人们，不要妄想能轻而易举地摘取这颗皇冠上的明珠.

习　　题

1. 证明$\sqrt{3}$是无理数.

2. 证明 $1+\sqrt{2}$ 是无理数.

3. 设 $\frac{p}{q}\in\mathbf{Q}$，则 $\frac{p}{q}+\sqrt{2}$ 是无理数.

4. 试证：

$$1+3+6+\cdots+\frac{1}{2}n(n+1)=\frac{1}{6}n(n+1)(n+2).$$

5. 试证：

$$1^3+2^3+\cdots+n^3=\left[\frac{1}{2}n(n+1)\right]^2.$$

§2 几 何 学

2.1 从《几何原本》到《方法论》

几何学起源于观天察地和建筑房屋这一类实践活动.公元前300年,希腊几何学家欧几里得(Euclid,公元前330年—公元前275年)总结前人的经验写成《几何原本》.他把人们公认的一些概念和命题列为定义和公理,在此基础上用演绎法叙述几何命题,证明几何定理.《几何原本》是数学中公理体系和演绎推理的典范.

欧几里得本人的《几何原本》手稿已经失传.后人的修订本、注释本和翻译本广为流传.它长期为各国广大学子阅读和研究的经典.它的版本有13卷或15卷两种.专门研究《几何原本》的学者一般认为欧几里得原著只有13卷,第14卷和第15卷是后人添加的.

《几何原本》的汉文译本的问世,应归功于我国明朝末年徐光启(1562—1633年)和他的合作者意大利传教士利玛窦(Matteo Ricci, 1552—1610年),以及清代数学家李善兰(1811—1882年)和他的合作者英国的伟烈亚力(A. Wylie, 1815—1887年).

在上海地铁一号线徐家汇站附近的南丹路上,有一座"徐光启纪念馆".这里原来是一座公园,名叫"南丹公园".1983年徐光启逝世350周年时,改称"光启公园".2004年底,在这里建成"徐光启纪念馆".它由"徐光启墓地"和"徐光启陈列室"组成.墓地南面的石碑上,数学家苏步青(1902—2003年)题写了"明徐光启墓"几个大字.

一副对联概括了徐光启的功绩:

治历明农百世师,经天纬地
出将入相一个臣,奋武揆文

墓地右侧有石刻的徐光启的《刻几何原本序》.文中说明了他与利玛窦先生翻译了前6卷,并说:"几何原本者度数之宗,所以穷方圆平直之情尽规矩准绳之用也."

我们可以在《四库全书》子部天文算法类中翻到《几何原本》的前6卷,写着明西洋利玛窦译徐光启笔受.在《四库全书》子部天文算法类中稍后的一部中,还可看到清康熙五十二年敕撰的《御制数理精蕴》,内亦有《几何原本》的译文,但它和利玛窦、徐光启译的《几何原本》比较,无论在结构和体例,还是在叙述方式都完全不同.

1607 年,利玛窦和徐光启根据德国数学家克拉维乌斯(C. Clavius, 1537—1612 年)注释的《几何原本》15 卷版本,翻译了前 6 卷. 卷一论三角形;卷二论线;卷三论圆;卷四论圆内外形;卷五和卷六论比例. 它包括了欧几里得几何中平面几何的全部内容. 徐光启在翻译中所用的汉文术语,如"几何"、"点"、"线"、"面"、"平行线"、"直角"、"锐角"等都十分贴切,一直沿用至今.

在"徐光启陈列室"内,安放着徐光启的半身石像. 历史学家周谷城(1898—1996 年)为此题了字. 室内陈列着徐光启的大量著作和译作,其中以《农政全书》和《几何原本》为代表. 室内有大量的资料介绍了徐光启的主要事迹. 和数学密切的是 1600 年他去南京夜访利玛窦,商定了共同翻译《几何原本》的事实. 内有徐光启的手迹,说明他对翻译西方著作的意义的见解:"欲求超胜,必须会通;会通之前,先须翻译."更有他的手迹表述了他对《几何原本》的赞美:"此书为益,能令学理者祛其浮气,练其精心;学事者资其定法,发其巧思,故举世无一人不当学. ……能精此书者,无一事不可精;好学此书者,无一事不可学."

徐光启是我国明代著名科学家,是"西学东渐"的代表人物. 他在农业、天文历法和数学等学科都作出过杰出的贡献. "徐家汇"也因他而得名,"上海"也曾有人称为"徐上海".

1852 年,数学家李善兰到上海结识了伟烈亚力. 他们开始翻译《几何原本》的后 9 卷,于 1856 年完成,于 1857 年 2 月刊刻. 后 9 卷的内容包括立体几何和初等数论等. 1865 年李善兰将他们翻译的后 9 卷与利玛窦、徐光启译的前 6 卷合刻成 15 卷本,称为"明清本". 除此之外,我国还有满文和蒙文《几何原本》译本.

欧几里得《几何原本》将零散的数学知识和理论,整理成一个完整的体系. 它从一些基本定义和少数公理出发,演绎和证明出几百个定理,这是欧几里得的创造性的工作. 该书内容丰富,为世界各地及至今的 20 多个世纪的后人所学习和应用. 但它的公理体系最初是不完整的,一些证明也有不严密和过多地依赖于直觉. 德国数学家希尔伯特(D. Hilbert, 1862—1943 年)于 1889 年出版的《几何基础》一书,建立了欧几里得几何的完整且严密的公理体系. 至今为止的中学平面几何和立体几何课本的内容仍属于欧几里得几何.

1596 年 3 月 31 日出世的法国哲学家、数学家笛卡儿(René Descartes, 1596—1650 年),对于"欧几里得几何中的每个证明总要某种新的、往往是奇巧的想法"这件事表示不安,他开始把代数应用到几何中去. 1637 年他的《更好地指导推理和寻求真理的方法论》(以下简称《方法论》)一书出版. 该书有 3 个附录:《折光》、《陨石》和《几何学》. 在《几何学》中,他首先用代数讨论了 4 个古典的几何作图问题.他说,他给出了非常简单的方法,来阐明一些普通几何学作图问题的可能性.他说:“这一点我相信自古以来的数学家是未曾考虑过的,他们并未曾有过一个求一切的可靠方法,只是收集了偶然发生的一些命题.”这些话表明笛卡儿的目的是想给出一个一般的方法,其次,他把代数应用到解决几何的轨迹问题中.笛卡儿引进 x 和 y 表示与动点密切相关的两条线段的长,由轨迹条件得出 x 和 y 应满足的条件——含有 x 和 y 的方程,对固定的一个 x,就可以解出 y,从而作出轨迹上的一个点,给出一系列的 x 值,就可以得到轨迹上的许多点.虽然他没有写出“坐标”两字,也没有明确指出图形与方程的对应关系,但这就是我们现在知道的解析几何基本思想的雏形.

与笛卡儿同时,费马也研究了坐标几何,他叙述了方程与曲线的关系,并且在他的《求最大值和最小值的方法》中,讨论了曲线 $y = x^n$. 现在大家公认解析几何是由笛卡儿创立的,这是因为最早公开出版这方面的著作是笛卡儿的《方法论》中的“几何学”,并且笛卡儿真正发现了代数方法的威力,自觉地应用代数方法解决几何问题.

《几何学》已有许多版本和译本.1984 年还出版了用现代法文改写的笛卡儿的《几何学》.20 世纪 60 年代末 70 年代初,苏步青曾根据 1925 年的英文译本将它译成中文,可惜的是不知译稿去向.从 1978 年至今,曾多方查找还是没有音讯.

解析几何的基本思想已由笛卡儿阐明,但作为一门学科,它是几个世纪的众多数学家的努力结果.欧拉、拉格朗日(J. L. Lagrange, 1736—1813 年)和蒙日(G. Monge, 1746—1818 年)都作出了重要的贡献.

恩格斯(F. Engels, 1820—1895 年)高度评价了笛卡儿的方法,他在《自然辩证法》中有精辟的论述:“数学中的转折点是笛卡儿的变数,有了变数,运动进入了数学,有了变数,辩证法进入了数学,有了变数,微分和积分也就立刻成为必要的了……”

欧几里得几何的出发点是 5 类公理.它运用演绎推理的方法,推导和论证图形的性质,既不借助坐标系,一般也不借助于代数方法.相对于解析几何方法,我们可称它为综合几何方法.长期以来数学家们关心欧几里得几何公理的相容性问题:会不会从公理推出两个互相矛盾的定理?或者推出一个与某类公理相矛盾的定理?希尔伯特在《几何基础》一书中,用解析几何的办法,指出欧几里得公理的相容性可归结为算术公理的相容性.他把任意的一个实数对(x, y)看作一个点,把任意 3 个实数的比$(u : v : w)$(假定 u, v 不全为零)看作一条直线.当方程

$$ux + vy + w = 0$$

成立时，就把点(x, y)看作在$(u:v:w)$这条直线上，或把直线$(u:v:w)$看作过点(x, y). 他证明了这些“点”和“直线”满足欧几里得的5类公理，由此他得出结论：如果欧几里得公理不相容或有矛盾，那么这个矛盾必定要在实数的算术中出现.

笛卡儿用代数方法来处理几何问题，避免了综合几何方法解题的奇特的高度技巧. 尽管综合几何的奇巧想法往往是引人入胜的，并且能产生很大的吸引力，给解题者带来乐趣，但从效率和发展前途来说有很大的局限性.

笛卡儿强调要把科学成果付之应用. 他在《方法论》中说道：“当我们像手工艺人了解各种工艺一样地清楚了解了火、水、空气、恒星、宇宙和所有围绕着我们的物体间的作用和力后，我们同样也能够把这些规律运用于它所适宜的各种用途，使得我们自己成为大自然的主人和占有者.”他对望远镜、显微镜以及其他光学仪器中的透镜设计作过详细研究，在设计反射和折射曲面时发现了一种卵形线(现称笛卡儿卵形线).

解析几何作为一门基础性学科，在计算机科学迅猛发展的今天，更显出它的实用性. 各种计算机图形软件及CAD/CAM系统(计算机辅助设计与制造系统)都离不开它，计算机动画、计算机辅助诊断的各种医疗设备软件，也都与它有关.

2.2　坐标方法

在平面上作两条相互垂直的直线，记交点为O. 如图1.4所示，在每条直线上取定正向和相同的长度单位，它们就成了数轴x和数轴y，总称为平面直角坐标系$O\text{-}xy$.

过平面上任一点P，作y轴的平行线PX，交x轴于点X，它在x轴上的对应实数设为x_P. 同样，过点P可作一条直线PY平行于x轴，交y轴于点Y，设它在y轴上对应的实数为y_P. 实数对(x_P, y_P)称为点P在坐标系$O\text{-}xy$中的坐标. 反过来，给定了一对实数(x_P, y_P)便可在平面上确定唯一的一点P. 这种一一对应关系依赖于欧几里得的平行公理：过直线外的一点可作且仅可作该直线的一条平行线.

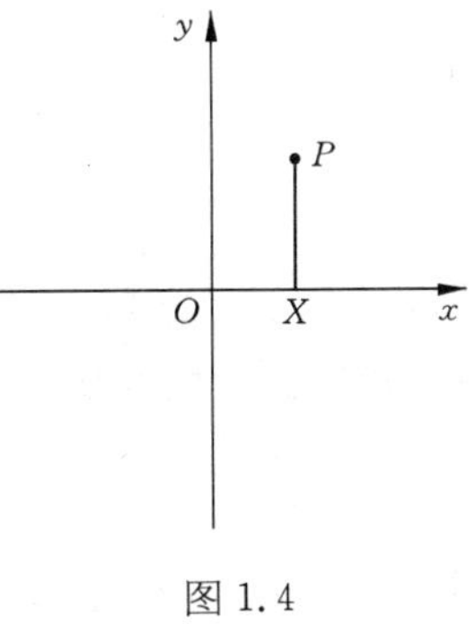

图1.4

如图1.5所示，设$P_1(x_1, y_1)$和$P_2(x_2, y_2)$是平面上的两点. 它们之间的距离可以用勾股定理计算：

$$|P_1P_2| = \sqrt{(x_2 - x_1)^2 + (y_2 - y_1)^2}.$$

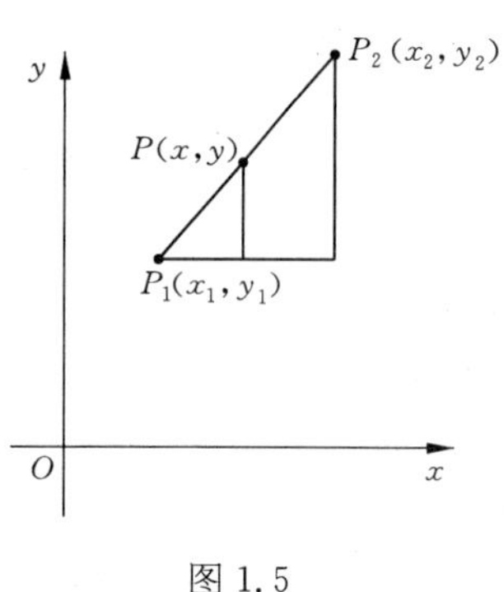

图 1.5

设 $P(x, y)$是 P_1 与 P_2 连线上的任意一点，根据相似三角形对应边成比例的性质，可以得到

$$\frac{y-y_1}{y_2-y_1}=\frac{x-x_1}{x_2-x_1},$$

或

$$y=y_1+\frac{y_2-y_1}{x_2-x_1}(x-x_1).$$

这个方程就表示 P_1P_2 的连线，称它为直线方程.

$$k=\frac{y_2-y_1}{x_2-x_1}$$

称为该直线的斜率. 设 α 是该直线与 x 轴正向的夹角，则

$$k=\tan\alpha.$$

以 $P_0(x_0, y_0)$为圆心、以 r 为半径的圆的方程为

$$(x-x_0)^2+(y-y_0)^2=r^2.$$

求直线与圆的交点就变成求解直线的方程和圆的方程的公共根. 几何问题的代数化依赖于勾股定理和相似三角形的性质.

在建立了点与实数对一一对应的基础上，建立起了图形与方程的对应关系. 直线对应于二元一次方程，圆对应于一种特殊的二元二次方程. 一般的二元二次方程为

$$a_{11}x^2+2a_{12}xy+a_{22}y^2+2b_1x+2b_2y+c=0.$$

根据系数 a_{11}, a_{12}, a_{22}, b_1, b_2, c 的不同，可表示各种二次曲线，包括椭圆、双曲线和抛物线等，也包括一些“虚”的轨迹或退化情形. 如

$$x^2+y^2+1=0,$$

它不代表实的点的轨迹. 又如

$$x^2-1=0$$

代表两条直线

$$x=1 \quad 和 \quad x=-1.$$

表示曲线的方程的形式，除了上述的显式方程和隐式方程外，还有参数方程. 例如椭圆

$$\frac{x^2}{a^2}+\frac{y^2}{b^2}-1=0$$

的参数方程有

$$\begin{cases}x=a\cos\varphi,\\ y=b\sin\varphi,\end{cases}\quad 0\leqslant\varphi<2\pi;$$

或

$$\begin{cases}x=a\dfrac{1-t^2}{1+t^2},\\ y=b\dfrac{2t}{1+t^2},\end{cases}\quad 和\quad \begin{cases}x=a\dfrac{t^2-1}{1+t^2},\\ y=b\dfrac{2t}{1+t^2},\end{cases}-1\leqslant t\leqslant 1.$$

例 2.1　求两圆 $\begin{cases}(x-1)^2+(y-2)^2=3^2\\ (x-3)^2+(y-4)^2=2^2\end{cases}$ 的交点.

解　把两式展开得

$$\begin{cases}x^2-2x+1+y^2-4y+4=9,\\ x^2-6x+9+y^2-8y+16=4.\end{cases}$$

两式相减得

$$4x+4y-20=5.$$

$$x+y=\frac{25}{4},$$

$$y=\frac{25}{4}-x.$$

将 y 的表达式代入其中的一个圆的方程,如第一个,得

$$x^2-2x+1+\left(\frac{17}{4}\right)^2-\frac{17}{2}x+x^2=9.$$

$$2x^2-\frac{21}{2}x+\frac{161}{16}=0,$$

$$x=\frac{21\pm\sqrt{119}}{8}.$$

因此,所求的两个交点为

$$\left(\frac{21+\sqrt{119}}{8},\ \frac{29-\sqrt{119}}{8}\right),\ \left(\frac{21-\sqrt{119}}{8},\ \frac{29+\sqrt{119}}{8}\right).$$

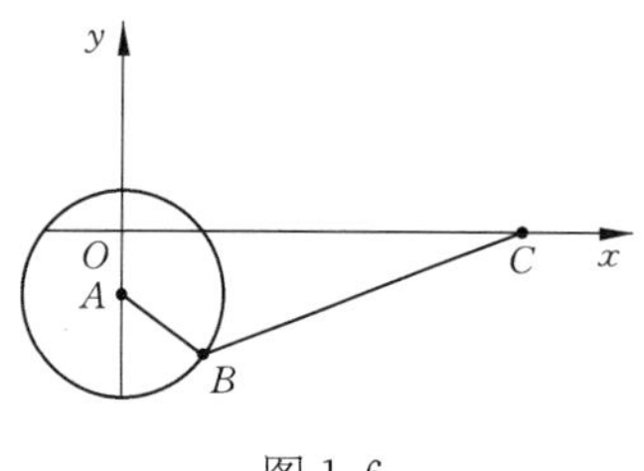

图 1.6

例 2.2 如图 1.6 所示,一根长度为 10 厘米的杆 BC,其一端 C 在水平线上滑动,另一端 B 绕点 A 作圆周运动. A 离水平线 1 厘米, $AB=2$ 厘米. 试表示点 C 的滑动规律.

解 以已知水平线为 x 轴,以过 A 的垂线为 y 轴建立坐标系. 此时圆 A 的方程为

$$\begin{cases} x=2\cos\theta, \\ y=-1+2\sin\theta, \end{cases} \quad 0\leqslant\theta<2\pi.$$

这是点 B 的轨迹. 设 C 的横坐标为 x, $x>0$, 其纵坐标 $y=0$, 由 $BC=10$, 得

$$(x-2\cos\theta)^2+(1-2\sin\theta)^2=100,$$

即

$$x^2-4x\cos\theta-95-4\sin\theta=0.$$

由此可解出

$$x=\frac{4\cos\theta\pm\sqrt{16\cos^2\theta+4(95+4\sin\theta)}}{2}$$

$$=2\cos\theta\pm\sqrt{4\cos^2\theta+95+4\sin\theta}.$$

根据题意,点 C 的滑动规律为

$$x=2\cos\theta+\sqrt{4\cos^2\theta+95+4\sin\theta}.$$

2.3 非欧几何

前面提到的欧几里得平行公理,是希尔伯特整理和概括的结果. 在《几何原本》中,是与平行公理等价的“第五公设”:如平面内任一直线与另两条直线相交,同侧的两内角之和小于两直角,则这两直线必在这一侧相交. 关于第五公设的研究近 2 000 年来曾引起许多数学家的浓厚兴趣,他们曾想从其余的公理和定理证明它,但都是徒劳的.

俄国数学家罗巴切夫斯基(Н. И. Лоъачевский, 1792—1856 年)在 1826 年 2 月 23 日宣读了一篇“虚几何学”的论文,这是一篇与传统的欧几里得几何相异的新的几何内容的论文,现被称为罗巴切夫斯基几何或双曲几何. 他保留欧几里得几何公理体系的其余部分,将平行公理换成:过直线外一点,至少可引两条与该直线平行的直线.

如图 1.7 所示,C 是直线 AB 外的一点. CD 是 AB 的垂线. 当一点 P 自 D

开始,沿 DB 离 D 远去,直线 CP 与 CD 的夹角也随之增大,但它永远不会超过直角.我们假定$\angle DCP$ 有个极限值ω,射线 CP 也有个极限位置 CE. CE 与 DB 是不相交的,对称地,左边也有一条射线 CE'与 DA 不相交,$\angle DCE' = \omega \left(\omega < \dfrac{\pi}{2}\right)$.

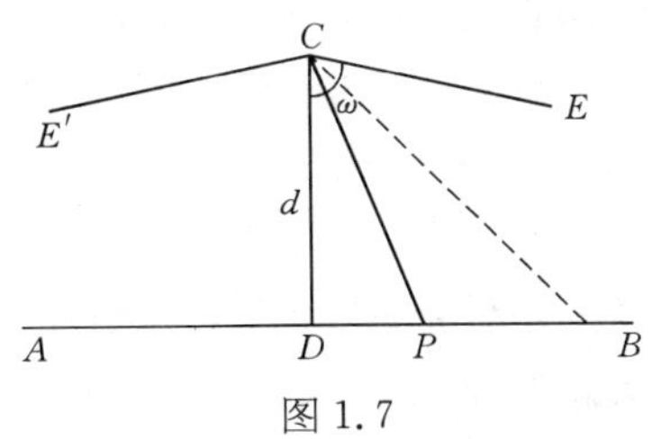

图 1.7

当射线 CP 落在角 ECE'内时,CP 必与 AB 相交. CE 与 CE'是 AB 的两条平行线,ω 称为平行角,它与 $d = CD$ 有关:

$$\omega = \pi(d),$$

称为罗巴切夫斯基函数.

用罗巴切夫斯基的平行公理代替欧几里得的平行公理,构造成了新的几何,可推出许多新的定理.如三角形三内角之和小于两直角.

欧几里得几何公理的相容性由笛卡儿的解析几何模型所证明.但如何证明罗巴切夫斯基几何公理的相容性?这些公理相互之间有无矛盾?意大利数学家贝尔特拉米(E. Beltrami, 1835—1900 年)在 1868 年提出罗巴切夫斯基几何可以在欧氏空间的伪球面上实现的模型,从而使罗氏几何得到普遍的承认.后来德国数学家克莱因(C. F. Klein, 1849—1925 年)和法国数学家、物理学家、天文学家庞加莱(J. H. Poincaré, 1854—1912 年)都在欧氏几何的基础上构造了模型,证明了罗氏几何的无矛盾性.

克莱因在欧氏平面上画一个椭圆,考虑椭圆内部的点和直线.规定一种距离函数,使任何点(内部)到椭圆上点的距离都是无穷远的.如图 1.8 所示,过点 C 有两直线 CE 和 CE'平行于 AB,还有更多的直线与 AB 不相交.

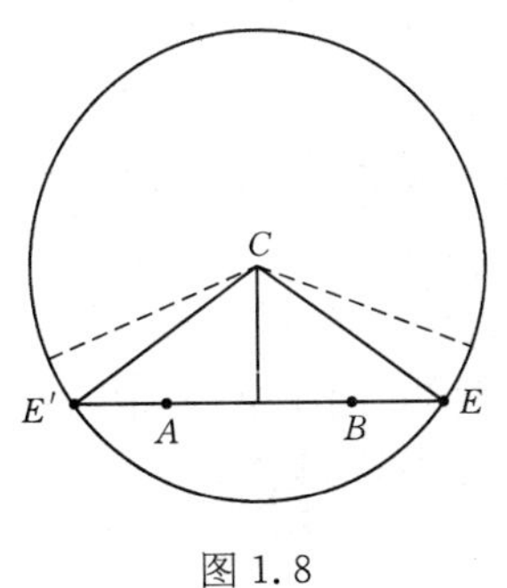

图 1.8

当罗氏几何的相容性被证明之后,也就证明了欧几里得平行公理的独立性,它不能从其他公理推出,这就是许多数学家 2 000 多年来寻求"证明"毫无成效的根本原因.

同时,罗氏几何的成功还表明公理既非一定要自明,也不是要证明的.公理只是一种假设,数学家只要考虑建立的公理体系的相容性和其中每一个的独立性.

在罗巴切夫斯基几何之后,德国数学家黎曼(B. Riemann, 1826—1866 年)建立了另一种非欧几何,他把欧几里得平行公理改成:过直线外一点不能引该直线的平行线.在这种假设下,平面上任何两条直线都相交.三角形的三内角之和大于两直角,这种非欧几何称为黎曼几何.

在微积分理论出现之后,人们对平面的研究发展到对曲面的研究.德国数学家高斯(C. F. Gauss, 1777—1855 年)在 1827 年著的《曲面的一般研究》一书中,开创了微分几何的领域.后来,黎曼又将高斯的思想推广到高维空间,建立了更广泛的黎曼几何学.现今与物理世界联系在一起的多种多样的几何学研究变得越来越重要.

§3 空间坐标系

3.1 空间直角坐标系

现将坐标方法应用到立体几何中.直觉告诉我们人类的生存空间是三维的,向前后、左右、上下 3 个方向可无限扩展.设 Oxy, Oxz 和 Oyz 是相互垂直的 3 个平面,它们交于一点 O.直线 Ox 是 Oxy 和 Oxz 的交线,Oy 是 Oxy 和 Oyz 的交线,Oz 是 Oxz 和 Oyz 的交线.规定 Ox, Oy, Oz 的方向为正向,并且取好相同的长度单位.Ox, Oy 和 Oz 都成了数轴,称为 x 轴、y 轴和 z 轴.称点 O 为原点,x 轴、y 轴和 z 轴为坐标轴,Oxy, Oyz 和 Oxz 为坐标平面.它们构成坐标系 O-xyz.如果将右手的拇指代表 Ox,食指代表 Oy,中指恰巧可以代表 Oz 时,称该坐标系为右手坐标系.本书中,我们习惯地采用右手直角坐标系.

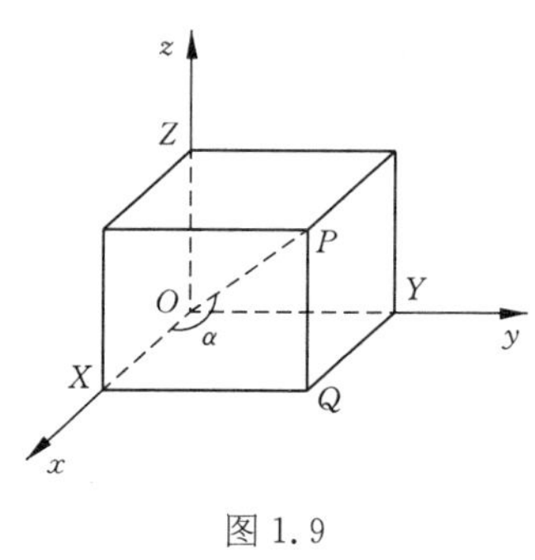

图 1.9

如图 1.9 所示,过空间中任一点 P 作 3 个平面分别垂直于 Ox, Oy 和 Oz,垂足分别记为 X, Y 和 Z.设点 X 在 x 轴上的坐标为 x, 点 Y 在 y 轴上的坐标为 y, 点 Z 在 z 轴上的坐标为 z, 称有序的实数组 (x, y, z) 为点 P 的坐标.点 P 和 (x, y, z) 之间是一一对应的,记为 $P(x, y, z)$.点 Q 是从 P 作平面 Oxy 的垂线的垂足.

有向线段 OP 的长度可用勾股定理求出:

$$\begin{aligned} |OP|^2 &= |OZ|^2 + |ZP|^2 \\ &= z^2 + |OQ|^2 \\ &= x^2 + y^2 + z^2, \end{aligned}$$

$$|OP| = \sqrt{x^2 + y^2 + z^2}.$$

设 OP 与 x 轴的夹角为 α. 在直角三角形 POX 中，$\angle OXP$ 是直角，于是

$$\cos\alpha=\frac{x}{|OP|}=\frac{x}{\sqrt{x^2+y^2+z^2}}.$$

同理，如设 OP 与 y 轴的夹角为 β，OP 与 z 轴的夹角为 γ，则

$$\cos\beta=\frac{y}{\sqrt{x^2+y^2+z^2}},\quad \cos\gamma=\frac{z}{\sqrt{x^2+y^2+z^2}}.$$

$\cos\alpha,\ \cos\beta,\ \cos\gamma$ 称为线段 OP 的方向余弦. $(\cos\alpha,\ \cos\beta,\ \cos\gamma)$ 表示线段 OP 上距离 O 一个单位的点，因为 $\cos^2\alpha+\cos^2\beta+\cos^2\gamma=1$.

设 $P_1(x_1,\ y_1,\ z_1)$ 和 $P_2(x_2,\ y_2,\ z_2)$ 是两个任意的点. 如何求有向线段 P_1P_2 的长度，以及它与 3 个坐标轴的夹角呢？为此，我们可以做一个平行移动，把 $P_1(x_1,\ y_1,\ z_1)$ 移到点 O，将 $P_2(x_2,\ y_2,\ z_2)$ 移到一个点 P_3. 有向线段 OP_3 与 P_1P_2 是平行且相等的. $P_1(x_1,\ y_1,\ z_1)\to O(0,\ 0,\ 0)$，3 个坐标分别减去了 x_1，y_1，z_1，所以 $P_2(x_2,\ y_2,\ z_2)\to P_3(x_2-x_1,\ y_2-y_1,\ z_2-z_1)$. 根据过点 O 的有向线段长度公式立刻可知

$$|P_1P_2|=|OP_3|=\sqrt{(x_2-x_1)^2+(y_2-y_1)^2+(z_2-z_1)^2}.$$

设 $\angle(P_1P_2,\ x)$，$\angle(P_1P_2,\ y)$ 和 $\angle(P_1P_2,\ z)$ 分别表示 P_1P_2 与 x 轴、y 轴和 z 轴的夹角. 根据方向余弦公式，有

$$\begin{cases}\cos\angle(P_1P_2,\ x)=\dfrac{x_2-x_1}{\sqrt{(x_2-x_1)^2+(y_2-y_1)^2+(z_2-z_1)^2}},\\[2ex] \cos\angle(P_1P_2,\ y)=\dfrac{y_2-y_1}{\sqrt{(x_2-x_1)^2+(y_2-y_1)^2+(z_2-z_1)^2}},\\[2ex] \cos\angle(P_1P_2,\ z)=\dfrac{z_2-z_1}{\sqrt{(x_2-x_1)^2+(y_2-y_1)^2+(z_2-z_1)^2}}.\end{cases}$$

这就是两点 $P_1(x_1,\ y_1,\ z_1)$ 和 $P_2(x_2,\ y_2,\ z_2)$ 的距离公式以及有向线段 P_1P_2 的方向余弦公式.

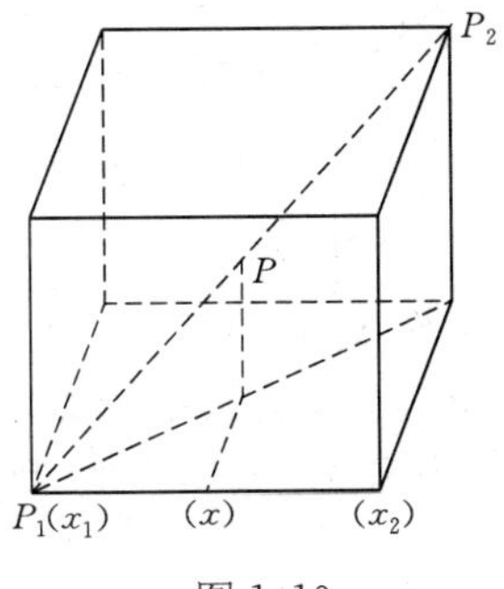

图 1.10

如图 1.10 所示，在 P_1P_2 线段上有一点 $P(x,\ y,\ z)$，把 P_1P_2 分成两段，使

$$\frac{P_1P}{PP_2}=\lambda,$$

根据相似三角形的性质，马上可知

$$\frac{x-x_1}{x_2-x}=\lambda,$$

从而可解出

$$x=\frac{x_1+\lambda x_2}{1+\lambda}.$$

同理

$$y=\frac{y_1+\lambda y_2}{1+\lambda},\quad z=\frac{z_1+\lambda z_2}{1+\lambda}.$$

这 3 个式子叫做定比分点的坐标公式.

当 $\lambda=1$ 时,点 P 变成 P_1 和 P_2 的中点 $\left(\frac{x_1+x_2}{2},\ \frac{y_1+y_2}{2},\ \frac{z_1+z_2}{2}\right)$.

例 3.1 求 $M_1(1,\ -2,\ 2)$ 和 $M_2(3,\ 1,\ -4)$ 之间的距离以及 M_1M_2 的中点.

解 根据距离公式,可得

$$|M_1M_2|=\sqrt{(3-1)^2+(1+2)^2+(-4-2)^2}=\sqrt{49}=7.$$

易知 M_1M_2 的中点为

$$\left(\frac{1+3}{2},\ \frac{-2+1}{2},\ \frac{2-4}{2}\right)=\left(2,\ -\frac{1}{2},\ -1\right).$$

3.2 曲面的方程

先看球面,它是到球心距离等于定值的动点的轨迹. 如图 1.11 所示,设球心 M_0 的坐标为 $(x_0,\ y_0,\ z_0)$,球半径为 r,则动点 $M(x,\ y,\ z)$ 应满足:

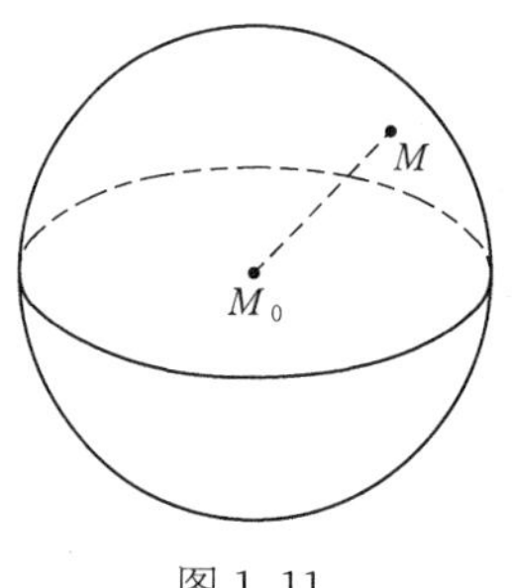

图 1.11

$$|M_0M|=r,$$

即

$$\sqrt{(x-x_0)^2+(y-y_0)^2+(z-z_0)^2}=r.$$

将上式两边平方后得到

$$(x-x_0)^2+(y-y_0)^2+(z-z_0)^2=r^2.$$

球面上的任一点 $M(x,\ y,\ z)$ 满足这个方程,而满足这个方程的任一点 $(x,\ y,\ z)$ 到点 M_0 的距离都等于 r,它必在球面上. 我们称上述方程为球面方程,球心在 $M_0(x_0,\ y_0,\ z_0)$,半径为 r.

当点 M_0 是原点的时候,$x_0=y_0=z_0=0$,上述方程变成为

$$x^2+y^2+z^2=r^2.$$

再看平面,我们把平面看成是到两个定点的距离相等的动点轨迹. 设有两定点 $P_1(x_1, y_1, z_1)$和 $P_2(x_2, y_2, z_2)$. 动点 $M(x, y, z)$满足:

$$|MP_1|=|MP_2|,$$

则点 M 的轨迹是线段 P_1P_2 的垂直平分面. 利用距离公式可得

$$\sqrt{(x-x_1)^2+(y-y_1)^2+(z-z_1)^2}$$
$$=\sqrt{(x-x_2)^2+(y-y_2)^2+(z-z_2)^2},$$

将它两边平方,整理合并之后成为

$$2(x_2-x_1)x+2(y_2-y_1)y+2(z_2-z_1)z$$
$$-(x_2^2+y_2^2+z_2^2-x_1^2-y_1^2-z_1^2)=0.$$

将上式两边同除以 $2\sqrt{(x_2-x_1)^2+(y_2-y_1)^2+(z_2-z_1)^2}$, 就得到

$$Ax+By+Cz+D=0,$$

其中

$$(A, B, C)=\left(\frac{x_2-x_1}{|P_1P_2|}, \frac{y_2-y_1}{|P_1P_2|}, \frac{z_2-z_1}{|P_1P_2|}\right)$$

是有向线段 P_1P_2 的方向余弦,而

$$D=\frac{|OP_1|^2-|OP_2|^2}{2|P_1P_2|}.$$

上面的推导说明了一线段的垂直平分面的方程是三元一次方程. 反过来的问题是:任一个三元一次方程

$$Ax+By+Cz+D=0,\quad A, B, C\text{ 不全为零}$$

是不是都表示某线段的垂直平分面呢? 回答是肯定的. 假定$P_1(x_1, y_1, z_1)$和 $P_2(x_2, y_2, z_2)$是该线段的两端点,我们注意到两个事实:第一,三元一次方程的系数 A,B 和 C 与有向线段 P_1P_2 的方向余弦成比例;第二,P_1P_2 的中点 $\left(\frac{x_2+x_1}{2}, \frac{y_2+y_1}{2}, \frac{z_2+z_1}{2}\right)$ 满足三元一次方程. 根据这两个事实,很容易从三元一次方程出发,找出 P_1 和 P_2.

例如,已知三元一次方程

$$x+2y+2z-10=0,$$

很容易找出一点(10, 0, 0). 求 $P_1(x_1, y_1, z_1)$和 $P_2(x_2, y_2, z_2)$,使它的中点是(10, 0, 0),使它的方向余弦与(1, 2, 2)成比例. 于是有

$$\frac{x_1+x_2}{2}=10,\ \frac{y_1+y_2}{2}=0,\ \frac{z_1+z_2}{2}=0,$$

$$x_2-x_1=k,\ y_2-y_1=2k,\ z_2-z_1=2k.$$

因此可立刻解出 $P_1\left(\frac{20-k}{2}, -k, -k\right)$ 和 $P_2\left(\frac{20+k}{2}, k, k\right)$. 这两点的垂直平分面方程就是 $x+2y+2z-10=0$.

归纳起来,我们得到如下的结论:在一个空间直角坐标系中,任一平面都可用三元一次方程表示;任一个三元一次方程都表示平面. 因为将代数方程的两边同乘以一个不等于零的常数对方程的解是没有影响的,所以平面方程中的系数也可以同时乘个倍数,但 A, B, C 不能全为零.

例 3.2 求过 3 点$(a, 0, 0)$, $(0, b, 0)$, $(0, 0, c)$的平面($abc\neq 0$).

解 设所求平面方程为

$$Ax+By+Cz+D=0.$$

分别将$(a, 0, 0)$, $(0, b, 0)$和$(0, 0, c)$代入此方程,得到

$$Aa+D=0,\ Bb+D=0,\ Cc+D=0.$$

于是

$$A=-\frac{D}{a},\ B=-\frac{D}{b},\ C=-\frac{D}{c}.$$

所求的平面方程为

$$\frac{x}{a}+\frac{y}{b}+\frac{z}{c}-1=0.$$

容易知道 3 张坐标平面的方程分别是

$$x=0\quad (Oyz\text{ 平面}),$$

$$y=0\quad (Oxz\text{ 平面}),$$

$$z=0\quad (Oxy\text{ 平面}).$$

我们把 $x=0$ 放在三维空间中讨论,它应该是

$$1x+0y+0z+0=0.$$

平行于 Oyz 平面的那些平面可以表示成

$$x=l\quad (\text{常数}),$$

平行于 Oxz 平面的那些平面可以表示成

$$y = m \quad (\text{常数}),$$

而

$$z = n \quad (\text{常数})$$

则表示平行于 Oxy 平面的平面.

一般地,曲面 S 和它的方程 $F(x, y, z) = 0$ 应该有下列关系:在坐标系 $O\text{-}xyz$ 中,曲面 S 上的点的坐标都满足方程 $F(x, y, z) = 0$; 反之,满足 $F(x, y, z) = 0$ 的 (x, y, z) 确定的点都在曲面 S 上. 这时,称 $F(x, y, z) = 0$ 是曲面 S 在坐标系 $O\text{-}xyz$ 中的方程;称 S 是方程 $F(x, y, z) = 0$ 的曲面.

例如,S 是一个正圆柱面,半径为 2. 如果坐标系的 z 轴与它的轴线重合,则它的方程是

$$x^2 + y^2 = 4.$$

如图 1.12 所示,设 $M(x, y, z) \in S$. 过 M 作 z 轴的平行线,交 Oxy 于点 $M_0(x, y, 0)$,它到原点 O 的距离应为 2,即

$$(x-0)^2 + (y-0)^2 + (0-0)^2 = 2^2,$$

$$x^2 + y^2 = 4.$$

这说明 S 上任一点 M 的坐标满足 $x^2 + y^2 = 4$. 把上述过程倒过来,可知满足 $x^2 + y^2 = 4$ 的点 (x, y, z) 必在 S 上.

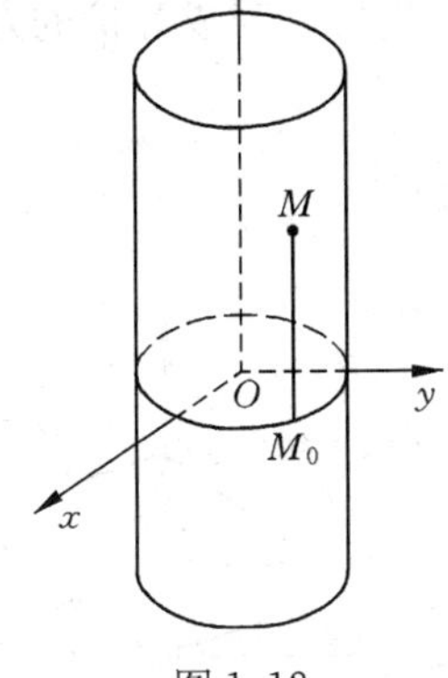

图 1.12

如果从 $x^2 + y^2 = 4$ 解出 y, 则有

$$y = \sqrt{4 - x^2} \quad \text{和} \quad y = -\sqrt{4 - x^2}.$$

它们中的任一个都不是圆柱面方程. 如

$$y = \sqrt{4 - x^2}$$

只表示圆柱面的被 Oxz 分割的一半, $y \geqslant 0$ 的部分.

曲面与方程的对应关系是依赖于坐标系的. 就拿上面的圆柱面 S 来说,如果取它的轴线为 y 轴,则在这个坐标系下它的方程为

$$x^2 + z^2 = 4.$$

3.3　曲线的方程

两个曲面 S_1 和 S_2,如果它们相交,则交点的集合一般是一条曲线 C,称 C

是 S_1 和 S_2 的交线.

在坐标系 $O\text{-}xyz$ 中,S_1 的方程是 $F(x, y, z)=0$, S_2 的方程是 $G(x, y, z)=0$, 则 C 的方程是

$$\begin{cases}F(x, y, z)=0,\\G(x, y, z)=0.\end{cases}$$

例 3.3

$$\begin{cases}x=0,\\y=0\end{cases}$$

表示坐标平面 Oyz 和 Oxz 的交线,即 z 轴. 事实上,z 轴上的点都可写成$(0, 0, z)$, 第一个坐标和第二个坐标都等于 0.

例 3.4

$$\begin{cases}x=0,\\2x+y+3z-6=0\end{cases}$$

表示坐标平面 Oyz 和平面 $2x+y+3z-6=0$ 的交线(见图 1.13),它是一条直线,也可以写成等价的方程

$$\begin{cases}x=0,\\y+3z-6=0.\end{cases}$$

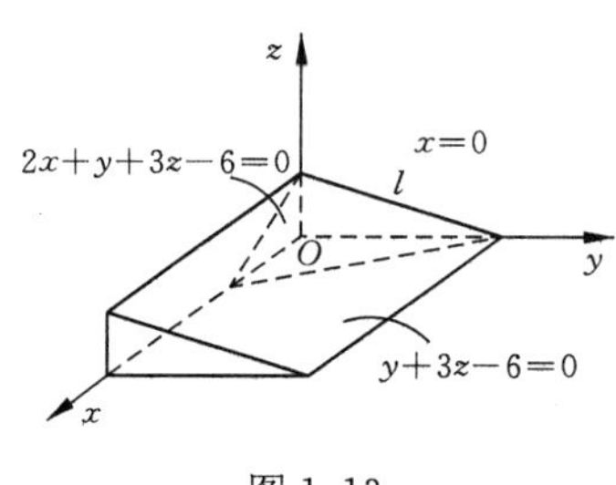

图 1.13

同一条直线可以用过它的两个平面的方程来表示,如图 1.13 所示,直线 l 落在 3 个平面 $x=0$, $y+3z-6=0$ 和 $2x+y+3z-6=0$ 上. 从 3 个平面中任选两个,将它们联立起来都可以表示 l.

这种做法对曲线也是可以的.

例 3.5

$$\begin{cases}x^2+y^2+z^2=25,\\z=3\end{cases}$$

表示一个球面与一个平面的交线,它是一个圆,也可以用等价方程

$$\begin{cases}x^2+y^2=16,\\z=3\end{cases}$$

来表示,这是一个圆柱面和一个平面的交线.

曲线的另一种表示是参数方程. 曲线既可看成是两个曲面的交线,也可看成

是质点作某种运动的轨迹. 例如,已知两点的定比分点公式:

$$\begin{cases} x = \dfrac{x_1 + \lambda x_2}{1+\lambda}, \\ y = \dfrac{y_1 + \lambda y_2}{1+\lambda}, \quad \lambda \neq -1, \\ z = \dfrac{z_1 + \lambda z_2}{1+\lambda}, \end{cases}$$

这就是参数方程,λ 的变动表示动点沿(x_1, y_1, z_1)和(x_2, y_2, z_2)的连线移动. 如令

$$\frac{\lambda}{1+\lambda} = t,$$

则此直线也可用 t 表示:

$$\begin{cases} x = x_1 + t(x_2 - x_1), \\ y = y_1 + t(y_2 - y_1), \\ z = z_1 + t(z_2 - z_1). \end{cases}$$

例 3.5 中的圆的一个参数方程是

$$\begin{cases} x = 4\cos\theta, \\ y = 4\sin\theta, \quad 0 \leqslant \theta < 2\pi. \\ z = 3, \end{cases}$$

给定一个 θ 的值,就有圆上的一个点. 由于 $z=3$ 的缘故,这圆上的点跑来跑去都在 $z=3$ 的平面上. 如果把 $z=3$ 改成一个 θ 的函数,情况就不同了. 即使用一个最简单的函数,如 $z=2\theta$, 情况也大不相同,如曲线

$$\begin{cases} x = 4\cos\theta, \\ y = 4\sin\theta, \\ z = 2\theta \end{cases}$$

是一条螺旋线,随着 θ 的变化,动点一方面绕 z 轴作圆周运动,另一方面沿 z 轴方向作直线运动. “螺旋式的上升”就是它们的复合运动.

参数方程表示曲线对于计算机作图和显示非常方便,现有许多应用软件都采用参数多项式表示,如

$$\begin{cases} x = a_0 + a_1 t + a_2 t^2 + a_3 t^3, \\ y = b_0 + b_1 t + b_2 t^2 + b_3 t^3, \\ z = c_0 + c_1 t + c_2 t^2 + c_3 t^3. \end{cases}$$

对这一类曲线,计算方便,处理比较灵活,很受用户欢迎.

3.4 二次曲面

三元一次方程表示平面. 球面和圆柱面可用三元二次方程表示. 现在要问:三元二次方程所表示的曲面除了球面和圆柱面外还有哪些呢?

三元二次方程最一般的形式是

$$F(x,\ y,\ z)=a_{11}x^2+a_{22}y^2+a_{33}z^2+2a_{12}xy+2a_{23}yz+2a_{13}xz$$

$$+2b_1x+2b_2y+2b_3z+c=0,$$

它共有 10 项. 这 10 项的系数可以任意选取,它所表示的曲面是无穷多的,将 10 项系数同时乘个倍数所得到的新方程是与原方程等价的,表示同一个曲面,我们说 $F(x,\ y,\ z)=0$ 依赖于 9 个独立的系数.

能不能挑选适当的坐标系,使曲面的方程简单一些呢? 这想法是正确的. 针对方程 $F(x,\ y,\ z)=0$ 的具体情况,选取适当的坐标系,可把它化成简单的被称为标准的形式,总共有 17 类. 于是,我们说二次曲面(由三元二次方程表示的曲面)共有 17 类. 下面列举其中的几类曲面.

椭球面

$$\frac{x^2}{a^2}+\frac{y^2}{b^2}+\frac{z^2}{c^2}=1;$$

椭圆抛物面

$$\frac{x^2}{a^2}+\frac{y^2}{b^2}=2z;$$

双曲抛物面

$$\frac{x^2}{a^2}-\frac{y^2}{b^2}=2z;$$

单叶双曲面

$$\frac{x^2}{a^2}+\frac{y^2}{b^2}-\frac{z^2}{c^2}=1;$$

椭圆柱面

$$\frac{x^2}{a^2}+\frac{y^2}{b^2}=1;$$

椭圆锥面

$$\frac{x^2}{a^2}+\frac{y^2}{b^2}-\frac{z^2}{c^2}=0.$$

记住这些曲面的名称、方程以及图形就对二次曲面的全体有了一些了解．随着计算机软件的发展，根据方程作出图形的功能可以让计算机来完成．输入一个方程，计算机就能显示出对应的图形．

计算机是如何来完成曲面绘制的呢？方法是不少的，这里简单地介绍两种．

第一种方法是三角剖分法．它比较简单，先经计算求出曲面上的许多点，即满足方程的许多点$(x,\ y,\ z)$．把相邻近的3点用一个平面联起来，这些小的三角形平面组合起来，就近似地表达了曲面(见图1.14)．

第二种方法是截面分析．用一系列平行平面与曲面相交，分析交线(平面上的曲线)的形状，再把这些“交线”叠起来，形成一个曲面(见图1.15)．

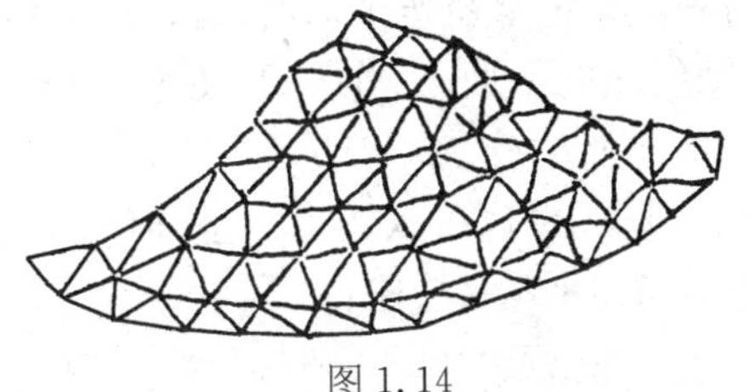
图1.14

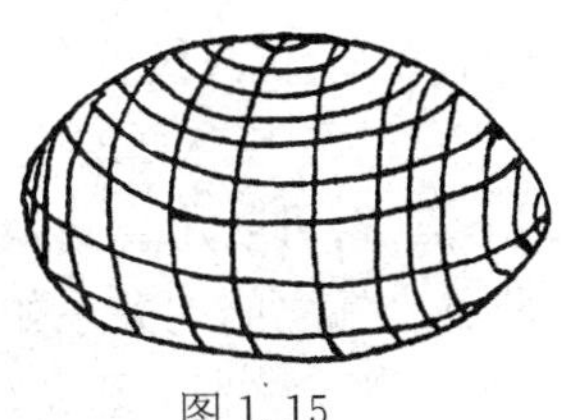
图1.15

作出曲面的图形之后，可大致了解曲面的形状．对曲面的许多性质还必须进行理论分析才能知道．例如，单叶双曲面和双曲抛物面都是由直线构成的(见图1.16和图1.17)，但这必须靠理论分析，靠证明．知道它们有这个性质之后，可在实际应用中发挥它们的作用．

双曲抛物面的形状如马鞍，它亦称马鞍面．选择适当的坐标系，它的方程也可表示成$z = mxy$．

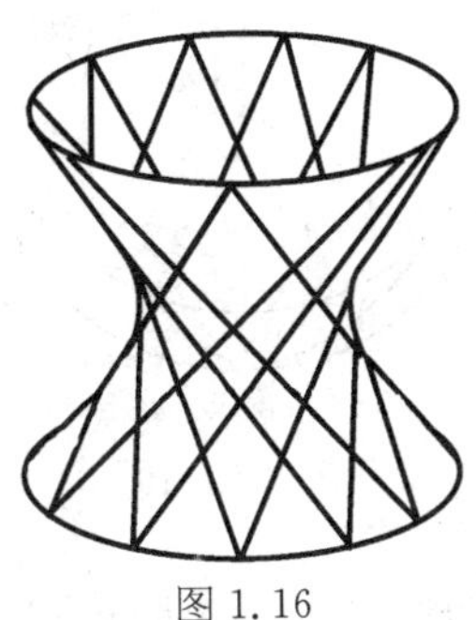
图1.16

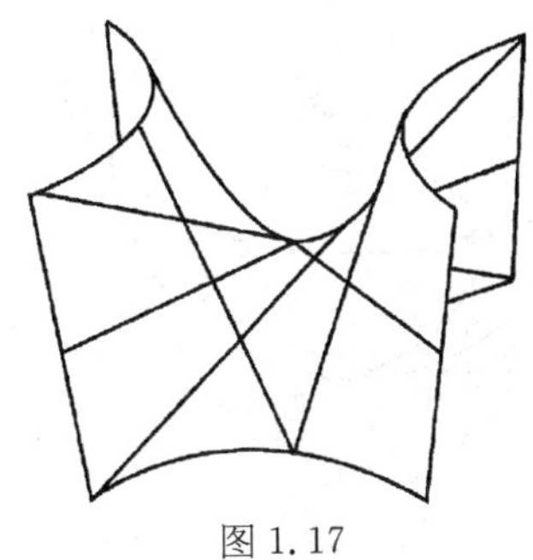
图1.17

3.5　球面坐标

在平面几何中，除了平面直角坐标系外，我们知道还有极坐标系．类似地，在三维空间几何中,除了空间直角坐标系外,还可以有其他坐标系,球面坐标系就是常用的一种.

设点 O 是直角坐标系 $O\text{-}xyz$ 的原点,空间中的一点 P 到点 O 的距离 $OP = r$, 那么点 P 就在以 O 为中心、以 r 为半径的一个球面上. 过点 P 作 Oxy 平面的垂直线 PQ,点 Q 是垂足. 设 OQ 与 x 轴的夹角为 φ, OQ 和 OP 的夹角为 θ,于是从点 P 得到了 3 个数 (r, φ, θ). 反过来,如果已知 (r, φ, θ) 3 个数,它们满足:

$$r > 0,\ 0 \leqslant \varphi < 2\pi,$$

$$-\frac{\pi}{2} \leqslant \theta \leqslant \frac{\pi}{2},$$

则也可以得到一点 P(先以点 O 为中心,以 r 为半径作个球面,再让 x 轴绕 z 轴转过 φ 角,得到 OQ,最后在 OQ 和 z 轴组成的平面上,作 OP,使它与 OQ 的夹角为 θ,直线 OP 与球面的交点 P 即为所求),称 (r, φ, θ) 是点 P 的球面坐标.

同一点 P,可以用直角坐标 (x, y, z) 表示,也可以用球面坐标 (r, φ, θ) 表示,这两种坐标之间的关系如何呢? 从图 1.18 容易看出:

$$x = r\cos\theta\cos\varphi,\ y = r\cos\theta\sin\varphi,\ z = r\sin\theta,$$

或者

$$r = \sqrt{x^2 + y^2 + z^2},\ \sin\theta = \frac{z}{r},\ \tan\varphi = \frac{y}{x}.$$

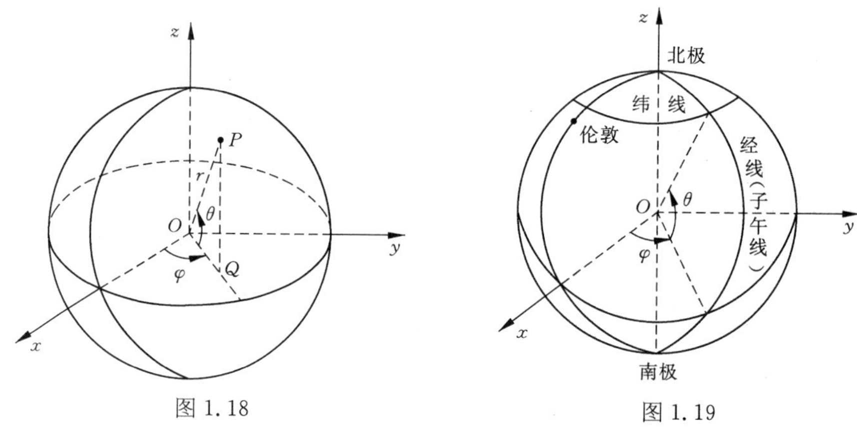

图 1.18　　图 1.19

与我们的地球密切相关的坐标系是这样建立的:以球心为原点 O,以地球的自转轴为 z 轴,它与地球表面的两个交点,称为北极和南极,z 轴的正向指向北极,赤道平面(过地球中心垂直于自转轴的平面)是 Oxy 平面,Oxz 平面是通过 z 轴和英国伦敦的格林尼治天文台的平面(如图 1.19 所示).

在这个坐标系下,地球表面上的一点的坐标应该是怎样的呢?

我们把地球近似地看成一个球体,平均半径 $r = 6\,371$ 千米.再加上经纬度(从地图上可以量得近似值),就可以知道球面坐标的近似值,如

B 城$(6\,371,\ 116.4°,\ 39.9°)$;

S 城$(6\,371,\ 121.5°,\ 31.2°)$;

L 城$(6\,371,\ -118°,\ 33.5°)$;

H 城$(6\,371,\ -82.5°,\ 23°)$.

球面坐标中的 φ 值就是经度,它们的取值范围是

$$-180° \leqslant \varphi \leqslant 180°.$$

从 0°到 180°称为东经,从 0°到 −180°称为西经,θ 值就是纬度,它的取值范围是

$$-90° \leqslant \theta \leqslant 90°.$$

从 0°到 90°称为北纬,从 0°到 −90°称为南纬.

例 3.6　计算前文中提到的 B 城到 S 城的球面距离(近似值).

解　这是一个有趣的例子,从上面的球面坐标可以算出 B 城和 S 城的直角坐标:

$$x_B = 6\,371\cos 39.9°\cos 116.4° = -0.341\,109 \times 6\,371,$$

$$y_B = 6\,371\cos 39.9°\sin 116.4° = 0.687\,159 \times 6\,371,$$

$$z_B = 6\,371\sin 39.9° = 0.641\,450 \times 6\,371;$$

$$x_S = 6\,371\cos 31.2°\cos 121.5° = -0.446\,927 \times 6\,371,$$

$$y_S = 6\,371\cos 31.2°\sin 121.5° = 0.729\,318 \times 6\,371,$$

$$z_S = 6\,371\sin 31.2° = 0.518\,027 \times 6\,371.$$

线段 BS 的长度(注意线段 BS 是穿过地下从 B 到 S 的)是

$$\begin{aligned} BS &= \sqrt{(x_B - x_S)^2 + (y_B - y_S)^2 + (z_B - z_S)^2} \\ &= 6\,371 \times 0.167\,953. \end{aligned}$$

从 B 到 S 的球面距离是大圆弧$\overset{\frown}{BS}$,它是平面 OBS 和球面的交线,从图 1.20 可知,它所对的中心角

$$\alpha = 2\arcsin \frac{BS}{2 \times 6\,371} = 0.168\,151(\text{弧度}),$$

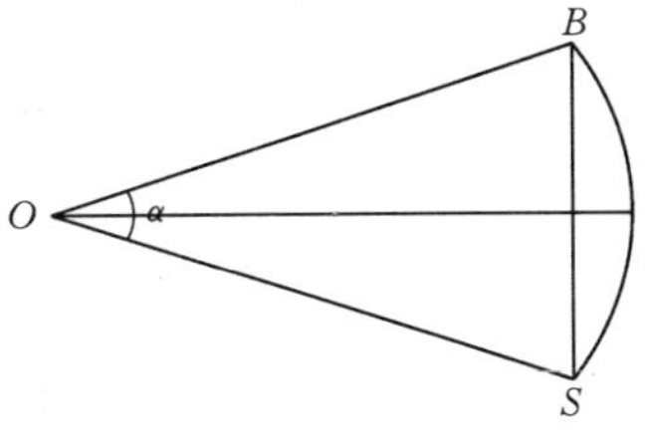

图 1.20

所以

$$\overset{\frown}{BS} = 6\,371 \times 0.168\,151 = 1\,071.29(\text{千米}).$$

例 3.7 1999 年 7 月 1 日,“雪龙”号科学考察船离开浦东码头驶向北极.这是我国对南极进行了 14 次考察之后,第一次对北极进行考察,它标志着我国极地科学考察进入新的阶段.

关注《解放日报》的专题报道,我们可以获得下列数据:

7 月 3 日,“雪龙”号在北纬 32°45′,东经 127°03′处投放了第一个漂流瓶;

7 月 9 日,“雪龙”号到达北纬 55°46′,东经 164°29′(白令海);

7 月 14 日,科学家在北纬 69°30′,西经 172°处放飞气球和气艇,进行大气与海洋相互作用的探测,利用直升飞机进行冰海水情探测和航空摄影;

7 月 19 日,“雪龙”号又转向白令海,在北纬 60°55′,西经 177°45′处开始海洋大气综合考察和渔业资源考察;

7 月 29 日,科学家在北纬 57°59′,西经 179°58′处,成功地采集到 3 000 多米深的海洋沉积物岩芯,岩芯长 5.19 米;

8 月 5 日,科学家在北纬 73°26′,西经 164°59′处,获得了北冰洋的第一组绝对重力数据;

8 月 18 日,科学家在北纬 74°55′,西经 160°17′处的北极浮冰上建起了第一个中国的大型联合冰站,在附近几次发现北极熊;

8 月 25 日,在北纬 75°30′,西经 162°25′处,科学家在冰站的最高冰峰上,留下了一面鲜艳的五星红旗,开始返航.

从这些数据,你能计算出“雪龙”号从浦东(121°31′, 31°12′)到北极第一个中国冰站至少走过多少路程吗?

将这 9 个位置用球面坐标表示出来,我们得到

$$P_0(121°30',\ 31°12'),\qquad P_1(127°3',\ 32°45'),$$

$$P_2(164°29',\ 55°46'),\qquad P_3(-172°,\ 69°30'),$$

$$P_4(-177°45',\ 60°55'),\quad P_5(-179°58',\ 57°59'),$$

$$P_6(-164°59',\ 73°26'),\quad P_7(-160°17',\ 74°55'),$$

$$P_8(-162°25',\ 75°30').$$

我们要求

$$\overset{\frown}{P_0P_1} + \overset{\frown}{P_1P_2} + \cdots + \overset{\frown}{P_7P_8}.$$

计算每一段$\overset{\frown}{P_iP_{i+1}}$的方法与例 3.6 相同.例 3.7 的具体计算留作习题.读者可以编制计算机程序做出答案,也可以由几位读者合作完成.

习　　题

1. 已知三角形的三顶点为 $A(2, 5, 0)$, $B(11, 3, 8)$和$C(5, 11, 12)$, 试求:

(1) 各边的长; (2) 各边中点的坐标;

(3) 3 条中线的长.

2. 空间中是否有这样的有向线段,它们与 3 个坐标轴的夹角分别是

(1) $120°$, $45°$, $30°$; (2) $30°$, $60°$, $90°$.

3. 将连接 $M_1(0, -1, 3)$和 $M_2(2, 3, -4)$的线段 4 等分,求各分点的坐标.

4. 指出下列各方程所表示的平面的特点:

(1) $x = 2$; (2) $z = x + 2$;

(3) $3x + 4y + 5z = 0$.

5. 求过 3 点 $M_1(0, -1, 2)$, $M_2(1, 2, 2)$和 $M_3(2, 0, -3)$的平面方程.

6. 求平面 $4x - y + 2z - 1 = 0$ 与各坐标平面的交线.

7. 说明下列方程表示球面,并写出球心坐标和半径:

(1) $x^2 + y^2 + z^2 - 12x + 4y - 6z = 0$; (2) $x^2 + y^2 + z^2 + 8x = 0$.

8. 说明曲线

$$\begin{cases} x = 3\sin t, \\ y = 4\sin t, \\ z = 5\cos t \end{cases}$$

既落在一个球面上又落在一个平面上.

9. 将下列点的球面坐标化为直角坐标:

(1) $(5, 60°, 45°)$; (2) $(10, 30°, 60°)$.

10. 将下列点的直角坐标化为球面坐标:

(1) $\left(\frac{5\sqrt{2}}{2}, \frac{5\sqrt{6}}{2}, 5\sqrt{2}\right)$; (2) $(5\sqrt{3}, 5, -10\sqrt{3})$.

11. 求出前文中提到的 S 城和 L 城的球面距离(近似值).

12. 求出例 3.7 的答案.

第二章　函数、极限、求和

在本章中，我们将介绍函数、函数的极限及性质. 极限是微积分的重要基础. 作为数列极限的应用，我们还介绍级数求和问题.

§1　函　　数

1.1　函数的概念

在给出函数概念前，我们先回顾一下与此有关的内容.

1. 区间

集合$\{x \mid a \leqslant x \leqslant b,\ x \in \mathbf{R}\}$称为闭区间，记为$[a, b]$，即$[a, b]=\{x \mid a \leqslant x \leqslant b,\ x \in \mathbf{R}\}$.

类似地，可以给出其他的区间，如$(a, b)=\{x \mid a<x<b,\ x \in \mathbf{R}\}$，$[a, b)=\{x \mid a \leqslant x<b,\ x \in \mathbf{R}\}$等.

2. 邻域

设有实数a及δ，且$\delta>0$，则称开区间$(a-\delta, a+\delta)$为以a为中心、以δ为半径的邻域，简称为点a的δ邻域.

注意：点a的δ邻域$(a-\delta, a+\delta)$实际上就是集合$\{x \mid |x-a|<\delta,\ x \in \mathbf{R}\}$.

3. 变量和常量

在任何一个生产实践或科学实验中，总会遇到各种各样的量，例如重量、温度、速度、长度、面积等，其中有些量在整个过程中是保持不变的，有些量在整个过程中是变化的. 我们称保持不变的量为常量，而称有变化的量为变量. 例如，人的重量在较短时间内，几乎是固定不变的，可看作为常量，但在较长时间内，人的重量则是有变化的，这时就需将重量看作是变量了. 这也说明，常量和变量不是绝对的，有时是可以互换的. 值得指出的，这个"变与不变"的思想是微积分的一个极重要的思想.

就总体而言，微积分研究的对象是变量及变量间的关系. 有些变量，它们是互相依赖的. 例如，季节与气温，一年中随着季节的变化，气温也会随之变化. 又例如，圆的面积与半径：$A=\pi r^2$，当半径 r 变化时，面积 A 也就随之变化.

4. 函数的概念

定义　设 x 和 y 是两个变量. 当 x 在实数 $\mathbf{R}$ 的一个子集 A 中取定一个数值时，变量 y 按照某种对应法则 f，总有 $\mathbf{R}$ 中的唯一的一个数值与之对应，则称 y 是 x 的函数，记为 $y=f(x)$.

集合 A 称为函数 $f(x)$ 的定义域，通常记为 D_f，称

$$R_f=\{y \mid y=f(x),\ x\in D_f\}$$

为函数 $f(x)$ 的值域. x 称为自变量，y 也称为因变量.

例 1.1　求函数 $y=\ln(1-x^2)$ 的定义域.

解　由题意，$1-x^2>0$，所以，$-1<x<1$，即函数的定义域为 $(-1,1)$.

例 1.2　求函数 $y=\sqrt{1-x^2}$ 的值域.

解　这个函数的定义域为 $[-1,1]$，值域为 $[0,1]$.

1.2　函数的表示

通常，函数有 3 种表示法：列表法、图像法、公式法.

1. 列表法

将自变量 x 与因变量 y 的对应关系列成表格，例如三角函数表等. 列表法的好处在于由自变量的值可直接查到对应的函数值，其不足之处是所列数据往往不完整.

2. 图像法

函数 $y=f(x)\,(x\in D_f)$ 的图像为点集

$$\{(x,\ y) \mid y=f(x),\ x\in D_f\}.$$

在直角坐标平面上将上述图像描述出来，可以直观地研究 x 与 y 的对应关系，例如证券交易所的股价走势图.

3. 公式法

用解析式表示自变量与因变量之间的对应关系，这是我们用得最多的表示法. 虽然公式法表示简单、准确，但它不够直观，所以有时需要和其他表示法结合起来研究问题. 而且，并非所有的函数都能用公式表示. 例 1.3 中的函数是用公式法表示的，它是一个分段函数.

例 1.3　作出函数

$$y=\operatorname{sgn} x=\begin{cases}1, & x>0,\\ 0, & x=0,\\ -1, & x<0\end{cases}$$

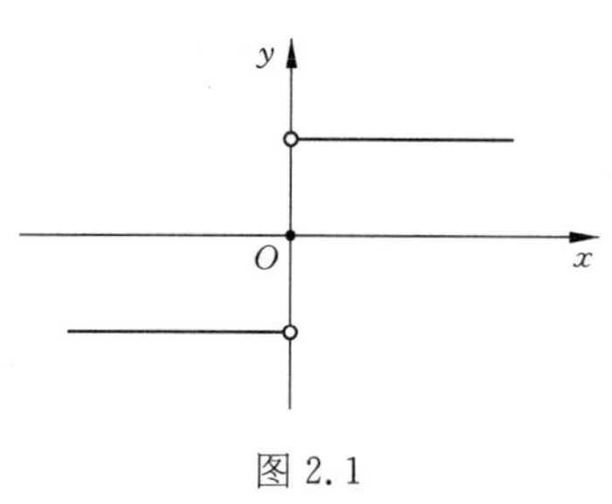

图 2.1

的图像.

解　这函数的图像如图 2.1 所示. 通常称这个函数为符号函数.

1.3　函数的几个特性

当我们考察某个具体函数的时候,一般先考察它是否具有下面所说的几个特性,然后再对它作进一步的分析和研究.

1. 有界性

设函数 $y=f(x)$ $(x\in D_f)$, 如果存在常数 $M>0$, 使得对任意的 $x\in D_f$, 都有 $|f(x)|\leqslant M$, 则称函数 $f(x)$在 D_f 上有界. 如果上述条件不成立,则称函数 $f(x)$是无界的.

例 1.4　函数 $y=\sin x$ $(x\in\mathbf{R})$ 是有界函数.

解　这是因为,对任意的 $x\in\mathbf{R}$, 总有 $|\sin x|\leqslant 1$.

2. 单调性

设函数 $y=f(x)$ $(x\in[a,b])$, 如果对任意的 $x_1, x_2\in[a,b]$ 且 $x_1>x_2$, 总有 $f(x_1)>f(x_2)$, 则称函数 $f(x)$是单调增加的,简称为增函数;如果对任意的 $x_1, x_2\in[a,b]$ 且 $x_1>x_2$, 总有 $f(x_1)<f(x_2)$, 则称函数 $f(x)$是单调减少的,简称为减函数. 单调增加函数和单调减少函数统称为单调函数.

例 1.5　函数 $f(x)=x^2+1$ 在$[0,+\infty)$上是增函数.

证　任取 $x_1, x_2\in[0,+\infty)$, 且 $x_1>x_2$, 则 $x_1-x_2>0$, $x_1+x_2>0$, 于是有

$$x_1^2-x_2^2=(x_1-x_2)(x_1+x_2)>0,$$

从而

$$f(x_1)>f(x_2).$$

所以函数 $f(x)=x^2+1$ 在$[0,+\infty)$上是增函数.

3. 奇偶性

设函数 $y=f(x)$, 其定义域 D_f 关于原点对称,即若 $x\in D_f$, 则 $-x\in D_f$.

如果对任意的 $x\in D_f$, 有 $f(x)=f(-x)$, 则称函数 $f(x)$是 D_f 中的偶函数; 如果对任意的 $x\in D_f$, 有 $f(x)=-f(-x)$, 则称函数 $f(x)$是 D_f 中的奇函数.

容易知道,偶函数的图像关于 y 轴对称,而奇函数的图像关于原点对称.

4. 周期性

设函数 $y=f(x)$, 定义域为 $\mathbf{R}$. 如果存在一个常数 $T(\neq 0)$, 使得对于任意

的 $x \in \mathbf{R}$, 总有

$$f(x+T)=f(x),$$

则称函数 $y=f(x)$ 是一个周期函数,且称 T 是 $y=f(x)$ 的周期. 注意,如果 T 是 $f(x)$的周期,则 nT ($n\in \mathbf{Z}$,且 $n\neq 0$) 也是 $f(x)$的周期,所以我们通常所说的周期是指函数的最小正周期.

对于周期函数,我们只需画出它的一个周期的图像,然后作平行移动,就可得到整个函数的图像.

1.4　初等函数

在介绍初等函数前,先引进两个重要的概念.

1. *反函数*

设函数 $y=f(x)$, 其定义域为(a, b),值域为(c, d). 如果对于任意的 $y\in(c, d)$, 按 $y=f(x)$, 总有唯一的 $x\in(a, b)$ 与之对应,则由 $y=f(x)$ ($x\in(a, b)$)确定了一个 $f(x)$的反函数,记为

$$x=\varphi(y),\ y\in(c, d).$$

通常我们用 x 表示自变量,用 y 表示因变量,所以 $y=f(x)$ ($x\in(a, b)$) 的反函数也写成

$$y=\varphi(x),\ x\in(c, d).$$

例 1.6　求函数 $y=x^3-1$ 的反函数.

解　由 $y=x^3-1$ 得 $x=\sqrt[3]{y+1}$, 所以原函数的反函数为

$$y=\sqrt[3]{x+1}.$$

容易明白函数 $y=f(x)$ ($x\in(a, b)$)与反函数 $y=\varphi(x)$ ($x\in(c, d)$) 的图像关于直线 $y=x$ 对称.

2. *复合函数*

设函数 $y=f(u)$, $u\in D_f$, 函数 $u=g(x)$, $x\in D_g$. 如果 $u=g(x)$ 的值域 $R_g\subset D_f$, 则由函数 $y=f(u)$, 及 $u=g(x)$ 可构成一个复合函数 $y=f(g(x))$, $x\in D_g$.

例如,函数 $y=\ln(x^2+1)$ 可看作由 $y=\ln u$ 及 $u=x^2+1$ 复合而成,而函数 $y=\arcsin(x^2-1)$ 可看作由 $y=\arcsin u$ 及 $u=x^2-1$ ($x\in[-\sqrt{2}, \sqrt{2}]$) 复合而成.

需要说明的是,当 $g(x)$的值域 $R_g\not\subset D_f$ 时,应适当缩小 $g(x)$的定义域 D_g, 使得 $R_g\subset D_f$, 才能构成复合函数. 另外,也并不是任意两个函数都能构成复合

函数,例如函数 $y=\sqrt{u}$ 及 $u=-x^2-1$ 就不能构成复合函数.

我们把幂函数、指数函数、对数函数、三角函数和反三角函数这 5 类函数称为基本初等函数. 由于中学的课程对这 5 类函数已有详细讨论,这里就不再讨论了.

所谓初等函数,是指由常数及基本初等函数经过有限次的四则运算和有限次的复合运算所得的函数. 例如,$y=\cos\left(\dfrac{\sin x+1}{\sin x-1}\right)$ 与 $y=\ln\dfrac{e^x-2}{e^x+\sin^2 x}$ 等都是初等函数. 本课程讨论的函数主要就是初等函数.

习　　题

1. 求下列函数的定义域:

(1) $y=\sqrt{x}+\dfrac{1}{x^2-3x-4}$;　　(2) $y=\sqrt{\ln x}$;

(3) $y=\arcsin(x-2)$;　　(4) $y=\dfrac{1}{\sqrt{x^2-3x+2}}$;

(5) $y=\sqrt{6-x}+\sqrt{x^2-x-2}$;　　(6) $y=e^{\frac{x+1}{x-1}}$.

2. 设函数 $f(x)=\arctan x$, 求下列函数值:

$f(0)$, $f(1)$, $f\left(-\dfrac{\sqrt{3}}{3}\right)$, $f(\sqrt{3})$, $f(-1)$.

3. 讨论下列函数的奇偶性:

(1) $f(x)=2x^2-4$;　　(2) $f(x)=x\sin x-\cos x$;

(3) $f(x)=x^3-\tan x$;　　(4) $f(x)=\ln\dfrac{1-x}{1+x}$;

(5) $f(x)=\ln(x^2-1)$;　　(6) $f(x)=|\sin x|-\sin x$.

4. 证明:两个偶函数的积为偶函数;两个奇函数的积也为偶函数;一个偶函数与一个奇函数的积为奇函数.

5. 设 $\varphi(x)=\dfrac{1}{1-x}$, 求 $\varphi(\varphi(x))$, $\varphi\left(\dfrac{1}{\varphi(x)}\right)$.

6. 求下列函数的周期或说明它不是周期函数:

(1) $y=\sin(\omega x+\varphi)$;　　(2) $y=2\tan(3x-1)$;

(3) $y=x\cos x$;　　(4) $y=\arccos(\cos x)$.

7. 求下列函数的反函数：

(1) $y=\frac{1}{2}\log_2(x-1)$；　　(2) $y=2\arcsin x$；

(3) $y=-\sqrt{1-x^2}$, $x\in[0,1]$；　　(4) $y=\frac{2x-1}{x+2}$.

8. 指出下列函数是由哪些较简单的函数复合而成的：

(1) $y=\ln\sin x^2$；　　(2) $y=e^{\arctan x}$；

(3) $y=\sqrt{e^{2x}-e^x+2}$；　　(4) $y=\sin^2 2x$.

9. 一商店对某种饮料的价格是这样规定的：购买量不超过 10 瓶时，每瓶价格为 3 元；购买量超过 10 瓶而小于等于 50 瓶时，其中 10 瓶每瓶仍为 3 元，其余的每瓶为 2.5 元；购买量超过 50 瓶时，其中 10 瓶每瓶为 3 元，另 40 瓶每瓶为 2.5 元，超过 50 瓶的部分每瓶 2 元. 试列出购买费用与购买量之间的函数关系.

10. 有一块边长为 a 厘米的正方形铁皮，把它的四角去掉边长为 x 的 4 块正方形，制成一只没有盖的容器，试求此容器的容积与 x 之间的函数关系.

11. 某市的出租车收费办法是这样的：路程在 3 千米内一律收 10 元，乘车距离在 3 千米到 10 千米之间的，超过 3 千米部分每千米加收 2 元；乘车距离超过 10 千米的，10 千米以上的部分每千米加收 3 元. 设 x 为乘车里程，y 为车价，试建立车价 y 与乘车里程 x 之间的函数关系式.

§2　逼近、极限与连续

2.1　极限的定义和性质

1. *数列极限*

按照一定顺序排列的一列数：

$$x_1,\ x_2,\ \cdots,\ x_n,\ \cdots$$

称为数列，记为 $\{x_n\}$，其中 x_n 称为数列的第 n 项，n 称为这数列的下标变量，例如数列

$$2,\ \frac{3}{2},\ \frac{4}{3},\ \cdots,\ \frac{n+1}{n},\ \cdots$$

可记为 $\left\{\frac{n+1}{n}\right\}$.

在生产及科学实验的过程中，经常会讨论这样一个基本的问题：

数列$\{x_n\}$当下标n越来越大时，相应的x_n的变化趋势是怎么样的？

例 2.1 我国春秋战国时期的名篇《庄子·天下》中写道："一尺之棰，日取其半，万世不竭."这句话的意思是：一根一尺长的木棒，每天截取一半，那么这个过程是永远也不会终结的. 容易知道，每天截取的长度分别为

$$\frac{1}{2},\ \frac{1}{4},\ \frac{1}{8},\ \cdots,\ \frac{1}{2^n},\ \cdots$$

这是一个数列，第n项为$x_n=\frac{1}{2^n}$，随着n越来越大，$\frac{1}{2^n}$就越来越小，与常数0越来越接近(但永远不会等于0). 这时，我们就说当n趋于无穷时$\frac{1}{2^n}$的极限为0.

这个例子表明，在我国古代，就有了朴素的极限思想.

例 2.2 斐波那契数列.

13世纪意大利数学家斐波那契(L. P. Fibonacci，约1175—1250年)提出并解决了这样一个有趣的问题(兔子问题)：一对兔子经一年后可以繁殖成多少对？假设兔子的繁殖能力是：每一对成年兔每月生产一对幼兔；幼兔经过两个月后才变成成年兔并开始生产繁殖.

数学家提出这个问题的时候，已经作了种种简化，譬如一对成年兔一次生产出的幼兔恰好是一对：一只雌的一只雄的. 又譬如在不断繁殖的过程中，不考虑有死亡的情况发生.

假设最初有一对幼兔，经过两个月生产出一对幼兔，因此，过了第一个月后，还只有一对兔子. 过了两个月后才有两对兔子：一对成年兔和一对刚出生的幼兔. 过了3个月时，原来的一对成年兔又生了一对幼兔，而那时幼兔尚未成年，没有生养繁殖，所以兔子的总数为3对. 过了4个月时，这3对兔中的两对兔生下两对幼兔，另一对还未成年，总数是5对，其中3对到下个月就又能生出3对幼兔；因此过了5个月后兔子的总数是8对，其中5对在下个月又可生5对幼兔；过6个月后兔子总数为$5+8=13$(对)；易知过了7个月，兔子总数为$8+13=21$(对)，……

用F_n表示经第n个月后的兔子对数，我们可将它们列成一个表格：

F_0	F_1	F_2	F_3	F_4	F_5	F_6	F_7	F_8	F_9	F_{10}	F_{11}	F_{12}
1	1	2	3	5	8	13	21	34	55	89	144	233

一看便知12个月后有233对兔子，而且容易知道当$n\geqslant 2$时，成立

$$F_n=F_{n-2}+F_{n-1}.$$

$\{F_n\}$称为斐波那契数列，数学家作了一番努力，求出了它的一般项的公式：

$$F_n=\frac{1}{\sqrt{5}}\left[\left(\frac{1+\sqrt{5}}{2}\right)^{n+1}-\left(\frac{1-\sqrt{5}}{2}\right)^{n+1}\right].$$

这个公式是很耐人寻味的：右边括号内的每一项都是无理数，分母$\sqrt{5}$也是无理数；n 是自然数，每个 F_n 都是正整数，所有的正整数 F_n 都由一些无理数表示出来. 这增加了人们对斐波那契数列的兴趣.

当 n 越来越大时，F_n 也越来越大，当 n 趋向无穷大时，F_n 没有极限，但斐波那契数列的前后两项之比

$$\frac{F_{n-1}}{F_n}=\frac{\left(\frac{1+\sqrt{5}}{2}\right)^{n}-\left(\frac{1-\sqrt{5}}{2}\right)^{n}}{\left(\frac{1+\sqrt{5}}{2}\right)^{n+1}-\left(\frac{1-\sqrt{5}}{2}\right)^{n+1}}$$

却是有极限的，即当 n 趋于无穷时，

$$\frac{F_{n-1}}{F_n}\to\frac{\sqrt{5}-1}{2}\quad(\to\text{ 表示趋向于}).$$

这个比值与兔子问题中每月兔子对数的相对增长率连在一起，第 n 个月的兔子对数的相对增长率为

$$\frac{F_n-F_{n-1}}{F_{n-1}}=\frac{F_n}{F_{n-1}}-1=\frac{1}{\frac{F_{n-1}}{F_n}}-1,$$

它的极限等于 $\frac{\sqrt{5}-1}{2}$. 这个数称为黄金分割数，它的近似值为0.618. 这是一个奇妙的数，在很多方面都有应用，把一条线段按 $\frac{\sqrt{5}-1}{2}$ 分割成两段，以它们为长和宽的矩形看起来比较匀称，给人一种美的感觉. 在建筑、绘画和工艺品设计中，常采用这个比例.

定义　如果数列$\{x_n\}$的一般项 x_n 当 n 越来越大时，能逐渐无限地逼近某个常数 a，则称 a 是数列$\{x_n\}$当 n 趋于无穷大时的极限，记为

$$\lim_{n\to\infty}x_n=a\text{ 或 }x_n\to a(n\to\infty).$$

这时也称数列$\{x_n\}$是收敛的. 如果上述这样的常数 a 不存在，则称数列$\{x_n\}$无极限或发散.

例 2.3　观察数列 $\left\{\frac{1+(-1)^n}{n}\right\}$，写出它的极限.

解　$x_1=0$, $x_2=1$, $x_3=0$, $x_4=\frac{1}{2}$, $\cdots$, $x_{99}=0$, $x_{100}=\frac{1}{50}$, $\cdots$可知

$$\lim_{n\to\infty}\frac{1+(-1)^n}{n}=0.$$

2. 函数极限

定义　设函数 $y=f(x)$ 在(a,b)内有定义(可除去点 x_0), $x_0\in(a,b)$. 如果当 x 逼近 x_0 时,函数 $f(x)$能无限地逼近某个常数 A,则称常数 A 为函数 $f(x)$当 x 趋于 x_0 时的极限,记为

$$\lim_{x\to x_0}f(x)=A \text{ 或 } f(x)\to A(x\to x_0).$$

例 2.4　证明: $\lim\limits_{x\to 2}(x^2+2)=6$.

证　因为

$$|x^2+2-6|=|x^2-4|=|(x-2)(x+2)|,$$

所以当 x 趋近 2 时, x^2+2-6 趋近于 0,即 x^2+2 趋近于 6,从而

$$\lim_{x\to 2}(x^2+2)=6.$$

例 2.5　证明: $\lim\limits_{x\to 1}\frac{x^2-1}{x-1}=2$.

证　因为 $x\neq 1$,所以 $\left|\frac{x^2-1}{x-1}-2\right|=|x+1-2|=|x-1|$. 这表明,当 $x\to 1$ 时,

$$\left|\frac{x^2-1}{x-1}-2\right|\to 0.$$

即

$$\lim_{x\to 1}\frac{x^2-1}{x-1}=2.$$

定义　设函数 $y=f(x)$ 在$(a,+\infty)$及$(-\infty,b)$中有定义. 如果当 x 趋于无穷大时,函数 $f(x)$能无限地逼近某个常数 A,则称函数 $f(x)$当 x 趋于无穷大时以 A 为极限,记为

$$\lim_{x\to\infty}f(x)=A \text{ 或 } f(x)\to A(x\to\infty).$$

例 2.6　证明: $\lim\limits_{x\to\infty}\left(\frac{1}{x}+1\right)=1$.

证　因为当 $x\to\infty$, $\frac{1}{x}\to 0$, 所以 $\frac{1}{x}+1\to 1$, 即

$$\lim_{x \to \infty}\left(\frac{1}{x}+1\right)=1.$$

有时,我们还需要单侧极限.例如,当 x 从右面逼近 x_0 时,函数 $f(x)$能逼近某个常数 A,则称 A 是当 x 趋于 x_0(右侧)时函数 $f(x)$的极限,记为 $\lim\limits_{x \to x_0^+} f(x)=A$ 或 $f(x) \to A(x \to x_0^+)$.

类似地,有

$$\lim_{x \to x_0^-} f(x)=A,\ \lim_{x \to +\infty} f(x)=A,\ \lim_{x \to -\infty} f(x)=A.$$

3. **极限的性质**

极限有如下的性质:

性质 1　设 $\lim\limits_{x \to x_0} f(x)=A,\ \lim\limits_{x \to x_0} g(x)=B$, 则

$$\lim_{x \to x_0}(f(x) \pm g(x))=\lim_{x \to x_0} f(x) \pm \lim_{x \to x_0} g(x).$$

性质 2　设 $\lim\limits_{x \to x_0} f(x)=A,\ \lim\limits_{x \to x_0} g(x)=B$, 则 $\lim\limits_{x \to x_0}(f(x)g(x))=A \cdot B$.

性质 3　设 $\lim\limits_{x \to x_0} f(x)=A,\ \lim\limits_{x \to x_0} g(x)=B$, 且 $B \neq 0$, 则

$$\lim_{x \to x_0} \frac{f(x)}{g(x)}=\frac{A}{B}.$$

因为数列$\{x_n\}$可看作函数 $x_n=\varphi(n)\ (n=1,2,\cdots)$,所以上述性质对数列极限也成立.如将 x_0 改为∞或单侧极限,则上述性质也是成立的.

例 2.7　求极限 $\lim\limits_{x \to 1} \frac{x^2+3}{x+1}$.

解　由上述四则运算性质,得

$$\lim_{x \to 1} \frac{x^2+3}{x+1}=\frac{\lim\limits_{x \to 1}(x^2+3)}{\lim\limits_{x \to 1}(x+1)}=\frac{\lim\limits_{x \to 1} x^2+3}{\lim\limits_{x \to 1} x+1}=\frac{(\lim\limits_{x \to 1} x)^2+3}{2}=2.$$

例 2.8　求 $\lim\limits_{x \to 1} \frac{x^3-3x+2}{x-1}$.

解　$\lim\limits_{x \to 1} \frac{x^3-3x+2}{x-1}=\lim\limits_{x \to 1} \frac{(x-1)(x^2+x-2)}{x-1}$

$$=\lim_{x \to 1}(x^2+x-2)=0.$$

例 2.9 求 $\lim\limits_{x\to\infty}\dfrac{x^2-x}{2x^2+x-2}$.

解 原式 $=\lim\limits_{x\to\infty}\dfrac{1-\dfrac{1}{x}}{2+\dfrac{1}{x}-\dfrac{2}{x^2}}=\dfrac{1-\lim\limits_{x\to\infty}\dfrac{1}{x}}{2+\lim\limits_{x\to\infty}\dfrac{1}{x}-2\lim\limits_{x\to\infty}\dfrac{1}{x^2}}=\dfrac{1}{2}$.

例 2.10 求 $\lim\limits_{x\to\infty}\dfrac{x-2}{x^2+2}$.

解 原式 $=\lim\limits_{x\to\infty}\dfrac{\dfrac{1}{x}-\dfrac{2}{x^2}}{1+\dfrac{2}{x^2}}=\dfrac{\lim\limits_{x\to\infty}\left(\dfrac{1}{x}-\dfrac{2}{x^2}\right)}{\lim\limits_{x\to\infty}\left(1+\dfrac{2}{x^2}\right)}=\dfrac{0}{1}=0$.

为了以后的方便,我们来说明 $\lim\limits_{x\to a}f(x)=\infty$ 的含义.它是指当 x 逐渐逼近 a 时,$|f(x)|$ 无限增大.类似地,$\lim\limits_{x\to\infty}f(x)=\infty$ 表示当 x 趋向无限大时,$|f(x)|$ 无限增大.

例 2.11 求 $\lim\limits_{x\to\infty}\dfrac{x^3+2x}{x^2-1}$.

解 原式 $=\lim\limits_{x\to\infty}\dfrac{x+\dfrac{2}{x^2}}{1-\dfrac{1}{x^2}}=\infty$.

性质 4 $\lim\limits_{x\to x_0}f(x)=A$ 的充分必要条件为 $\lim\limits_{x\to x_0^-}f(x)=\lim\limits_{x\to x_0^+}f(x)=A$.

性质 5 设 $\lim\limits_{x\to x_0}f(x)>\lim\limits_{x\to x_0}g(x)$,则存在正数 δ,使得 $f(x)>g(x)$, $x\in(x_0-\delta, x_0)\cup(x_0, x_0+\delta)$.

性质 6 设在$(x_0-\delta_1, x_0)\cup(x_0, x_0+\delta)$内成立 $f(x)\geqslant g(x)$,且 $\lim\limits_{x\to x_0}f(x)$ 和 $\lim\limits_{x\to x_0}g(x)$存在,则 $\lim\limits_{x\to x_0}f(x)\geqslant\lim\limits_{x\to x_0}g(x)$.

性质 7(夹逼性) 设 $\lim\limits_{x\to x_0}f(x)=\lim\limits_{x\to x_0}h(x)=A$,且在 x_0 点附近成立

$$f(x)\leqslant g(x)\leqslant h(x),$$

则极限 $\lim\limits_{x\to x_0}g(x)$也存在且为 A,即

$$\lim_{x\to x_0}g(x)=A.$$

性质 8 设数列$\{x_n\}$是一个有界的单调数列,则数列$\{x_n\}$必收敛.

由性质 7 可以证明一个重要的极限公式.

例 2.12 证明 $\lim\limits_{x\to 0}\dfrac{\sin x}{x}=1$.

证　作一个单位圆(如图 2.2 所示). 易知,当 $0 < x < \frac{\pi}{2}$ 时,

$$S_{\triangle OAC} < S_{\text{扇形}OAC} < S_{\triangle OAB}.$$

于是

$$\frac{1}{2}\sin x < \frac{1}{2}x < \frac{1}{2}\tan x,$$

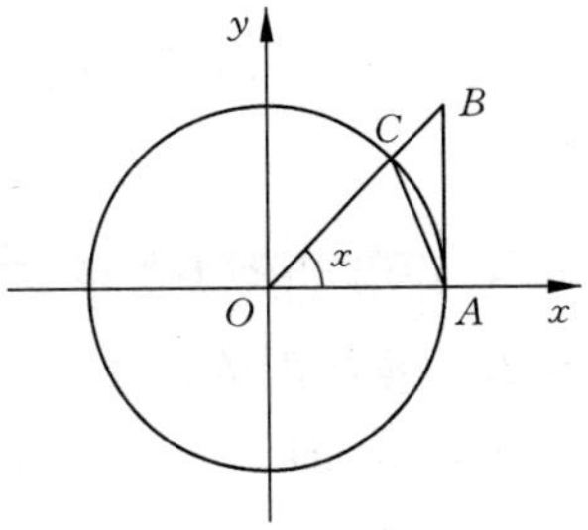

即

$$\sin x < x < \tan x,\ x \in \left(0,\ \frac{\pi}{2}\right).$$

图 2.2

每项都除以 $\sin x$,得

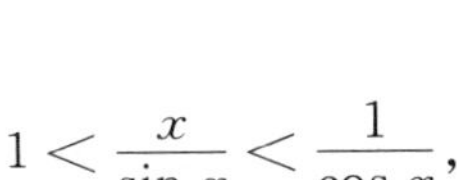

$$1 < \frac{x}{\sin x} < \frac{1}{\cos x},$$

或

$$\cos x < \frac{\sin x}{x} < 1.$$

当上式用 $-x$ 代入时,$\cos x$, $\frac{\sin x}{x}$都不变,故上式成立的范围为 $\left(-\frac{\pi}{2},\ 0\right) \cup \left(0,\ \frac{\pi}{2}\right)$.

因为

$$0 \leqslant 1 - \cos x = 2\sin^2\frac{x}{2} \leqslant 2 \cdot \left(\frac{x}{2}\right)^2 = \frac{1}{2}x^2,$$

当 $x \to 0$ 时, $\frac{1}{2}x^2 \to 0$. 所以由性质 7 可知

$$\lim_{x\to 0}\cos x = 1.$$

再用性质 7 和前面的不等式,就证明了 $\lim\limits_{x\to 0}\frac{\sin x}{x} = 1$.

考察数列 $\{x_n\}$ 和 $\{y_n\}$,其中

$$x_n = \left(1 + \frac{1}{n}\right)^n,\ n = 1,\ 2,\ 3,\ \cdots$$

$$y_n = \left(1 + \frac{1}{n}\right)^{n+1},\ n = 1,\ 2,\ 3,\ \cdots$$

经过计算得到

$$x_1 = 2, \quad x_{10} = 2.593\,74, \quad x_{100} = 2.704\,81,$$

$$x_{1\,000} = 2.716\,92, \quad x_{10\,000} = 2.718\,14, \cdots$$

$$y_1 = 4, \quad y_{10} = 2.853\,11, \quad y_{100} = 2.731\,86,$$

$$y_{1\,000} = 2.719\,64, \quad y_{10\,000} = 2.718\,41, \cdots$$

可见,x_n 随 n 的增大而单调增加,但有上界 4;y_n 随 n 的增大而单调减少,但有下界 2. 根据极限的性质 8, x_n 和 y_n 都是有极限的. 我们用一个英文字母 e 表示 x_n 的极限值,即

$$\lim_{n\to\infty} x_n = \mathrm{e}.$$

y_n 的极限为

$$\begin{aligned}\lim_{n\to\infty} y_n &= \lim_{n\to\infty}\left[\left(1+\frac{1}{n}\right)^n \cdot \left(1+\frac{1}{n}\right)\right]\\ &= \lim_{n\to\infty}\left(1+\frac{1}{n}\right)^n \cdot \lim_{n\to\infty}\left(1+\frac{1}{n}\right)\\ &= \mathrm{e}\cdot 1 = \mathrm{e}.\end{aligned}$$

x_n 与 y_n 的极限都是 e. e 是一个无理数,它的数值为

$$2.718\,281\,828\,45\cdots$$

这是一个很重要的数. 我们还可证明:

$$\lim_{x\to\infty}\left(1+\frac{1}{x}\right)^x = \mathrm{e}.$$

例 2.13 求极限:(1) $\lim\limits_{x\to 0}\dfrac{\tan x}{x}$; (2) $\lim\limits_{x\to\infty}\left(1-\dfrac{1}{x}\right)^x$.

解 (1) $$\begin{aligned}\lim_{x\to 0}\frac{\tan x}{x} &= \lim_{x\to 0}\left(\frac{\sin x}{x}\cdot\frac{1}{\cos x}\right)\\ &= \lim_{x\to 0}\frac{\sin x}{x}\cdot\lim_{x\to 0}\frac{1}{\cos x} = 1.\end{aligned}$$

(2) $$\begin{aligned}\lim_{x\to\infty}\left(1-\frac{1}{x}\right)^x &= \lim_{x\to\infty}\left[\left(1+\frac{1}{-x}\right)^{-x}\right]^{-1}\\ &= \left[\lim_{x\to\infty}\left(1+\frac{1}{-x}\right)^{-x}\right]^{-1}\\ &= \mathrm{e}^{-1}.\end{aligned}$$

2.2　函数的连续性

在日常生活中有许多现象，例如气温的变化、河水的流动和汽车的里程等，都是随着时间的变化而连续变化的，这些现象用函数图像表示，就是一些连续而无间断的曲线.

例如，函数 $f(x) = x^2$，对于任意 x_0，总有

$$\lim_{x \to x_0} f(x) = \lim_{x \to x_0} x^2 = x_0^2 = f(x_0).$$

这表明，当 x 趋于 x_0 时，函数的极限恰为这函数在点 x_0 的函数值. 从图像上看(见图 2.3)，当横坐标 x 趋于 x_0 时，曲线的纵坐标 $f(x)$沿着曲线趋于曲线上相应的纵坐标 $f(x_0)$. 这就是说，函数 $y = f(x)$ 的图像是一条连续不断的曲线.

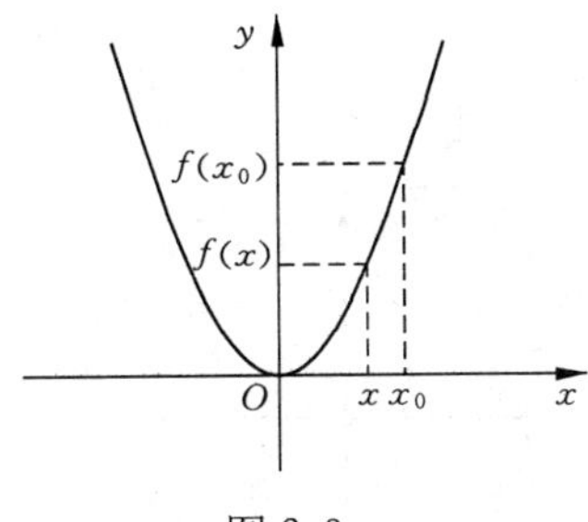

图 2.3

定义　设函数 $y = f(x)$ 在定义域 D 中有定义，$x_0 \in D$. 如果

$$\lim_{x \to x_0} f(x) = f(x_0),$$

则称函数 $y = f(x)$ 在点 x_0 连续，否则称函数在点 x_0 间断(或不连续).

对照函数极限的定义就会发现，函数在某点连续，不仅要在该点的极限存在，还要函数在这点有定义，且函数在这点的极限就等于这点的函数值.

例 2.14　证明函数 $f(x) = x^2 - 2x$ 在点 $x = 1$ 连续.

证　因为

$$\lim_{x \to 1} f(x) = \lim_{x \to 1}(x^2 - 2x) = -1 = f(1),$$

所以函数 $f(x) = x^2 - 2x$ 在点 $x = 1$ 连续.

下面 3 个函数在点 $x = 0$ 都是间断的；

$$f_1(x) = \frac{1}{x};$$

$$f_2(x) = \begin{cases} -1, & x < 0, \\ 0, & x = 0, \\ 1, & x > 0; \end{cases}$$

$$f_3(x) = \frac{x}{x} = 1,\ x \neq 0,$$

它们的图像分别如图 2.4、图 2.5、图 2.6 所示.

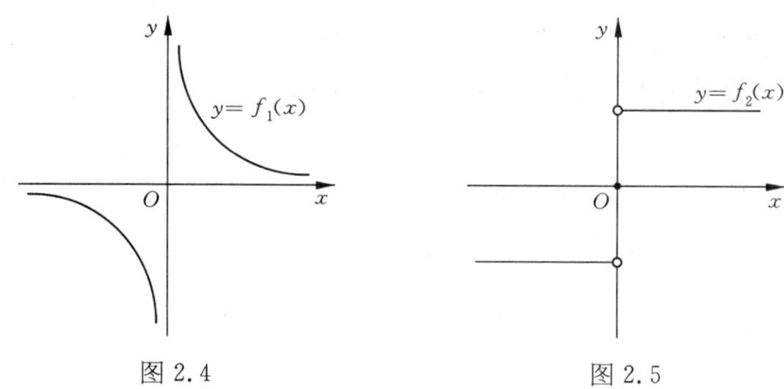

图 2.4　　图 2.5

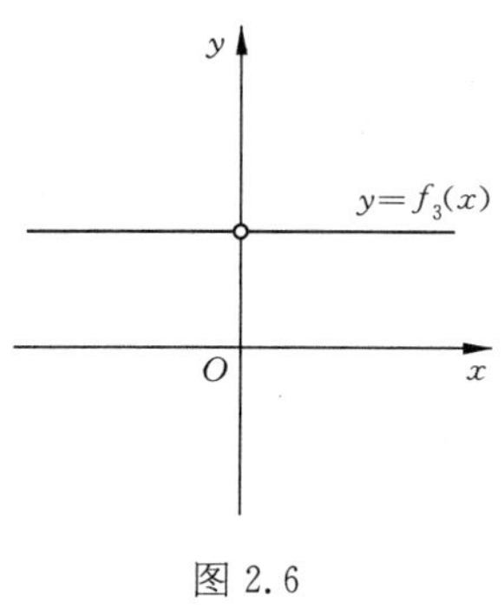

图 2.6

由图 2.4～图 2.6 可以看出,它们都在点 $x=0$ 间断. $f_1(x)$在点 $x=0$ 没有极限;$f_2(x)$在点 $x=0$ 有定义,但左右极限不相等;$f_3(x)$在点 $x=0$ 极限存在,极限为 1,但函数在点 $x=0$ 无定义.

类似于左右极限,如果 $\lim\limits_{x\to x_0^+} f(x)=f(x_0)$,则称函数 $f(x)$在点 $x=x_0$ 是右连续的;如果 $\lim\limits_{x\to x_0^-} f(x)=f(x_0)$,则称函数 $f(x)$在点 $x=x_0$ 是左连续的. $f(x)$在点 x_0 连续的充分必要条件是 $f(x)$在点 x_0 既是左连续的,又是右连续的.

如果函数 $y=f(x)$ 在定义域 D 中每点都连续,我们就称函数$f(x)$是 D 中的连续函数,或称函数 $f(x)$在 D 中连续.

例 2.15　函数 $y=\sin x$ 在 $\mathbf{R}$ 上连续.

证　任取 $x_0\in\mathbf{R}$, 则

$$|\sin x-\sin x_0|=2\left|\cos\frac{x+x_0}{2}\right|\left|\sin\frac{x-x_0}{2}\right|$$

$$\leqslant 2\left|\sin\frac{x-x_0}{2}\right|\leqslant 2\cdot\frac{|x-x_0|}{2},$$

即

$$|\sin x-\sin x_0|\leqslant|x-x_0|,$$

故

$$\lim_{x\to x_0}\sin x=\sin x_0.$$

由 x_0 的任意性,即知 $y=\sin x$ 在 $\mathbf{R}$ 上连续.

类似地,可证明 $\cos x$ 在 $\mathbf{R}$ 上连续.

连续函数的图像是一条连绵不断的曲线,不连续函数的图像就会有间断点.

由极限的四则运算性质,可得函数连续的四则运算性质,这里不一一列出了.由此可知,$\tan x$, $\cot x$ 在各自的定义域内都是连续的.

下面我们不加证明地叙述两个定理:一个是复合函数的连续性定理,另一个是反函数的连续性定理.

定理　设函数 $u=g(x)$ 在点 $x=x_0$ 连续, $u_0=g(x_0)$, 而函数 $y=f(u)$ 在点 $u=u_0$ 连续,则复合函数 $y=f(g(x))$ 在点 $x=x_0$ 连续,即有

$$\lim_{x\to x_0} f(g(x))=f(\lim_{x\to x_0} g(x))=f(g(x_0)).$$

定理　设函数 $y=f(x)$ 在区间 I_1 中单调(增加或减少)且连续,其值域为区间 I_2,则 $y=f(x)$ 在 I_1 中有反函数 $y=\varphi(x)$, $x\in I_2$,且反函数在区间 I_2 中也是单调(增加或减少)且连续的.

例 2.16　证明 $y=\mathrm{e}^x$ 在 $\mathbf{R}$ 上连续.

证　任取 $x_0\in\mathbf{R}$, 由 $\mathrm{e}^x-\mathrm{e}^{x_0}=\mathrm{e}^{x_0}(\mathrm{e}^{x-x_0}-1)$ 可知,要证明当 $x\to x_0$ 时, $\mathrm{e}^x\to\mathrm{e}^{x_0}$, 只要证明当 $x-x_0\to 0$ 时, $\mathrm{e}^{x-x_0}\to 1$, 即

$$\lim_{t\to 0}\mathrm{e}^t=1.$$

为此,我们先证明

$$\lim_{n\to\infty}\mathrm{e}^{\frac{1}{n}}=1.$$

注意到 $\mathrm{e}>1$, $\mathrm{e}^{\frac{1}{n}}>1$, 可设 $\mathrm{e}^{\frac{1}{n}}=1+\alpha_n\ (\alpha_n>0)$, 现只要证明 $\alpha_n\to 0$ $(n\to\infty)$.

从

$$\mathrm{e}=(1+\alpha_n)^n=1+n\alpha_n+\cdots>n\alpha_n$$

可得

$$0<\alpha_n<\frac{\mathrm{e}}{n}.$$

显然, $\frac{\mathrm{e}}{n}\to 0\ (n\to\infty)$. 由夹逼性原理, $\alpha_n\to 0\ (n\to\infty)$, 所以

$$\mathrm{e}^{\frac{1}{n}}\to 1\ (n\to\infty).$$

由于 $t\to 0$, 可认为 t 较小,因此当 $t>0$ 时,总有自然数 n,使得

$$\frac{1}{n+1}\leqslant t<\frac{1}{n},$$

从而

$$e^{\frac{1}{n+1}} \leqslant e^t < e^{\frac{1}{n}}.$$

再由夹逼性原理,得 $\lim\limits_{t\to 0^+} e^t = 1$. 而 $e^{-t} = \dfrac{1}{e^t}$, 即知 $\lim\limits_{t\to 0^-} e^t = \lim\limits_{t\to 0^+} \dfrac{1}{e^t} = 1$.

所以

$$\lim_{t\to 0} e^t = 1.$$

这样,我们就证明了对任意的 x_0, e^x 在点 x_0 连续,即 e^x 在 $\mathbf{R}$ 上连续.

$\ln x$ 是 e^x 的反函数,根据反函数的连续性定理,它在$(0, +\infty)$上连续,再由复合函数的连续性定理,得幂函数 $x^\alpha = e^{\alpha\ln x}$ $(x > 0)$ 在$(0, +\infty)$上连续. 由 $a^x = e^{x\ln a}$ 知指数函数 a^x 在 $\mathbf{R}$ 上连续,从而其反函数 $\log_a x$ 在 $(0, +\infty)$ 上也连续. 由三角函数的连续性及反函数的连续性定理,得到反三角函数在各自的定义域内也都连续.

上述的讨论说明了基本初等函数在其定义域内是连续的,再由连续函数的四则运算性质及复合函数的连续性,我们得到:初等函数在其定义区间中是连续函数.

下面我们介绍闭区间上连续函数的性质.

设函数 $f(x)$在闭区间$[a, b]$上有定义,在开区间(a, b)内连续,且 $\lim\limits_{x\to a^+} f(x) = f(a)$, $\lim\limits_{x\to b^-} f(x) = f(b)$, 那么就称函数 $f(x)$在闭区间$[a, b]$上连续. 例如,函数 $f(x) = \dfrac{1}{x}$ 在$\left[\dfrac{1}{2}, 1\right]$上连续,但并不在$[0, 1]$上连续.

闭区间上连续函数有许多好的性质,这里给出其中的 3 个.

性质 1 设函数 $f(x)$在$[a, b]$上连续,则 $f(x)$在$[a, b]$可取到最大值和最小值,即存在 x_1, $x_2 \in [a, b]$, 使

$$m = f(x_1) \leqslant f(x) \leqslant f(x_2) = M, \ x \in [a, b].$$

这里 M 和 m 分别为 $f(x)$在$[a, b]$上的最大值和最小值.

性质 2 设函数 $f(x)$在$[a, b]$上连续,则 $f(x)$可取到介于最大值和最小值之间的一切值.

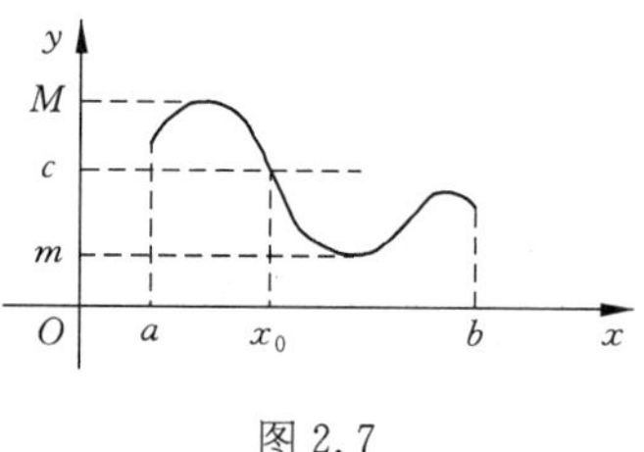

图 2.7

设 M 和 m 分别是 $f(x)$的最大值和最小值,性质 2 是说,对任意的 $c \in [m, M]$, 存在 $x_0 \in [a, b]$, 使 $f(x_0) = c$.

这表明,对于 $c \in [m, M]$, 直线 $y = c$ 必与曲线 $y = f(x)$ $(a \leqslant x \leqslant b)$ 相交,如图 2.7 所示.

性质 2 通常称为介值定理.

性质 3　设函数 $f(x)$在$[a, b]$上连续,且 $f(a)>0$, $f(b)<0$, 则必存在 $x_0\in(a, b)$, 使得 $f(x_0)=0$.

证　性质 3 可由性质 2 推出:由 $f(a)$, $f(b)$异号可知,最大值 $M>0$, 最小值 $m<0$, 而 $0\in[m, M]$, 根据性质 2, 存在 $x_0\in(a, b)$, 使

$$f(x_0)=0 \quad (\text{注意 } x_0 \text{ 不会是 } a,\ b).$$

性质 3 通常称为零点存在定理. 它表明,对于两个端点值异号的连续函数,其图像与 x 轴必有一个交点,如图 2.8 所示.

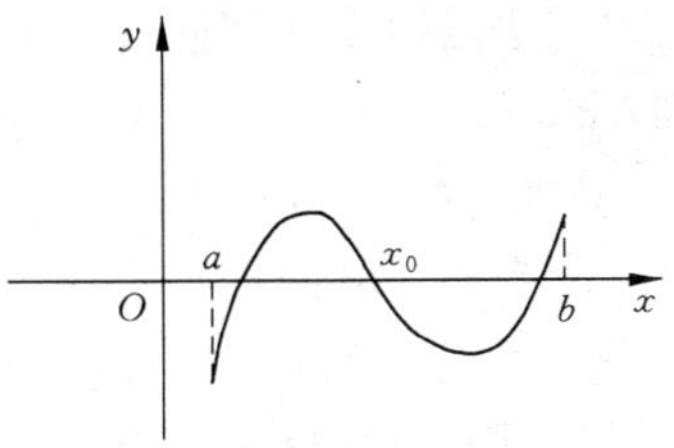

图 2.8

例 2.17　证明方程 $x^5-x-4=0$ 在开区间(1, 2)内有一个实根.

解　记 $f(x)=x^5-x-4$, 它在[1, 2]上连续,且

$$f(1)=-4<0,\ f(2)=26>0.$$

由性质 3 可知,必存在 $x_0\in(1, 2)$, 使 $f(x_0)=0$. 即方程 $x^5-x-4=0$ 在开区间(1, 2)内有一个实根.

2.3　函数和极限的简史

函数概念的形成经历了很长的时期. 在 17 世纪以前,函数被认为是一个变量的解析表达式. 直到 1837 年,德国数学家狄利克雷在其一篇关于三角级数的论文"用正弦和余弦级数来表示完全任意的函数"中,才给出了我们现在常用的函数的定义,即如果对于给定区间上的每个 x 的值,有唯一的一个 y 的值与它对应,那么 y 就是 x 的一个函数.

在古希腊时期,人们已经有了极限思想的萌芽. 公元前 3 世纪,阿基米德(Archimedes,公元前 287—公元前 212 年)在求由抛物线和直线所围的弓形的面积时,经过严密的几何论证,运用穷竭法,把问题转化为求下列级数的和:

$$1+\frac{1}{2^2}+\frac{1}{2^4}+\cdots$$

阿基米德完美地解决了这个问题. 在中国,公元 3 世纪时的数学家刘徽(约公元 3 世纪)在计算圆周率 π 时,利用圆的内接正多边形面积来逐渐地逼近圆的面积,这其中同样蕴含着可贵的极限思想.

在 17 世纪末,虽然英国数学家牛顿(I. Newton, 1642—1727 年)和德国数

学家莱布尼茨(G. W. Leibniz, 1646—1716 年)先后独立地建立了微积分理论,并且此后微积分也得到了迅速的发展和广泛的应用,但他们对微积分的基础——极限的表述是含糊不清和不严密的,这其中的核心问题是无穷小量(以零为极限的变量)的概念相当模糊,由此导出的许多结果就不那么令人信服,以至新生的微积分被认为是神秘而捉摸不透的,甚至有人发表文章对牛顿的微积分进行了攻击,指责牛顿对无穷小量的处理是随心所欲、自相矛盾的.

在此后很长的一段时期,极限理论的严格化工作基本没有进展.直到 19 世纪,才有法国数学家柯西(A. L. Cauchy, 1789—1857 年)、德国数学家魏尔斯特拉斯(K. T. W. Weierstrass, 1815—1897 年)等人建立了完善的极限理论.捷克数学家波尔察诺(B. Bolzano, 1781—1848 年)在 1817 年首先给出了函数连续的定义,即若在区间内任一点 x 处,只要 ω(的绝对值)充分小,就能使误差 $f(x+\omega)-f(x)$(的绝对值)任意小,那么就说 $f(x)$在该区间上连续.柯西在他的名著《代数分析教程》(1821 年出版)中对极限 $\lim\limits_{x\to a}f(x)=A$ 给出了现在我们常用的说法,即当 x 无限趋近 a 时,函数 $f(x)$可无限地接近 A.魏尔斯特拉斯在极限的严密性上改进了波尔察诺和柯西等人的工作,他力求避免直观而把微积分奠基在算术概念的基础上.为了消除波尔察诺和柯西在函数连续和极限定义中的不明确性,魏尔斯特拉斯提出了现今通用的著名的“ε-δ 语言”:如果对于给定的任何一个正数 ε,都存在一个正数 δ,使得对于满足 $|x-x_0|<\delta$ 的所有 x,都成立 $|f(x)-f(x_0)|<\varepsilon$,则函数 $f(x)$ 在 $x=x_0$ 处连续.如果在上述说法中,用 A 代替 $f(x_0)$,则说函数 $f(x)$ 在 $x=x_0$ 处有极限 A(见《古今数学思想》,M·克莱因著,北京大学数学系数学史翻译组译,上海科技出版社,1981 年).此后又有德国数学家戴德金(J. W. R. Dedekind, 1831—1916 年)、康托(G. Cantor, 1845—1918 年)等人建立了实数理论.至此,微积分(或称为数学分析)的严密化工作才得以终结.

习　　题

1. 考察下列数列,说明它们有无极限:

(1) $\left\{\dfrac{n+2}{n}\right\}$;　　(2) $\left\{\dfrac{1}{n^3}\right\}$;

(3) $\left\{\dfrac{n}{n^2+1}\right\}$;　　(4) $\left\{\dfrac{2^n}{3^n}\right\}$;

(5) $\{\sqrt[n]{2}\}$;　　(6) $\left\{\dfrac{(-1)^n n}{n+1}\right\}$.

2. 求下列函数或数列极限：

(1) $\lim\limits_{x\to 1}\dfrac{x^2+1}{x+1}$；　(2) $\lim\limits_{x\to 0}\dfrac{x^2+3x+2}{x+4}$；

(3) $\lim\limits_{x\to 2}\dfrac{x^2-4}{x^2+4}$；　(4) $\lim\limits_{h\to 0}\dfrac{(x+h)^2-x^2}{h}$；

(5) $\lim\limits_{x\to\infty}\left(1+\dfrac{1}{x}-\dfrac{1}{x^2}\right)$；　(6) $\lim\limits_{x\to\infty}\dfrac{2x^2-1}{x^2+2x}$；

(7) $\lim\limits_{x\to\infty}\dfrac{x-1}{x^2+1}$；　(8) $\lim\limits_{x\to 2}\dfrac{x^2+x-6}{x^2-3x+2}$；

(9) $\lim\limits_{n\to\infty}\left(1+\dfrac{1}{3}+\dfrac{1}{9}+\cdots+\dfrac{1}{3^n}\right)$；　(10) $\lim\limits_{n\to\infty}\dfrac{1}{n^3}(1^2+2^2+3^2+\cdots+n^2)$；

(11) $\lim\limits_{x\to\infty}\left(1-\dfrac{2}{x}\right)^x$；　(12) $\lim\limits_{x\to 0}\dfrac{\sin 2x}{x}$；

(13) $\lim\limits_{x\to 0}(1+x)^{\frac{1}{2x}}$；　(14) $\lim\limits_{x\to 0}\dfrac{\tan 3x}{x}$；

(15) $\lim\limits_{x\to\infty}\left(1-\dfrac{1}{x^2}\right)^x$；　(16) $\lim\limits_{x\to 0}\dfrac{1-\cos x}{x^2}$.

3. 证明：$\lim\limits_{n\to\infty}\left(\dfrac{n}{n^2+1}+\dfrac{n}{n^2+2}+\cdots+\dfrac{n}{n^2+n}\right)=1.$

4. 证明：$\lim\limits_{x\to 0}\dfrac{\ln(1+x)}{x}=1.$

5. 求下列函数极限：

(1) $\lim\limits_{x\to 1}\ln\arcsin x$；　(2) $\lim\limits_{x\to\frac{\pi}{2}}\mathrm{e}^{\cos x}$；

(3) $\lim\limits_{x\to 0}\dfrac{\sqrt{1+x}-1}{x}$；　(4) $\lim\limits_{x\to 0}\dfrac{\mathrm{e}^x-1}{x}$；

(5) $\lim\limits_{x\to a}\dfrac{\tan x-\tan a}{x-a}$；

§3　级数求和

3.1　定义与求和记号

1. *求和记号*

为了应用的方便，我们引进求和记号"$\sum$". 例如

$$a_1+a_2+\cdots+a_{10}$$

可记为 $\sum_{i=1}^{10}a_i$，即

$$a_1+a_2+\cdots+a_{10}=\sum_{i=1}^{10}a_i.$$

这里 i 称为下标变量，从第一项一直加到第十项. 和式与下标变量的取法无关，即我们有

$$\sum_{i=1}^{10}a_i=\sum_{k=1}^{10}a_k.$$

类似地，有

$$\sum_{i=2}^{6}b_i=b_2+b_3+b_4+b_5+b_6,$$

$$\sum_{k=1}^{n}a_k=a_1+a_2+\cdots+a_n,$$

…………

牛顿二项式公式可记为

$$(a+b)^n=\sum_{k=0}^{n}C_n^k a^k b^{n-k}.$$

2. 定义

让我们先来看一个例子，它是一个著名的悖论(芝诺悖论). 公元前，意大利哲学家芝诺(Zenon Eleates，约公元前 490 年—公元前 436 年)提出了关于运动的 4 个悖论，引起了学术界极大的骚动，其中的一个是说："一个跑得最快的人永远追不上跑得最慢的人."

这个说法的非常有趣的现代形式是"龟兔赛跑". 如果开始时乌龟在兔子前 100 米处，兔子的速度是乌龟速度的 10 倍. 当兔子跑完这 100 米时，乌龟已向前跑了 10 米；当兔子再跑完这 10 米时，乌龟又向前跑了 1 米……这样，兔子永远也不会超过乌龟.

常识告诉我们兔子肯定会超过乌龟. 芝诺悖论的结论是不对的，但问题出在哪里？我们来作一个分析.

兔子追上乌龟所走过的路程 s 为

$$100+10+1+\frac{1}{10}+\cdots+\frac{1}{10^n}+\cdots$$

记

$$s_n=100+10+1+\frac{1}{10}+\cdots+\frac{1}{10^n},$$

则

$$s_n = 110 + \frac{10}{9}\left(1 - \frac{1}{10^{n+1}}\right).$$

当 n 越来越大时，s_n 越来越接近 s. 当 $n \to \infty$ 时，

$$s_n \to \frac{1\,000}{9}.$$

所以

$$s = \frac{1\,000}{9}(\text{米}).$$

这是一个有限的距离. 芝诺想在这段有限距离上标出无限个位置，说兔子要经过这无限个位置就不能在有限的时间内做到. 实际上，我们运用数学的极限理论，证明了这时的无限项相加得到的是一个有限的数值，兔子能在有限时间内追上乌龟，这是问题的关键.

无限项求和的问题就是本节的主要内容.

设 $\{u_n\}$ 是一个无穷数列，则

$$u_1 + u_2 + \cdots + u_n + \cdots$$

称为一个无穷级数，简称级数，记为 $\sum\limits_{n=1}^{\infty} u_n$. 其中 $\sum$ 是求和记号，n 称为下标变量，u_n 称为级数的一般项.

需要注意，这里的 $\sum\limits_{n=1}^{\infty} u_n$ 仅仅是个记号，还谈不上它是否有意义，这与有限个数的和是大不相同的. 下面规定级数和的意义.

定义　设 $s_n = \sum\limits_{k=1}^{n} u_k \quad (n = 1, 2, 3, \cdots)$，称 $\{s_n\}$ 为级数 $\sum\limits_{n=1}^{\infty} u_n$ 的部分和数列，如果 $\{s_n\}$ 收敛，则我们称级数 $\sum\limits_{n=1}^{\infty} u_n$ 是收敛的. 这时，级数的和 $\sum\limits_{n=1}^{\infty} u_n = \lim\limits_{n\to\infty} s_n$. 否则，称级数 $\sum\limits_{n=1}^{\infty} u_n$ 是发散的.

由上述定义，当且仅当 $\{s_n\}$ 收敛即有极限时，级数 $\sum\limits_{n=1}^{\infty} u_n$ 收敛，即 $\sum\limits_{n=1}^{\infty} u_n$ 才有意义. 只有这时，才能求级数的和.

例 3.1　讨论级数 $\sum\limits_{n=1}^{\infty} \frac{1}{2^n}$ 的收敛性，若收敛，它的和是多少？

解　它的部分和数列

$$s_n=\sum_{k=1}^{n}\frac{1}{2^k}=\frac{\frac{1}{2}\left(1-\frac{1}{2^n}\right)}{1-\frac{1}{2}}=1-\frac{1}{2^n}.$$

当 $n\to\infty$ 时，$2^n\to\infty$，$\frac{1}{2^n}\to 0$，所以 $s_n\to 1$. 即$\{s_n\}$收敛且其极限为 1,从而级数 $\sum_{n=1}^{\infty}\frac{1}{2^n}$ 收敛且其和为 1.

3. **性质**

现在我们来讨论级数的性质.

性质 1 设级数 $\sum_{n=1}^{\infty}u_n$ 和 $\sum_{n=1}^{\infty}v_n$ 都收敛,则级数 $\sum_{n=1}^{\infty}(u_n\pm v_n)$ 也收敛.

证 记

$$s_n=\sum_{k=1}^{n}u_k,\ \sigma_n=\sum_{n=1}^{n}v_n,$$

由题设,可记 $\lim\limits_{n\to\infty}s_n=s$，$\lim\limits_{n\to\infty}\sigma_n=\sigma$.

$\sum_{n=1}^{\infty}(u_n\pm v_n)$ 的部分和为 $s_n\pm\sigma_n$，由极限的运算性质得

$$\lim_{n\to\infty}(s_n\pm\sigma_n)=s\pm\sigma,$$

所以级数 $\sum_{n=1}^{\infty}(u_n\pm v_n)$ 收敛,且其和为 $\sum_{n=1}^{\infty}u_n\pm\sum_{n=1}^{\infty}v_n$.

性质 2 设级数 $\sum_{n=1}^{\infty}u_n$ 收敛,k 是一个常数,则级数 $\sum_{n=1}^{\infty}ku_n$ 也收敛,且有

$$\sum_{n=1}^{\infty}ku_n=k\sum_{n=1}^{\infty}u_n\quad(k\text{ 为常数}).$$

证 记 $s_n=\sum_{m=1}^{n}u_m$，$s_n\to s\ (n\to\infty)$，$\sum_{n=1}^{\infty}ku_n$ 的前 n 项部分和

$$\sigma_n=\sum_{m=1}^{n}ku_m=ks_n,$$

所以

$$\sigma_n=ks_n\to ks\ (n\to\infty).$$

于是 $\sum_{n=1}^{\infty}ku_n$ 收敛且其和为 $k\sum_{n=1}^{\infty}u_n$.

性质 3　在一个级数中去掉或增加有限项不改变级数的敛散性.

证　在级数

$$\sum_{n=1}^{\infty} u_n = u_1 + u_2 + \cdots + u_n + \cdots$$

中,我们不妨去掉它的前 l 项.形成新的级数:

$$u_{l+1} + u_{l+2} + \cdots + u_{l+n} + \cdots$$

设 $\{s_n\}$ 和 $\{\sigma_n\}$ 分别是原来的级数和新的级数的部分和数列,则

$$\sigma_n = s_{l+n} - s_l.$$

因为 s_l 为常数,所以 σ_n 与 s_{l+n} 同时有极限或同时没有极限,即级数去掉有限项不改变它的敛散性.

类似地可证明,级数增加有限项也不会改变它的敛散性.

性质 4　收敛级数加括号后组成的级数仍收敛,且其和不变.

证　设级数

$$\sum_{n=1}^{\infty} u_n = u_1 + u_2 + \cdots + u_n + \cdots$$

收敛,按某个规律加括号所成的级数为

$$u_1 + (u_2 + u_3) + (u_4 + u_5 + u_6) + \cdots$$

记这两个级数的部分和数列分别为 $\{s_n\}$ 和 $\{\sigma_n\}$,则

$$\sigma_1 = s_1,\ \sigma_2 = s_3,\ \sigma_3 = s_6,\ \cdots,\ \sigma_n = s_m \cdots\ (m > n).$$

显然,当 $n \to \infty$ 时,必有 $m \to \infty$, 从而由 $s_m \to s\ (n \to \infty)$ 得

$$\sigma_n = s_m \to s\ (n \to \infty),$$

即加括号后的级数也收敛且其和不变.

但要注意,收敛级数去括号后所得级数不一定收敛.例如级数

$$(1-1) + (1-1) + \cdots$$

收敛,但级数

$$1 - 1 + 1 - 1 + \cdots$$

发散,这里因为它的部分和 $s_{2n} = 0$, $s_{2n-1} = 1$, $\{s_n\}$ 没有极限.有时,性质 4 的逆否命题也很有用:加括号后的级数发散,则原级数也发散.

设级数 $\sum\limits_{n=1}^{\infty} u_n$ 收敛,其部分和 $s_n \to s\ (n \to \infty)$. 由 $u_n = s_n - s_{n-1}$ 得

$$u_n \to 0.$$

这就是下面的性质 5.

性质 5(收敛的必要条件) 如果级数 $\sum\limits_{n=1}^{\infty} u_n$ 收敛,则一般项 $u_n \to 0\ (n \to \infty)$.

性质 5 的逆否命题是:若 $u_n \nrightarrow 0$ ($\nrightarrow$表示不收敛于),则级数 $\sum\limits_{n=1}^{\infty} u_n$ 发散.它非常有用,经常用它来判断级数发散.

但要注意,性质 5 仅是级数收敛的必要条件,并不是充分条件,由 $u_n \to 0$ 一般地不能推出级数 $\sum\limits_{n=1}^{\infty} u_n$ 收敛.

例如,级数

$$\sum_{n=1}^{\infty} (\sqrt{n+1} - \sqrt{n}),$$

它的一般项

$$u_n = \sqrt{n+1} - \sqrt{n} = \frac{1}{\sqrt{n+1} + \sqrt{n}} \to 0\ (n \to \infty).$$

但级数的前 n 项部分和

$$s_n = \sum_{k=1}^{n} (\sqrt{k+1} - \sqrt{k}) = \sqrt{n+1} - \sqrt{1},$$

显然 $s_n \to \infty$, 所以级数 $\sum\limits_{n=1}^{\infty} (\sqrt{n+1} - \sqrt{n})$ 发散.

另外,也可证明调和级数 $\sum\limits_{n=1}^{\infty} \dfrac{1}{n}$ 也是发散的.

3.2 等比级数

现在考察等比级数

$$\sum_{n=0}^{\infty} q^n = 1 + q + q^2 + \cdots + q^n + \cdots$$

它的前 n 项部分和 $s_n = \sum\limits_{k=0}^{n-1} q^k$, 容易得

$$s_n = \frac{1 - q^n}{1 - q}\ (q \neq 1),$$

即

$$s_n = \frac{1}{1-q} - \frac{q^n}{1-q}.$$

s_n 与 q^n 同时收敛同时发散. 当 $|q|>1$ 时, $q^n \to \infty\ (n\to\infty)$; 当 $|q|<1$ 时, $q^n \to 0\ (n\to\infty)$; 当 $q=-1$ 时, q^n 极限不存在; 当 $q=1$ 时, $s_n = \sum\limits_{k=0}^{n-1} q^k = n \to \infty\ (n\to\infty)$.

由此,我们得到如下的结果:

等比级数 $\sum\limits_{n=0}^{\infty} q^n$ 当 $|q|<1$ 时收敛且其和为 $\frac{1}{1-q}$; 当 $|q|\geqslant 1$ 时发散.

例 3.2　说明级数 $\sum\limits_{n=1}^{\infty} 3^n$ 的敛散性.

解　因 $q=3>1$, 故级数 $\sum\limits_{n=1}^{\infty} 3^n$ 发散.

例 3.3　说明级数 $\sum\limits_{n=1}^{\infty} \frac{(-1)^n}{3^n}$ 的敛散性,若收敛则求其和.

解　因为 $|q| = \left|-\frac{1}{3}\right| < 1$, 故级数 $\sum\limits_{n=1}^{\infty} \frac{(-1)^n}{3^n}$ 收敛,且

$$\sum_{n=0}^{\infty} \frac{(-1)^n}{3^n} = \frac{1}{1-\left(-\frac{1}{3}\right)} = \frac{3}{4},$$

所以

$$\sum_{n=1}^{\infty} \frac{(-1)^n}{3^n} = \frac{3}{4} - 1 = -\frac{1}{4}.$$

3.3　正项级数

如果级数 $\sum\limits_{n=1}^{\infty} u_n$ 中每一项 $u_n \geqslant 0\ (n=1, 2, 3, \cdots)$, 则称它为正项级数.

正项级数 $\sum\limits_{n=1}^{\infty} u_n$ 的部分和数列 $\{s_n\}$ 是一个单调增加数列,如果 $\{s_n\}$ 有上界,则 $\{s_n\}$ 收敛,从而级数 $\sum\limits_{n=1}^{\infty} u_n$ 收敛;如果级数 $\sum\limits_{n=1}^{\infty} u_n$ 收敛,则 $\{s_n\}$ 收敛,从而可得 $\{s_n\}$ 必有上界. 这样就有如下的定理.

定理　正项级数 $\sum\limits_{n=1}^{\infty} u_n$ 收敛的充分必要条件是它的部分和数列 $\{s_n\}$ 有上界.

这个定理是讨论正项级数敛散性的出发点. 由此,我们可得下面的一个基本结果.

定理(比较判别法) 设 $\sum_{n=1}^{\infty} u_n$ 与 $\sum_{n=1}^{\infty} v_n$ 都是正项级数,如果 $u_n \leqslant v_n$, $n=1, 2, \cdots$ 则

(1) 当 $\sum_{n=1}^{\infty} v_n$ 收敛时,级数 $\sum_{n=1}^{\infty} u_n$ 也收敛;

(2) 当 $\sum_{n=1}^{\infty} u_n$ 发散时,级数 $\sum_{n=1}^{\infty} v_n$ 也发散.

证 我们只需证明(1),(2)是(1)的逆否命题.

设 $\sum_{n=1}^{\infty} v_n$ 收敛于 σ,记 σ_n 是它的前 n 项部分和,则 $\sigma_n \leqslant \sigma$, 且 $\sigma_n \to \sigma \ (n \to \infty)$.

记 s_n 是级数 $\sum_{n=1}^{\infty} u_n$ 的前 n 项部分和,由 $u_n \leqslant v_n (n=1, 2, \cdots)$, 得 $s_n \leqslant \sigma_n$, 从而

$$s_n \leqslant \sigma,$$

即 $\{s_n\}$ 有界. 根据正项级数收敛的充要条件,级数 $\sum_{n=1}^{\infty} u_n$ 收敛.

这是一个应用范围广泛的判别准则,其极限形式是:

如果 $\lim_{n \to \infty} \frac{u_n}{v_n} = l > 0$, 则正项级数 $\sum_{n=1}^{\infty} u_n$ 与 $\sum_{n=1}^{\infty} v_n$ 同时收敛或同时发散.

例 3.4 试证级数 $\sum_{n=1}^{\infty} \frac{1}{n(n+1)}$ 是收敛的.

证
$$\begin{aligned} s_n &= \frac{1}{1 \cdot 2} + \frac{1}{2 \cdot 3} + \cdots + \frac{1}{n(n+1)} \\ &= \left(1 - \frac{1}{2}\right) + \left(\frac{1}{2} - \frac{1}{3}\right) + \cdots + \left(\frac{1}{n} - \frac{1}{n+1}\right) \\ &= 1 - \frac{1}{n+1}. \end{aligned}$$

所以 $\lim_{n \to \infty} s_n = 1$, 从而级数 $\sum_{n=1}^{\infty} \frac{1}{n(n+1)}$ 收敛且和为 1.

例 3.5 试证级数 $\sum_{n=1}^{\infty} \frac{1}{n^2}$ 收敛.

证 因为

$$\frac{1}{n^2} < \frac{1}{n(n-1)} \quad (n = 2, 3, \cdots),$$

且级数 $\sum\limits_{n=2}^{\infty}\frac{1}{n(n-1)}$ 收敛，由比较判别法，级数 $\sum\limits_{n=2}^{\infty}\frac{1}{n^2}$ 收敛，从而 $\sum\limits_{n=1}^{\infty}\frac{1}{n^2}$ 也收敛.

例 3.6　讨论 p-级数 $\sum\limits_{n=1}^{\infty}\frac{1}{n^p}$ 的敛散性（p 是常数）.

解　当 $p>1$ 时，

$$\begin{aligned}s_{2^{m+1}-1} &= 1+\left(\frac{1}{2^p}+\frac{1}{3^p}\right)+\left(\frac{1}{4^p}+\frac{1}{5^p}+\frac{1}{6^p}+\frac{1}{7^p}\right)\\&\quad+\cdots+\left(\frac{1}{(2^m)^p}+\cdots+\frac{1}{(2^{m+1}-1)^p}\right)\\&<1+\frac{2}{2^p}+\frac{4}{4^p}+\cdots+\frac{2^m}{(2^m)^p}\\&=1+2^{1-p}+(2^{1-p})^2+\cdots+(2^{1-p})^m.\end{aligned}$$

因为 $q=2^{1-p}<1$，所以 $\sigma_{m+1}=\sum\limits_{k=0}^{m}(2^{1-p})^k$ 收敛且极限为 $\frac{1}{1-2^{1-p}}$. 由 σ_{m+1} 是单调增加的，可知 $\sigma_{m+1}<\frac{1}{1-2^{1-p}}$，从而

$$s_{2^{m+1}-1}<\frac{1}{1-2^{1-p}}\quad(m=0,\ 1,\ 2,\ \cdots).$$

又对于任意自然数 n，总可找到自然数 m，使 $n<2^{m+1}-1$. 由 $\{s_n\}$ 的单调性，得 $s_n<s_{2^{m+1}-1}<\frac{1}{1-2^{1-p}}$，即 $\{s_n\}$ 是有上界的，所以 p-级数 $\sum\limits_{n=1}^{\infty}\frac{1}{n^p}$ 收敛.

当 $p=1$ 时，

$$\begin{aligned}s_{2^m} &= 1+\frac{1}{2}+\left(\frac{1}{3}+\frac{1}{4}\right)+\left(\frac{1}{5}+\frac{1}{6}+\frac{1}{7}+\frac{1}{8}\right)\\&\quad+\cdots+\left(\frac{1}{2^{m-1}+1}+\cdots+\frac{1}{2^m}\right)\\&>1+\frac{1}{2}+\frac{2}{4}+\frac{4}{8}+\cdots+\frac{2^{m-1}}{2^m}\\&=1+\frac{m}{2}.\end{aligned}$$

可知 $s_{2^m}\to+\infty\ (m\to\infty)$，所以级数 $\sum\limits_{n=1}^{\infty}\frac{1}{n}$ 发散.

当 $p<1$ 时,因为 $\frac{1}{n^p}>\frac{1}{n}$, 由比较判别法 $\sum\limits_{n=1}^{\infty}\frac{1}{n^p}$ 发散.

总之,我们有如下的结论:

p-级数 $\sum\limits_{n=1}^{\infty}\frac{1}{n^p}$ 当 $p>1$ 时收敛;当 $p\leqslant 1$ 时发散.

上述例子是一个很重要的结果,用它及比较判别法可以判别一些常见级数的敛散性.

例 3.7 讨论级数 $\sum\limits_{n=1}^{\infty}\frac{1}{2n+1}$ 的敛散性.

解 因为

$$\lim_{n\to\infty}\frac{\frac{1}{2n+1}}{\frac{1}{n}}=\lim_{n\to\infty}\frac{n}{2n+1}=\frac{1}{2}>0,$$

由 $\sum\limits_{n=1}^{\infty}\frac{1}{n}$ 发散立刻知道级数 $\sum\limits_{n=1}^{\infty}\frac{1}{2n+1}$ 也发散.

下面我们不加证明地给出两个判别法.

比值判别法 设 $\sum\limits_{n=1}^{\infty}u_n$ 是正项级数. 如果 $\lim\limits_{n\to\infty}\frac{u_{n+1}}{u_n}=\rho$, 则

(1) 当 $\rho<1$ 时,级数收敛;

(2) 当 $\rho>1$ 时,级数发散;

(3) 当 $\rho=1$ 时,级数可能收敛也可能发散.

根值判别法 设 $\sum\limits_{n=1}^{\infty}u_n$ 是正项级数,如果 $\lim\limits_{n\to\infty}\sqrt[n]{u_n}=\rho$, 则

(1) 当 $\rho<1$ 时,级数收敛;

(2) 当 $\rho>1$ 时,级数发散;

(3) 当 $\rho=1$ 时,级数可能收敛也可能发散.

需要注意的是,虽然上述两个判别法中仅出现一个级数,但实际上这两个判别法都是把这个级数与一适当的等比级数去做比较. 因而我们可以说,这两个判别法是有一定的适用范围的,这个范围大致是:待判定的级数的收敛速度或发散速度不低于等比级数. 否则,这两个判别法就会失效. 例如对于 p-级数,无论是用比值判别法还是用根值判别法,都得 $\rho=1$, 但是 p-级数 $\sum\limits_{n=1}^{\infty}\frac{1}{n^p}$ 当 $p>1$ 时收敛,当 $p\leqslant 1$ 时发散.

下面这些量的大小是值得记住的(当 n 充分大时):

$$\ln n \ll n^k \ll a^n \ll n! \ll n^n.$$

这里，$k>0$，$a>1$，符号“$\ll$”表示远小于.

例 3.8　讨论级数 $\sum_{n=1}^{\infty}\frac{n}{2^n}$ 的敛散性，若收敛则求其和.

解　用比值判别法. 由于

$$\lim_{n\to\infty}\frac{\frac{n+1}{2^{n+1}}}{\frac{n}{2^n}}=\lim_{n\to\infty}\frac{n+1}{2n}=\frac{1}{2}<1,$$

因此级数 $\sum_{n=1}^{\infty}\frac{n}{2^n}$ 收敛.

回忆等比数列 n 项和的公式的推导过程，是把公比乘到和式再错位相减. 现在我们也这样做.

$$s=\frac{1}{2^1}+\frac{2}{2^2}+\frac{3}{2^3}+\cdots+\frac{n}{2^n}+\cdots$$

$$\frac{1}{2}s=\frac{1}{2^2}+\frac{2}{2^3}+\cdots+\frac{n-1}{2^n}+\cdots$$

将上两式相减，得到

$$\frac{1}{2}s=\frac{1}{2}+\frac{1}{2^2}+\frac{1}{2^3}+\cdots+\frac{1}{2^n}+\cdots$$

即

$$s=1+\frac{1}{2}+\frac{1}{2^2}+\cdots+\frac{1}{2^{n-1}}+\cdots=2.$$

例 3.9　讨论级数 $\sum_{n=1}^{\infty}\frac{1}{\sqrt{n}(n+1)}$ 的敛散性.

解　因为

$$\lim_{n\to\infty}\frac{\frac{1}{\sqrt{n}(n+1)}}{\frac{1}{n^{\frac{3}{2}}}}=\lim_{n\to\infty}\frac{n}{n+1}=1,$$

由 $\sum_{n=1}^{\infty}\frac{1}{n^{\frac{3}{2}}}$ 收敛，即知级数 $\sum_{n=1}^{\infty}\frac{1}{\sqrt{n}(n+1)}$ 收敛.

例 3.10　讨论级数 $\sum_{n=1}^{\infty}\frac{2^{n^2}}{n^n}$ 的敛散性.

解　因为

$$\lim_{n\to\infty}\sqrt[n]{\frac{2^{n^2}}{n^n}}=\lim_{n\to\infty}\frac{2^n}{n}=\infty,$$

由根值判别法即知级数 $\sum_{n=1}^{\infty}\frac{2^{n^2}}{n^n}$ 发散.

3.4　幂级数

形如 $\sum_{n=1}^{\infty}u_n(x)$ 的级数称为函数项级数,其中 $u_n(x)$ $(n=1, 2, \cdots)$ 是 x 的函数.

如果 $x=x_0$ 使 $\sum_{n=1}^{\infty}u_n(x_0)$ 收敛,则称点 $x=x_0$ 是级数 $\sum_{n=1}^{\infty}u_n(x)$ 的收敛点.

如果对区间 I 中任意的 x,级数 $\sum_{n=1}^{\infty}u_n(x)$ 都收敛,则称区间 I 是 $\sum_{n=1}^{\infty}u_n(x)$ 的收敛区间.

若 $u_n(x)=a_{n-1}x^{n-1}$ $(n=1, 2, \cdots)$,则称级数 $\sum_{n=0}^{\infty}a_nx^n$ 为关于 x 的幂级数.一般地,幂级数的收敛点的全体是一个关于原点对称的区间.

当 x 在收敛区间中变化时,幂级数 $\sum_{n=0}^{\infty}a_nx^n$ 是 x 的函数.

可以证明:

(1) 对任意的 $x\in\mathbf{R}$, $\sum_{n=0}^{\infty}\frac{1}{n!}x^n$ 都收敛,且有

$$e^x=\sum_{n=0}^{\infty}\frac{1}{n!}x^n,\ x\in\mathbf{R};$$

(2) $\frac{1}{1-x}=\sum_{n=0}^{\infty}x^n,\ x\in(-1, 1);$

(3) $\ln(1+x)=\sum_{n=1}^{\infty}\frac{(-1)^{n-1}}{n}x^n,\ x\in(-1, 1);$

(4) $\sin x=\sum_{n=1}^{\infty}\frac{(-1)^{n-1}}{(2n-1)!}x^{2n-1},\ x\in\mathbf{R};$

(5) $\cos x=\sum_{n=0}^{\infty}\frac{(-1)^n}{(2n)!}x^{2n},\ x\in\mathbf{R}.$

例 3.11　求函数 $f(x)=\sin^2x$ 关于 x 的幂级数的展开式.

解 由于

$$f(x)=\sin^2 x=\frac{1-\cos 2x}{2},$$

利用展开式

$$\cos x=\sum_{n=0}^{\infty}\frac{(-1)^n}{(2n)!}x^{2n},$$

即得

$$f(x)=\sum_{n=1}^{\infty}\frac{(-1)^{n-1}2^{2n-1}}{(2n)!}x^{2n}.$$

例 3.12 求函数 $f(x)=\dfrac{1}{x^2-3x+2}$ 关于 x 的幂级数的展开式.

解 由于

$$f(x)=\frac{1}{(x-1)(x-2)}=\frac{1}{x-2}-\frac{1}{x-1}=\frac{1}{1-x}-\frac{1}{2}\frac{1}{1-\frac{x}{2}},$$

利用

$$\frac{1}{1-x}=\sum_{n=0}^{\infty}x^n,$$

即得

$$f(x)=\sum_{n=0}^{\infty}x^n-\frac{1}{2}\sum_{n=0}^{\infty}\left(\frac{x}{2}\right)^n=\sum_{n=0}^{\infty}\left(1-\frac{1}{2^{n+1}}\right)x^n(-1<x<1).$$

例 3.13 求幂级数 $\sum\limits_{n=0}^{\infty}\dfrac{n+1}{n!}x^n$ 的和函数.

解 $$\sum_{n=0}^{\infty}\frac{n+1}{n!}x^n=\sum_{n=1}^{\infty}\frac{1}{(n-1)!}x^n+\sum_{n=0}^{\infty}\frac{1}{n!}x^n$$

$$=\sum_{n=0}^{\infty}\frac{1}{n!}x^{n+1}+\mathrm{e}^x=(x+1)\mathrm{e}^x.$$

例 3.14 计算自然对数的底 e 的近似值(精确到小数点后 4 位数).

解 利用 $\mathrm{e}=1+1+\dfrac{1}{2!}+\dfrac{1}{3!}+\cdots+\dfrac{1}{n!}+\cdots,$

取前 8 项作为近似值,则其误差为

$$|r_8|=\frac{1}{8!}+\frac{1}{9!}+\cdots=\frac{1}{8!}\left(1+\frac{1}{9}+\frac{1}{9\cdot 10}+\frac{1}{9\cdot 10\cdot 11}+\cdots\right)$$

$$< \frac{1}{8!}\left(1+\frac{1}{9}+\frac{1}{9^2}+\frac{1}{9^3}+\cdots\right)$$

$$= \frac{1}{8!}\,\frac{1}{1-\frac{1}{9}} = \frac{1}{35\,840} < 10^{-4}.$$

于是 $e \approx 1+1+\frac{1}{2!}+\frac{1}{3!}+\cdots+\frac{1}{7!} \approx 2.718\,3$

便可精确到小数点后 4 位.

例 3.15 计算 ln 2 的近似值(精确到小数点后 4 位数).

解 如果利用

$$\ln 2 = 1-\frac{1}{2}+\frac{1}{3}+\cdots+(-1)^{n-1}\frac{1}{n}+\cdots$$

来近似计算 ln 2,取前 n 项,则其误差为

$$|r_n| = \frac{1}{n+1}-\frac{1}{n+2}+\frac{1}{n+3}-\cdots \leqslant \frac{1}{n+1}.$$

要使误差 $|r_n| \leqslant 10^{-4}$,只要 $\frac{1}{n+1} \leqslant 10^{-4}$,即

$$n \geqslant 10^4 - 1.$$

换句话说,如果用上述级数来近似计算 ln 2,要精确到小数点后 4 位数,则

$$\ln 2 \approx 1-\frac{1}{2}+\frac{1}{3}+\cdots+\frac{1}{9\,999}.$$

需计算近 10 000 项的和(差),既不实际,而且还会产生累积误差.

下面我们改进计算方法. 在

$$\ln(1+x) = x-\frac{1}{2}x^2+\frac{1}{3}x^3+\cdots+(-1)^{n-1}\frac{1}{n}x^n+\cdots,\ x\in(-1,\ 1]$$

中,用 $-x$ 代替 x,可得

$$\ln(1-x) = -x-\frac{1}{2}x^2-\frac{1}{3}x^3-\cdots-\frac{1}{n}x^n-\cdots,\ x\in[-1,\ 1),$$

两式相减,便得

$$\ln\frac{1+x}{1-x} = 2\left(x+\frac{1}{3}x^3+\cdots+\frac{1}{2n-1}x^{2n-1}+\cdots\right),\ x\in(-1,\ 1).$$

如果我们令 $\frac{1+x}{1-x}=2$，可得 $x=\frac{1}{3}$，这样，就有

$$\ln 2=2\left(\frac{1}{3}+\frac{1}{3}\frac{1}{3^3}+\frac{1}{5}\frac{1}{3^5}+\cdots+\frac{1}{2n-1}\frac{1}{3^{2n-1}}+\cdots\right).$$

取前 4 项作为近似值，则误差

$$\begin{aligned}|r_n|&=2\left(\frac{1}{9}\frac{1}{3^9}+\frac{1}{11}\frac{1}{3^{11}}+\frac{1}{13}\frac{1}{3^{13}}+\cdots\right)\\&\leqslant\frac{2}{9}\left(\frac{1}{3^9}+\frac{1}{3^{11}}+\frac{1}{3^{13}}+\cdots\right)\\&=\frac{2}{3^{11}}\frac{1}{1-\frac{1}{9}}=\frac{1}{4\cdot 3^9}=\frac{1}{78\,732}<10^{-4},\end{aligned}$$

于是

$$\ln 2\approx 2\left(\frac{1}{3}+\frac{1}{3}\frac{1}{3^3}+\frac{1}{5}\frac{1}{3^5}+\frac{1}{7}\frac{1}{3^7}\right)\approx 0.693\,1$$

便可精确到小数点后 4 位.

例 3.16　计算 sin 29°的近似值(精确到小数点后 4 位数).

解　利用

$$\sin 29^\circ=\sin(30^\circ-1^\circ)=\sin 30^\circ\cos 1^\circ-\cos 30^\circ\sin 1^\circ,$$

以及

$$\sin x=x-\frac{1}{3!}x^3+\frac{1}{5!}x^5+\cdots,$$

和

$$\cos x=1-\frac{1}{2!}x^2+\frac{1}{4!}x^4+\cdots,$$

可得

$$\sin 29^\circ\approx\frac{1}{2}\left(1-\frac{1}{2}\left(\frac{\pi}{180}\right)^2\right)-\frac{\sqrt{3}}{2}\frac{\pi}{180}\approx 0.484\,9.$$

习　　题

1. 写出下列级数的一般项：

(1) $\frac{1+1}{1+2}+\frac{1+2}{1+2^2}+\frac{1+3}{1+2^3}+\cdots$

(2) $\frac{1}{1\cdot 2}+\frac{1}{2\cdot 3}+\frac{1}{3\cdot 4}+\cdots$

(3) $\frac{1}{1}+\frac{1}{5}+\frac{1}{9}+\frac{1}{13}+\cdots$

(4) $1-\frac{1}{2^2}+\frac{1}{3^2}-\frac{1}{4^2}+\cdots$

2. 讨论下列级数的敛散性：

(1) $\sum\limits_{n=1}^{\infty}\frac{1}{3n+1}$；
(2) $\sum\limits_{n=1}^{\infty}\frac{1}{n(n+1)}$；

(3) $\sum\limits_{n=1}^{\infty}(x+1)^n \quad (x\in\mathbf{R})$；
(4) $\sum\limits_{n=1}^{\infty}\frac{n!}{2^n}$；

(5) $\sum\limits_{n=1}^{\infty}\frac{1}{1+a^n} \quad (a>0)$；

(6) $\sum\limits_{n=1}^{\infty}[a+(n-1)b] \quad (a>0,\ b>0)$.

3. 判别下列级数的敛散性：

(1) $\sum\limits_{n=2}^{\infty}\frac{1}{\ln n}$；
(2) $\sum\limits_{n=1}^{\infty}\frac{1}{n2^n}$；

(3) $\sum\limits_{n=1}^{\infty}\frac{2^n n!}{n^n}$；
(4) $\sum\limits_{n=1}^{\infty}\frac{3^n n!}{n^n}$；

(5) $\sum\limits_{n=1}^{\infty}\sin\frac{\pi}{2^n}$；
(6) $\sum\limits_{n=1}^{\infty}\left(\frac{2n+1}{3n+2}\right)^n$；

(7) $\sum\limits_{n=1}^{\infty}\frac{n^2}{3^n}$；
(8) $\sum\limits_{n=1}^{\infty}\frac{1}{n\sqrt[n]{n}}$.

§4 应　　用

4.1 复利与年金

1. 复利

某人投资 p 元，按年利率 r 计算复利，则一年后的本利和为 $p(1+r)$，两年后的本利和为 $p(1+r)^2$，一般地，t 年后的本利和为

$$f=p(1+r)^{t}.$$

f 也可称为现在投资 p 在 t 年后的将来值. 同样,用公式

$$p=f(1+r)^{-t}$$

可根据货币在 t 年后的价值 f 计算货币的当前价值,即现值 p.

设 t 为任意实数,我们用有理数$\dfrac{n}{m}$近似地表示,即 $t\approx\dfrac{n}{m}$. 将一年等分为 lm 期来计算复利,则经过时间 t 的本利和为

$$f_l=p\left(1+\frac{r}{lm}\right)^{ln},$$

其中 f_l 的下标表明该本利和与 l 的取法有关. 考察期数越分越细时本利和变化的趋势,令 l 趋向于$+\infty$,有

$$\lim_{l\to+\infty}f_l=\lim_{l\to+\infty}p\left(1+\frac{r}{lm}\right)^{ln}.$$

设　$x=\dfrac{lm}{r}$, 则上述极限化为

$$\lim_{x\to+\infty}p\left(1+\frac{1}{x}\right)^{x\cdot\frac{n}{m}r}=pe^{r\cdot\frac{n}{m}},$$

即

$$f\triangleq\lim_{l\to+\infty}f_l=pe^{r\cdot\frac{n}{m}}.$$

由于$\dfrac{n}{m}$可以无限逼近 t,因此

$$f=pe^{rt}.$$

称它为连续复利的本利和公式或按连续复利计息的将来值公式. 同样有对应的现值公式

$$p=fe^{-rt}.$$

采用连续复利,我们可以计算任何时刻货币的价值.

例 4.1　某人投资 10 万元,按年利率 5%用连续复利计息,问:经过多少时间能增值为 20 万元?

解　由本利和公式可知

$$20=10e^{0.05t}.$$

由此得

$$t = 20\ln 2 \approx 13.863(年).$$

即需经过近 14 年,他的本金才能翻一番.

2. 年金

若投资行为是周期性地发生的,例如,每年初投资一次,投资额为 A,共投资了 n 年,设年利率为 r,用复利计息,这种投资称为发生在期初的年金. 我们讨论该项投资 n 年末的将来值是多少.

根据复利本利和公式,第一年初的投资 A 到 n 年末的将来值为 $A(1+r)^n$,… 第 n 年初的投资 A 的将来值为 $A(1+r)$. 因此,这项年金在 n 年末的将来值为

$$f = A(1+r)^n + A(1+r)^{n-1} + \cdots + A(1+r).$$

利用等比级数求和公式不难计算得

$$f = \frac{A(1+r)}{r}[(1+r)^n - 1].$$

若每次投资不是发生在年初而是发生在年末则称为发生在期末的年金. 与发生在期初的年金相比,每年的投资 A 的将来值均少一个 $(1+r)$ 的因子,从而发生在期末的年金的将来值为

$$f' = \frac{A}{r}[(1+r)^n - 1].$$

引入一个时间参数

$$t = \begin{cases} 1, 发生在期初的年金, \\ 0, 发生在期末的年金. \end{cases}$$

年金的将来值公式可统一为

$$f = \frac{A(1+tr)}{r}[(1+r)^n - 1].$$

根据现值与将来值之间的关系,马上可得年金的现值为

$$p = \frac{A(1+tr)}{r}[1 - (1+r)^{-n}].$$

年金有广泛的应用,日常生活中零存整取,分期付款购物,养老保险等以及其他投资效益分析都要用到年金计算. 年金不一定以一年为期.

例 4.2 房屋抵押贷款万元贷款的月还款额计算.

现行的住房抵押贷款的做法是,购房人先支付房价的一部分,通常为 30%,其余部分用所购住房作为抵押向银行贷款,贷款采取每月等额还款的办法. 还贷

期越长，利息越高，同额贷款的还款总额越大而每月的还款额越低．通常银行公布一张表格，通告不同还款的期限、贷款的利率和贷款 1 万元的月还款额．例如，在某一时期银行公布的居民购房抵押贷款 1 万元月等额还款数如表 2.1 所示，这张表格中的月还款数是如何计算出来的呢？

表 2.1

年数	月利率(‰)	月还款数(元)
1	7.65	875.35
2	8.025	459.74
3	8.4	323.05
4	8.77	256.18
5	9.15	217.32
6	9.27	190.98
7	9.39	172.64
8	9.51	159.32
9	9.63	149.35
10	9.75	141.74
11	9.87	135.86
12	9.99	131.27
13	10.11	127.68
14	10.23	124.89
15	10.35	122.73

解 设还款期限为 n(月)，月利率为 r，每月还款额为 A，那么，1 万元应等于每月末投资额为 A，利率为 r，投资 n 期的年金的现值．因此由

$$A=\frac{pr}{1-(1+r)^{-n}},$$

得

$$A=\frac{10\,000\cdot r}{1-(1+r)^{-n}}.$$

以还贷期 10 年为例，可知 $n=120$，$r=0.009\,75$，得

$$A=\frac{10\,000\times 0.009\,75}{1-1.00975^{-120}}\approx 141.742(\text{元}).$$

即还贷期为 10 年的每月还款额为 141.742 元．类似地，可以计算其他不同还贷期的月还款额．

4.2 均衡价格

商品的产量及需求量是通过商品的价格相互制约的. 商品多了,价格就低了. 厂商因为利润下降而减少产量,但是随着商品的减少,又会出现供不应求的状况,该商品的价格又会上涨. 价格上涨又刺激厂方增产,但又会抑止需求,直至价格再次下跌……那么,商品价格会不会无休止地周而复始地上下波动呢?

引入 3 个函数 $p(t)$, $Q_d(t)$和 $Q_s(t)$,分别表示时刻 t 某商品的价格、需求量和供给量. 我们只关心它们在一天、一周、一月甚至一年内的变化,因此,上述函数定义在整数点上.

需求量 $Q_d(t)$依赖于当时的价格,价格越高,需求量越低. 它们之间最简单的关系是线性关系,需求量和价格之间的关系可用下述线性模型来刻画:

$$Q_d(t) = -ap(t) + b,$$

其中,a, b 均为正数,可用统计方法确定. b 为社会最大需求量;b/a 为最高价格,商品到达此价位时已无人问津了.

供给量和价格的关系亦可用线性模型刻画,随着价格的上涨,产量会增加,亦即商品的供给量增加. 但价格对供给量的影响有一定的滞后,因此供给函数可以表示为

$$Q_s(t) = cp(t-1) - d,$$

其中 c, d 为正数,d/c 为厂方接受的最低价格.

我们设法求出使供求达到某种动态平衡的价格,即均衡价格. 此时应成立 $Q_d(t) = Q_s(t)$, 即

$$-ap(t) + b = cp(t-1) - d.$$

整理得

$$p(t) = -\frac{c}{a}p(t-1) + \frac{b+d}{a}.$$

用 α, β 分别记 $-\frac{c}{a}$ 和 $\frac{b+d}{a}$, 上式为

$$p(t) = \alpha p(t-1) + \beta,\ t = 1,\ 2,\ \cdots$$

设 $t=0$ 时的初始价格为 p_0,即 $p(0) = p_0$, 通过递推可以求得 $p(t)$:

$$\begin{aligned} p(t) &= \alpha p(t-1) + \beta = \alpha[\alpha p(t-2) + \beta] + \beta \\ &= \alpha^2 p(t-2) + (\alpha + 1)\beta \end{aligned}$$

$$
\begin{aligned}
&= \alpha^2[\alpha p(t-3)+\beta]+(\alpha+1)\beta \\
&= \alpha^3 p(t-3)+(\alpha^2+\alpha+1)\beta \\
&= \cdots = \alpha^t p_0+(\alpha^{t-1}+\alpha^{t-2}+\cdots+\alpha+1)\beta \\
&= \alpha^t p_0+\frac{\alpha^t-1}{\alpha-1}\beta,
\end{aligned}
$$

即

$$p(t)=\left(p_0-\frac{b+d}{a+c}\right)\left(-\frac{c}{a}\right)^t+\frac{b+d}{a+c}.$$

于是，若 $p_0=\dfrac{b+d}{a+c}$，则

$$p(t)\equiv\frac{b+d}{a+c};$$

若 $p_0\neq\dfrac{b+d}{a+c}$，则

$$\lim_{t\to\infty}p(t)=\begin{cases}\dfrac{b+d}{a+c},\ a>c,\\ \text{不存在},a\leqslant c.\end{cases}$$

这表明，当成立 $p_0=\dfrac{b+d}{a+c}$ 或当 $p_0\neq\dfrac{b+d}{a+c}$ 但当 $a>c$ 时，$\dfrac{b+d}{a+c}$ 是均衡价格，即至少经过较长时间，存在一个稳定的价格 $\dfrac{b+d}{a+c}$，使供求达到平衡. 而当 $p_0\neq\dfrac{b+d}{a+c}$ 且 $a\leqslant c$ 时，不存在这样一个稳定的价格，随着时间的推移，价格越来越背离 $\dfrac{b+d}{a+c}$.

第三章 导数及其应用

本章从速度问题出发，讨论导数的定义和计算，引出微分的概念及它与导数的关系，然后我们用导数来研究函数的性态、极值及极值在实际问题中的应用.

§1 导 数

1.1 导数定义

我们先来看两个例子.

例 1.1 速度问题.

设有一物体沿直线作变速运动，开始时物体位于点 O，经过时间 t 后，物体到达点 M，则物体走过的距离 $s = OM$ 是 t 的函数，设为 $s = s(t)$.

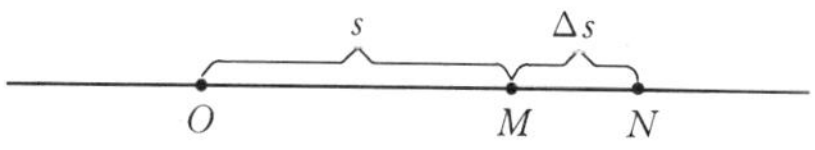

当时间在 t 处有一增量 Δt 时，路程 s 也有增量 Δs（如图 3.1 所示），则

$$\Delta s = s(t+\Delta t) - s(t).$$

图 3.1

于是，物体在 Δt 这段时间内运动的平均速度为

$$\bar{v} = \frac{\Delta s}{\Delta t} = \frac{s(t+\Delta t) - s(t)}{\Delta t}.$$

如果进一步问，物体在 t 时刻的瞬时速度是多少？怎么求？那么我们可以这样来考虑：

当 $|\Delta t|$ 较大时，$\bar{v}$ 与 t 时刻的瞬时速度可能误差较大，但当 $|\Delta t|$ 较小时，在 t 到 $t+\Delta t$ 这段时间内的平均速度 $\bar{v}$ 就与 t 时刻的瞬时速度较接近. 最终，当 $\Delta t \to 0$ 时，平均速度就应变为 t 时刻的瞬时速度，记它为 $v(t)$，则有

$$v(t) = \lim_{\Delta t \to 0} \bar{v} = \lim_{\Delta t \to 0} \frac{s(t+\Delta t) - s(t)}{\Delta t}.$$

例 1.2　切线问题.

设函数 $y=f(x)$，定义域为 (a, b)，其图像是一条平面曲线(见图 3.2). M 和 N 是曲线上的两点，其横坐标分别是 x 和 $x+\Delta x$. 过点 M 和点 N 的直线 MN 称为曲线的割线，则割线 MN 的斜率为

$$k'=\frac{\Delta y}{\Delta x}.$$

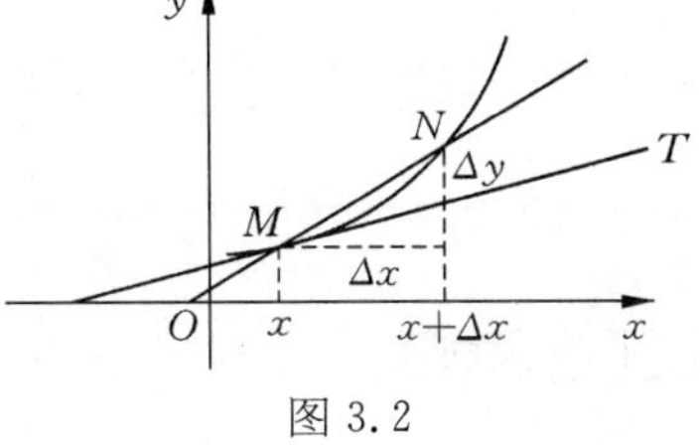

图 3.2

这里

$$\Delta y=f(x+\Delta x)-f(x).$$

现在我们将点 M 固定，而让点 N 沿着曲线逼近点 M，这时割线 MN 绕着点 M 转动而逼近它的极限位置直线 MT，我们称直线 MT 为曲线在点 M 处的切线，其斜率为

$$k=\lim_{\Delta x\to 0}k'=\lim_{\Delta x\to 0}\frac{\Delta y}{\Delta x}=\lim_{\Delta x\to 0}\frac{f(x+\Delta x)-f(x)}{\Delta x}.$$

从上述两个例子可以看出，瞬时速度和切线斜率是同一模式的极限：函数的改变量与自变量的改变量的比当自变量的改变量趋于零时的极限.

定义　设函数 $y=f(x)$ 在点 x_0 的某一邻域内有定义，如果

$$\lim_{\Delta x\to 0}\frac{f(x_0+\Delta x)-f(x_0)}{\Delta x}$$

存在，则称此极限为函数 $y=f(x)$ 在点 $x=x_0$ 处的导数，记为 $y'\big|_{x=x_0}$，即

$$y'\big|_{x=x_0}=\lim_{\Delta x\to 0}\frac{f(x_0+\Delta x)-f(x_0)}{\Delta x}.$$

这时也称函数 $y=f(x)$ 在点 $x=x_0$ 可导.

导数的记号还有：$f'(x_0)$，$\left.\frac{\mathrm{d}y}{\mathrm{d}x}\right|_{x=x_0}$，$\left.\frac{\mathrm{d}f}{\mathrm{d}x}\right|_{x=x_0}$.

如果上述极限不存在，就说函数 $f(x)$ 在点 x_0 处的导数不存在，或者说 $f(x)$ 在点 x_0 不可导.

如果函数 $y=f(x)$ 在 (a, b) 内有定义且在 (a, b) 内每点都可导，即对任意的 $x\in(a, b)$，$f'(x)$ 都存在，则 $f'(x)$ 是 (a, b) 内的一个函数，称它为原来函数 $f(x)$ 的导函数(简称导数). 导函数的记号还有：y'，$\frac{\mathrm{d}y}{\mathrm{d}x}$，$\frac{\mathrm{d}f}{\mathrm{d}x}$. 这时我们也称函数 $f(x)$ 在 (a, b) 内可导.

由导数的定义，我们可按如下步骤计算函数 $f(x)$在点 x_0 的导数：

(1) 计算函数在点 x_0 处的增量

$$\Delta y = f(x_0 + \Delta x) - f(x_0);$$

(2) 计算函数增量与自变量增量的比

$$\frac{\Delta y}{\Delta x};$$

(3) 求极限

$$f'(x_0) = \lim_{\Delta x \to 0} \frac{\Delta y}{\Delta x}.$$

例 1.3 求函数 $y = 2x$ 的导数.

解 $$\Delta y = 2(x + \Delta x) - 2x = 2\Delta x.$$

于是

$$\frac{\Delta y}{\Delta x} = 2.$$

所以

$$\lim_{\Delta x \to 0} \frac{\Delta y}{\Delta x} = 2,\ 即(2x)' = 2.$$

例 1.4 求函数 $y = c$ (常数)的导数.

解 因为 $\Delta y = c - c = 0$, $\frac{\Delta y}{\Delta x} = 0$, 所以

$$\lim_{\Delta x \to 0} \frac{\Delta y}{\Delta x} = 0,\ 即(c)' = 0.$$

这表明，常数的导数等于零. 顺便指出，不要把记号 $f'(x_0)$看作$(f(x_0))'$，前者是函数 $f(x)$在点 x_0 的导数的值，后者是一个常数(函数 $f(x)$在点 x_0 的函数值)的导数(当然为零).

例 1.5 求函数 $y = x^3$ 的导数.

解 由

$$\begin{aligned}\Delta y &= (x + \Delta x)^3 - x^3 \\ &= 3x^2\Delta x + 3x(\Delta x)^2 + (\Delta x)^3,\end{aligned}$$

得

$$\frac{\Delta y}{\Delta x} = 3x^2 + 3x\Delta x + (\Delta x)^2,$$

所以

$$\lim_{\Delta x \to 0} \frac{\Delta y}{\Delta x} = 3x^2, 即 (x^3)' = 3x^2.$$

一般地，可证 $(x^a)' = ax^{a-1} (a \in \mathbf{R})$.

例 1.6　求 $y = \sin x$ 的导数.

解　$\Delta y = \sin(x + \Delta x) - \sin x = 2\sin \frac{\Delta x}{2} \cdot \cos\left(x + \frac{\Delta x}{2}\right)$.

于是

$$\begin{aligned} \lim_{\Delta x \to 0} \frac{\Delta y}{\Delta x} &= \lim_{\Delta x \to 0} \left[\frac{\sin \frac{\Delta x}{2}}{\frac{\Delta x}{2}} \cdot \cos\left(x + \frac{\Delta x}{2}\right) \right] \\ &= \lim_{\Delta x \to 0} \frac{\sin \frac{\Delta x}{2}}{\frac{\Delta x}{2}} \cdot \lim_{\Delta x \to 0} \cos\left(x + \frac{\Delta x}{2}\right) \\ &= \cos x. \end{aligned}$$

即有

$$(\sin x)' = \cos x.$$

类似地，可得

$$(\cos x)' = -\sin x.$$

例 1.7　设 $y = \ln x$，求 y'.

解　$\Delta y = \ln(x + \Delta x) - \ln x = \ln\left(1 + \frac{\Delta x}{x}\right)$，

则

$$\lim_{\Delta x \to 0} \frac{\Delta y}{\Delta x} = \lim_{\Delta x \to 0} \frac{1}{\Delta x} \ln\left(1 + \frac{\Delta x}{x}\right).$$

记 $t = \frac{\Delta x}{x}$，有 $\Delta x \to 0$，即 $t \to 0$，于是

$$\begin{aligned} \lim_{\Delta x \to 0} \frac{\Delta y}{\Delta x} &= \lim_{t \to 0} \frac{1}{x} \ln(1 + t)^{\frac{1}{t}} \\ &= \frac{1}{x} \ln\left[\lim_{t \to 0} (1 + t)^{\frac{1}{t}}\right] \\ &= \frac{1}{x} \ln \mathrm{e} \\ &= \frac{1}{x}. \end{aligned}$$

所以

$$(\ln x)' = \frac{1}{x}.$$

利用左、右极限的定义,可得左导数

$$f'_{-}(x_0) = \lim_{\Delta x \to 0^-} \frac{f(x_0 + \Delta x) - f(x_0)}{\Delta x},$$

和右导数

$$f'_{+}(x_0) = \lim_{\Delta x \to 0^+} \frac{f(x_0 + \Delta x) - f(x_0)}{\Delta x}.$$

易知,函数 $f(x)$在点 x_0 可导的充分必要条件是 $f(x)$在点 x_0 的左、右导数都存在并且相等.

下面我们来讨论可导与连续的关系.

设函数 $y = f(x)$ 在点 x_0 可导,则

$$\frac{\Delta y}{\Delta x} \to f'(x_0) \quad (\Delta x \to 0).$$

记 $\alpha = \dfrac{\Delta y}{\Delta x} - f'(x_0)$, 有 $\alpha \to 0(\Delta x \to 0)$, 易知

$$\Delta y = (f'(x_0) + \alpha)\Delta x,$$

所以

$$\Delta y \to 0(\text{当 } \Delta x \to 0).$$

即函数 $y = f(x)$ 在点 x_0 连续. 可导函数必定连续,但一般地说,连续函数不一定可导,例如函数 $f(x) = |x|$ 是个连续函数,但 $f'_{+}(0) = 1$, $f'_{-}(0) = -1$, 即 $f(x)$在点 $x = 0$ 不可导.

1.2 求导法则

1. 四则运算

设函数 $u = u(x)$ 与 $v = v(x)$ 在点 x 都可导,则有

(1) $(u \pm v)' = u' \pm v'$;

(2) $(u \cdot v)' = u' \cdot v + u \cdot v'$;

(3) $\left(\dfrac{u}{v}\right)' = \dfrac{u' \cdot v - u \cdot v'}{v^2} \quad (v \neq 0)$.

证 这里我们仅证明(2),其余请读者自证,由于

$$\begin{aligned}&u(x+\Delta x)\cdot v(x+\Delta x)-u(x)\cdot v(x)\\&=(u(x)+\Delta u)(v(x)+\Delta v)-u(x)v(x)\\&=\Delta u\cdot v(x)+u(x)\cdot\Delta v+\Delta u\cdot\Delta v,\end{aligned}$$

因此

$$\begin{aligned}&\frac{u(x+\Delta x)\cdot v(x+\Delta x)-u(x)v(x)}{\Delta x}\\&=\frac{\Delta u}{\Delta x}\cdot v(x)+u(x)\frac{\Delta v}{\Delta x}+\frac{\Delta u}{\Delta x}\cdot\Delta v.\end{aligned}$$

当 $\Delta x\to 0$ 时，$\frac{\Delta u}{\Delta x}\to u'$，$\frac{\Delta v}{\Delta x}\to v'$，$\Delta v\to 0$（因为 v' 存在），所以

$$\lim_{\Delta x\to 0}\frac{u(x+\Delta x)v(x+\Delta x)-u(x)v(x)}{\Delta x}$$

存在，且有

$$(uv)'=u'\cdot v+u\cdot v'.$$

例 1.8　设 $y=x^5+\sin x+2$，求 y'.

解　$y'=5x^4+\cos x$.

例 1.9　设 $y=x^2\cos x$，求 y'.

解　$$\begin{aligned}y'&=(x^2)'\cos x+x^2\cdot(\cos x)'\\&=2x\cos x-x^2\sin x.\end{aligned}$$

例 1.10　设 $y=\tan x$，求 y'.

解　$$\begin{aligned}y'&=\left(\frac{\sin x}{\cos x}\right)'=\frac{(\sin x)'\cos x-\sin x(\cos x)'}{\cos^2 x}\\&=\frac{\cos^2 x+\sin^2 x}{\cos^2 x}=\sec^2 x,\end{aligned}$$

即

$$(\tan x)'=\sec^2 x.$$

类似地，可得 $(\cot x)'=-\csc^2 x$.

2. 复合函数求导法则

定理　设函数 $u=g(x)$ 在点 x 可导，函数 $y=f(u)$ 在相应的点 $u=g(x)$ 处可导，则复合函数 $y=f(g(x))$ 在点 x 可导，且成立

$$\frac{\mathrm{d}y}{\mathrm{d}x}=\frac{\mathrm{d}y}{\mathrm{d}u}\cdot\frac{\mathrm{d}u}{\mathrm{d}x}.$$

这个定理是非常有用的，它给出了复合函数的求导公式，它的证明在此就省略了.

例 1.11 设 $y = \ln\sin x$，求 y'.

解 设

$$u = \sin x,\ y = \ln u,$$

应用复合函数的求导公式 $\frac{\mathrm{d}y}{\mathrm{d}x} = \frac{\mathrm{d}y}{\mathrm{d}u}\cdot\frac{\mathrm{d}u}{\mathrm{d}x}$，得

$$\frac{\mathrm{d}y}{\mathrm{d}x} = \frac{1}{u}\cdot\cos x = \frac{\cos x}{\sin x} = \cot x.$$

例 1.12 设 $y = (x^2+2)^4$，求 $\frac{\mathrm{d}y}{\mathrm{d}x}$.

解 设 $u = x^2+2$，则 $y = u^4$. 于是

$$\frac{\mathrm{d}y}{\mathrm{d}x} = \frac{\mathrm{d}y}{\mathrm{d}u}\frac{\mathrm{d}u}{\mathrm{d}x} = 4u^3\cdot 2x = 8x(x^2+2)^3.$$

3. 反函数的导数

设函数 $y = f(x)$ 在区间 I_1 内单调连续，且在点 x 处有非零导数，则其反函数 $x = \varphi(y)$ 在相应的点 y 处也存在导数，且成立 $\varphi'(y) = \frac{1}{f'(x)}$.

在反函数导数存在的条件下，我们也可这样来求其导数. 由于 $\varphi(f(x)) = x$ 在区间 I_1 内恒成立，左边是 x 的复合函数，两边关于 x 求导，则得

$$\frac{\mathrm{d}\varphi}{\mathrm{d}y}\cdot\frac{\mathrm{d}y}{\mathrm{d}x} = 1,$$

即 $\varphi'(y) = \frac{1}{f'(x)}$.

例 1.13 求 $y = \arcsin x$ 的导数.

解 由 $y = \arcsin x$，得

$$x = \sin y,\ y\in\left(-\frac{\pi}{2},\ \frac{\pi}{2}\right),$$

$$\frac{\mathrm{d}x}{\mathrm{d}y} = \cos y = \sqrt{1-\sin y^2},$$

所以

$$y' = \frac{1}{\cos y} = \frac{1}{\sqrt{1-\sin^2 y}} = \frac{1}{\sqrt{1-x^2}},$$

即

$$(\arcsin x)' = \frac{1}{\sqrt{1-x^2}} \quad (-1 < x < 1).$$

类似地,有

$$(\arccos x)' = -\frac{1}{\sqrt{1-x^2}},$$

$$(\arctan x)' = \frac{1}{1+x^2},$$

$$(\operatorname{arccot} x)' = -\frac{1}{1+x^2}.$$

例 1.14　求 $y = \mathrm{e}^x$ 的导数.

解　由 $y = \mathrm{e}^x$ 是 $x = \ln y$ 的反函数,可得

$$\frac{\mathrm{d}\mathrm{e}^x}{\mathrm{d}x} = \frac{1}{\frac{\mathrm{d}x}{\mathrm{d}y}} = \frac{1}{\frac{1}{y}} = y = \mathrm{e}^x,$$

即 $(\mathrm{e}^x)' = \mathrm{e}^x$. 由 $y = a^x = \mathrm{e}^{x\ln a}$ 及复合函求导法则,得

$$y' = \mathrm{e}^{x\ln a} \cdot (x\ln a)' = a^x \ln a,$$

即 $(a^x)' = a^x \ln a$.

例 1.15　求证:$(x^\alpha)' = \alpha x^{\alpha-1} \quad (x > 0)$.

证　记

$$y = x^\alpha = \mathrm{e}^{\alpha\ln x},$$

则由复合函数求导法则得

$$y' = \mathrm{e}^{\alpha\ln x} \cdot (\alpha\ln x)' = \mathrm{e}^{\alpha\ln x} \cdot \frac{\alpha}{x} = \alpha x^{\alpha-1}.$$

从上述两个例中,我们已经发觉,在求复合函数导数时,可省略中间步骤.下面再举一例.

例 1.16　求 $y = \mathrm{e}^{\tan(x^2+1)}$ 的导数.

解　
$$\begin{aligned} y' &= \mathrm{e}^{\tan(x^2+1)} \cdot (\tan(x^2+1))' \\ &= \mathrm{e}^{\tan(x^2+1)} \cdot \sec^2(x^2+1) \cdot (x^2+1)' \\ &= 2x\mathrm{e}^{\tan(x^2+1)} \cdot \sec^2(x^2+1). \end{aligned}$$

现在,可以这么说,初等函数的求导问题已经基本解决了.下面我们列出基本初等函数的求导公式及求导法则.

4. 基本初等函数的导数公式

(1) $(c)' = 0$ (c 为常数);

(2) $(x^\alpha)' = \alpha x^{\alpha-1}$, 特别, $(\sqrt{x})' = \dfrac{1}{2\sqrt{x}}$, $\left(\dfrac{1}{x}\right)' = -\dfrac{1}{x^2}$;

(3) $(\sin x)' = \cos x$;

(4) $(\cos x)' = -\sin x$;

(5) $(\tan x)' = \sec^2 x$;

(6) $(\cot x)' = -\csc^2 x$;

(7) $(\sec x)' = \tan x \cdot \sec x$;

(8) $(\csc x)' = -\cot x \cdot \csc x$;

(9) $(\arcsin x)' = \dfrac{1}{\sqrt{1-x^2}}$ $(-1 < x < 1)$;

(10) $(\arccos x)' = -\dfrac{1}{\sqrt{1-x^2}}$ $(-1 < x < 1)$;

(11) $(\arctan x)' = \dfrac{1}{1+x^2}$;

(12) $(\operatorname{arccot} x)' = -\dfrac{1}{1+x^2}$;

(13) $(\log_a x)' = \dfrac{1}{x\ln a}$, $a > 0$, $a \neq 1$, 特别地, $(\ln x)' = \dfrac{1}{x}$;

(14) $(a^x)' = a^x \ln a$, 特别地, $(\mathrm{e}^x)' = \mathrm{e}^x$.

5. 导数的四则运算公式

(1) $(u(x) \pm v(x))' = u'(x) \pm v'(x)$;

(2) $(u(x) \cdot v(x))' = u'(x) \cdot v(x) + u(x) \cdot v'(x)$;

(3) $\left(\dfrac{u(x)}{v(x)}\right)' = \dfrac{u'(x)v(x) - u(x)v'(x)}{v^2(x)}$ $(v(x) \neq 0)$.

1.3 高阶导数及偏导数简介

1. 高阶导数

设函数 $y = f(x)$ 在定义域(a, b)内可导,则有导函数 $y' = f'(x)$,若这个函数在 $x \in (a, b)$ 内仍然可导,我们就称 $(y')' = (f'(x))'$ 是函数 $y = f(x)$ 的二阶导数,记为 y'', $f''(x)$, $\dfrac{\mathrm{d}^2 y}{\mathrm{d}x^2}$, $\dfrac{\mathrm{d}^2 f}{\mathrm{d}x^2}$, 即 $y'' = (y')'$, $\dfrac{\mathrm{d}^2 y}{\mathrm{d}x^2} = \dfrac{\mathrm{d}\left(\dfrac{\mathrm{d}y}{\mathrm{d}x}\right)}{\mathrm{d}x}$ 等.

一般地,函数 $y = f(x)$ 的 $n-1$ 阶导数的导数称为 $y = f(x)$ 的 n 阶导数,

记为 $y^{(n)}$, $f^{(n)}(x)$, $\frac{\mathrm{d}^n y}{\mathrm{d}x^n}$, $\frac{\mathrm{d}^n f}{\mathrm{d}x^n}$,即

$$y^{(n)} = (y^{(n-1)})' \quad 或 \quad \frac{\mathrm{d}^n y}{\mathrm{d}x^n} = \frac{\mathrm{d}}{\mathrm{d}x}\left(\frac{\mathrm{d}^{n-1} y}{\mathrm{d}x^{n-1}}\right).$$

例 1.17　求 $y = x\ln x$ 的二阶导数 y''.

解　$y' = \ln x + 1$,

$$y'' = \frac{1}{x}.$$

例 1.18　求 $y = \mathrm{e}^x$ 的 n 阶导数.

解　从基本初等函数的导数公式可知

$$(\mathrm{e}^x)' = \mathrm{e}^x.$$

于是

$$(\mathrm{e}^x)'' = (\mathrm{e}^x)' = \mathrm{e}^x, \cdots, (\mathrm{e}^x)^n = \mathrm{e}^x.$$

通常称二阶及二阶以上的导数为高阶导数,而称 $f'(x)$ 为 $f(x)$ 的一阶导数.

2. 偏导数

设 D 是 Oxy 平面上的一个区域. 如果对于任意的 $(x, y) \in D$, 按照某个对应法则 f,总有唯一的实数 z 与 (x, y) 对应,就称 z 是自变量 x, y 的二元函数,记为 $z = f(x, y)$, $(x, y) \in D$.

当 x 固定为 x_0 时,显然 $z = f(x_0, y)$ 是 y 的一元函数,如果 $z = f(x_0, y)$ 在点 $y = y_0$ 可导,则称 $z = f(x_0, y)$ 在点 y_0 的导数为二元函数 $z = f(x, y)$ 在点 (x_0, y_0) 关于 y 的偏导数,记为 $z_y\big|_{\substack{x=x_0\\y=y_0}}$　$f_y(x_0, y_0)$, $\frac{\partial z}{\partial y}\bigg|_{\substack{x=x_0\\y=y_0}}$ $\frac{\partial f}{\partial y}\bigg|_{\substack{x=x_0\\y=y_0}}$ 等,即有

$$f_y(x_0, y_0) = \lim_{\Delta y \to 0} \frac{f(x_0, y_0 + \Delta y) - f(x_0, y_0)}{\Delta y}.$$

同样地,可定义 $z = f(x, y)$ 在点 (x_0, y_0) 关于 x 的偏导数为

$$f_x(x_0, y_0) = \lim_{\Delta x \to 0} \frac{f(x_0 + \Delta x, y_0) - f(x_0, y_0)}{\Delta x}.$$

还可采用记号 $z_x\big|_{\substack{x=x_0\\y=y_0}}$, $\frac{\partial z}{\partial x}\bigg|_{\substack{x=x_0\\y=y_0}}$, $\frac{\partial f}{\partial x}\bigg|_{\substack{x=x_0\\y=y_0}}$ 等表示在点 (x_0, y_0) 处的偏导数.

如果二元函数 $z=f(x, y)$ 在区域 D 内每点关于 y 的偏导数都存在,则称此偏导数为 $f(x, y)$ 在 D 内关于 y 的偏导函数,简称为偏导数,记为 z_y, $f_y(x, y)$, $\frac{\partial z}{\partial y}$, $\frac{\partial f}{\partial y}$.

同样地,可定义 $z=f(x, y)$ 关于 x 的偏导数,记为

$$z_x,\ f_x(x, y),\ \frac{\partial z}{\partial x},\ \frac{\partial f}{\partial x}.$$

例 1.19 求二元函数 $z=\mathrm{e}^{x^2\sin y}$ 的偏导数 z_x, z_y.

解 $z_x=\mathrm{e}^{x^2\sin y}(x^2\sin y)'_x=2x\mathrm{e}^{x^2\sin y}\sin y$,

$$z_y=\mathrm{e}^{x^2\sin y}\cdot\frac{\partial(x^2\sin y)}{\partial y}=x^2\mathrm{e}^{x^2\sin y}\cos y.$$

1.4 微分的概念

我们已经知道,导数描述了函数相对于自变量的变化而变化的快慢程度.下面要给出的微分,则可反映自变量的微小变化会引起函数的多大变化.

定义 设函数 $y=f(x)$ 在点 x_0 附近有定义,如果函数 $y=f(x)$ 在点 x_0 的增量 $\Delta y=f(x_0+\Delta x)-f(x_0)$ 可表示为

$$\Delta y=A\Delta x+o(\Delta x),$$

这里 A 是与 Δx 无关的常数,$o(\Delta x)$是指满足 $\lim\limits_{\Delta x\to 0}\frac{\alpha}{\Delta x}=0$ 的量 α,直观地说,$o(\Delta x)$是一个比 Δx 趋于零的速度还要快的量,就称函数 $y=f(x)$ 在点 x_0 可微,而称 $A\Delta x$ 为函数 $y=f(x)$ 在点 x_0 的微分,记为 $\mathrm{d}y$,即有

$$\mathrm{d}y=A\Delta x.$$

下面的一个定理表明函数在一点可导与可微的相互关系.

定理 函数 $y=f(x)$ 在点 x 可微的充分必要条件是函数 $y=f(x)$ 在点 x 可导.

证 必要性:设函数 $y=f(x)$ 在点 x 可微,则有

$$\Delta y=A\Delta x+o(\Delta x).$$

从而

$$\frac{\Delta y}{\Delta x}=A+\frac{o(\Delta x)}{\Delta x}\to A(\Delta x\to 0).$$

所以 y'存在且 $y'=A$.

充分性:设 $y = f(x)$ 在点 x 可导,则

$$f'(x) = \lim_{\Delta x \to 0} \frac{\Delta y}{\Delta x},$$

也就是

$$\lim_{\Delta x \to 0} \left(\frac{\Delta y}{\Delta x} - f'(x) \right) = 0.$$

记 $\alpha = \frac{\Delta y}{\Delta x} - f'(x)$, 则 $\alpha \to 0 (\Delta x \to 0)$, 那么

$$\Delta y = f'(x) \Delta x + \alpha \Delta x.$$

其中 $\alpha \Delta x$ 满足 $\lim\limits_{\Delta x \to 0} \frac{\alpha \Delta x}{\Delta x} = 0$, 即 $\alpha \Delta x = o(\Delta x)$. 这表明 $y = f(x)$ 在 x 点可微,且 $A = f'(x)$.

从上述定理的证明过程中我们发现,如果函数 $y = f(x)$ 在 x 点可微,则微分 $\mathrm{d}y$ 为

$$\mathrm{d}y = f'(x) \Delta x.$$

通常,把自变量的增量 Δx 记作自变量的微分 $\mathrm{d}x$,所以我们有

$$\mathrm{d}y = f'(x) \mathrm{d}x.$$

联系前面学过的导数记号 $\frac{\mathrm{d}y}{\mathrm{d}x} = f'(x)$, 现在我们可以把导数看作是函数微分与自变量微分的商,所以导数又称为"微商".

由导数的四则运算及复合函数求导法则,立即可得到如下微分运算法则:

(1) $\mathrm{d}(u \pm v) = \mathrm{d}u \pm \mathrm{d}v$;

(2) $\mathrm{d}(u \cdot v) = v\mathrm{d}u + u\mathrm{d}v$;

(3) $\mathrm{d}\left(\frac{u}{v} \right) = \frac{v\mathrm{d}u - u\mathrm{d}v}{v^2} \quad (v \neq 0)$;

(4) $\mathrm{d}f(g(x)) = f'(g(x)) \cdot g'(x) \mathrm{d}x$.

如记(4)中的 $g(x)$ 为 u,则(4)可化为

$$\mathrm{d}f(u) = f'(u) \mathrm{d}u.$$

这表明微分形式不论是自变量还是中间变量都成立,这个性质称为微分形式的不变性.

例 1.20　求函数 $y = \ln(x + \sqrt{1 + x^2})$ 的微分.

解　记 $u = x + \sqrt{1 + x^2} = x + \sqrt{v}$, $v = 1 + x^2$, 则

$$\mathrm{d}y=\frac{1}{u}\mathrm{d}u=\frac{1}{u}\left(\mathrm{d}x+\frac{1}{2\sqrt{v}}\mathrm{d}v\right)=\frac{1}{u}\left(\mathrm{d}x+\frac{2x\mathrm{d}x}{2\sqrt{v}}\right)$$

$$=\frac{1}{x+\sqrt{1+x^2}}\left(1+\frac{x}{\sqrt{1+x^2}}\right)\mathrm{d}x$$

$$=\frac{1}{\sqrt{1+x^2}}\mathrm{d}x.$$

在介绍了导数与微分的内容之后,我们再来回顾一下它的发展史.

从 17 世纪初起,人们在航海、天文学的研究等工作中,遇到了计算运动物体的速度、求曲线上一点处的切线和求一个函数的极值等当时最重要的 3 个问题.数学的发展也进入了重要的转折——变量数学时期(与以前数学用静止的方法研究客观世界相区别,而是用运动的观点来探索事物变化和发展的过程).

法国数学家罗贝瓦尔(G. P. de Roberval, 1602—1675 年)在 1634 年出版的《不可分量论》一书中,用运动的观点,将曲线理解为一个动点在水平和垂直速度作用下运动的轨迹,进而将曲线的切线定义为合速度方向的直线.法国数学家费马在 1637 年发表的手稿《求最大值和最小值的方法》中,则从几何的角度,将切线定义为割线的极限,这基本上就是我们现在所采用的切线的定义.法国哲学家、数学家笛卡儿和英国数学家巴罗(I. Barrow, 1630—1677 年)等也用各自的方法求曲线的切线,值得注意的是后者在求切线的过程中,引进了著名的微分三角形.

德国天文学家开普勒(J. Kepler, 1571—1630 年)以发现行星运动三大定律而闻名于世.但他也是一个杰出的数学家.在 1615 年出版的《测量酒桶体积的新立体几何》一书中,开普勒首先讨论了求函数最大值和最小值的方法,证明了在所有内接于球面的、具有正方形底的正平行六面体中,立方体的容积最大.费马在《求最大值和最小值的方法》一文中,也给出了求最大值和最小值的方法,并以下面的例子进行说明:已知一条直线段,要找出它上面的一点,使被这点所分成的两部分线段组成的矩形的面积最大.他把整条线段叫做 B,并设它的一部分为 A,则矩形的面积就是 $AB-A^2$. 然后他用 $A+E$ 代替 A,这时另外一部分就是 $B-(A+E)$, 短形的面积就成为 $(A+E)(B-A-E)$. 他把这两个面积等同起来,因为他认为,当取最大值时,这两个函数值——即两个面积——应该是相等的.所以

$$AB+EB-A^2-2AE-E^2=AB-A^2.$$

两边消去相同的项并用 E 除两边后,得到

$$B = 2A + E.$$

然后令 $E = 0$（他说去掉 E 项），得到 $B = 2A$，因此这矩形是正方形.（《数学珍宝》，李文林主编，科学出版社，1998 年；《古今数学思想》，M·克莱因著，北京大学数学系数学史翻译组译，上海科技出版社，1981 年）.

虽然上述这些微积分的先驱们在微分学的基本概念与方法上都有相当的涉及，但从总体上说，他们基本上是孤立地处理每一个问题，没有去探讨微分学的一般运算规律和方法.而牛顿和莱布尼茨的与众不同和伟大之处就在于，他们在充分吸收前人工作的基础上，敏锐地察觉到这些问题的内在联系，从而在整体上对微分学（和积分学）进行了统一处理，给出了一般的运算规则和方法.

在写于 1671 年但直到 1736 年才出版的《流数法和无穷级数》一书中，牛顿用运动学的观点来描述函数关系，他把变量叫做流量，变量的变化率叫做流数，对于流量 x 和 y 的流数，牛顿引进了记号 $\dot{x}$ 和 $\dot{y}$，并认为流量和流数都是随时间变化的.他提出了微分学里的基本问题：已知两个流量之间的关系，求它们流数之间的关系.例如，假定流量 $y = x^n$，为了求出流数 $\dot{y}$ 和 $\dot{x}$ 之间的关系，牛顿首先建立

$$y + \dot{y}o = (x + \dot{x}o)^n,$$

其中 o 是"无穷小的时间间隔"，$\dot{x}o$ 和 $\dot{y}o$ 表示 x 和 y 的无穷小增量.接着他用二项式定理展开右边，消去 $y = x^n$，用 o 除两边，然后略去所有仍然含有 o 的项，得到

$$\dot{y} = nx^{n-1}\dot{x}.$$

用现在的记号，这个结果可以写成

$$\frac{\mathrm{d}y}{\mathrm{d}t} = nx^{n-1}\frac{\mathrm{d}x}{\mathrm{d}t}.$$

与牛顿不同，莱布尼茨则是从哲学的观点和几何角度出发，研究微分.他在 1684 年发表了他的第一篇微分学论文《一种求极大与极小值和求切线的新方法》，这也是数学史上第一篇正式发表的微积分文献.在这篇文章中，莱布尼茨定义了微分，并引进了现今通用的微分记号：$\mathrm{d}x$，$\mathrm{d}y$，他还给出了微分的四则运算规则，微分在求切线、极值以及拐点等方面的应用.莱布尼茨在文章中写道：

乘法运算法则：

$$\mathrm{d}(xv) = x\mathrm{d}v + v\mathrm{d}x;$$

乘幂：

$$\mathrm{d}x^a = ax^{a-1}\mathrm{d}x,\ \text{例如},\ \mathrm{d}x^3 = 3x^2\mathrm{d}x.$$

(《数学珍宝》,李文林主编,科学出版社,1998 年).

经过牛顿和莱布尼茨两人的工作,微积分逐渐地从传统的几何与代数上分离,开始成为数学的一门独立的学科,这也标志着数学已进入了全新的、蓬勃发展的时期.

我国第一本关于微积分的书,是李善兰和伟烈亚力合译的《代微积拾级》. 原书是美国罗密士(Elias Loomis, 1811—1889 年)1850 年著的 *Analytical Geometry and Calculus*. 代微积三字意含解析几何和微积分. 李善兰他们用微积译“Calculus”十分巧妙,一直沿用至今(梁宗巨,《数学历史典故》,辽宁教育出版社,1992 年).

习　题

1. 设函数 $f(x)$在 x_0 点可导,求下列各题的值:

(1) $\lim\limits_{h\to 0}\dfrac{f(x_0+h)-f(x_0)}{h}$;　　(2) $\lim\limits_{x\to x_0}\dfrac{f(x)-f(x_0)}{x-x_0}$;

(3) $\lim\limits_{\Delta x\to 0}\dfrac{f(x_0-\Delta x)-f(x_0)}{\Delta x}$;　　(4) $\lim\limits_{\Delta x\to 0}\dfrac{f(x_0+2\Delta x)-f(x_0)}{\Delta x}$.

2. 求曲线 $y=\sqrt{2-x^2}$ 在点(1, 1)处的切线方程.

3. 求下列函数的导数:

(1) $y=x^3+2\sqrt{x}-2$;　　(2) $y=\dfrac{x+1}{x}$;

(3) $y=x^2\sin x$;　　(4) $y=\mathrm{e}^x(x^2-x)$;

(5) $y=\mathrm{e}^x\sin x$;　　(6) $y=\tan x+\sec x$;

(7) $y=\dfrac{x-1}{x+1}$;　　(8) $y=\dfrac{1-\sin x}{1+\sin x}$;

(9) $y=\dfrac{\mathrm{e}^x+1}{x^2}$;　　(10) $y=x^2\arctan x$.

4. 求下列函数在给定点处的导数:

(1) $y=x^2-2x+4$, 求 $y'|_{x=1}$, $y'|_{x=2}$;

(2) $f(x)=\dfrac{1-x}{x}$, 求 $f'(1)$, $f'(-2)$;

(3) $f(t)=\mathrm{e}^t\cos t$, 求 $f'(0)$, $f'(\pi)$.

5. 求下列各函数的导数：

(1) $y=(2x^2+3)^3$；　(2) $y=\sin 2x$；

(3) $y=e^{-\frac{x^2}{2}}$；　(4) $y=\arctan(e^x)$；

(5) $y=\sqrt{a^2+x^2}$；　(6) $y=\arctan(x^2)$；

(7) $y=\cos^2 2x$；　(8) $y=\arcsin\sqrt{x}$；

(9) $y=\ln(\sec x+\tan x)$；　(10) $y=(\arcsin x)^2$；

(11) $y=\ln\tan\frac{x}{2}$；　(12) $y=\ln(x+\sqrt{1+x^2})$；

(13) $y=\arctan\frac{1+x}{1-x}$；　(14) $y=x^{\sin x}$.

6. 求曲线 $y=e^x$ 在点(0, 1)处的切线方程.

7. 计算下列函数的高阶导数：

(1) $y=e^x(x^2+x+1)$，求 y''；

(2) $y=\ln(1+x)$，求 $y''|_{x=0}$；

(3) $y=e^x(\sin x+\cos x)$，求 y''；

(4) $y=\sin x$，求其 n 阶导数 $y^{(n)}$.

8. 求下列函数的偏导数：

(1) $z=(x^2+y^2)\sin(xy^2)$，求 z_x，z_y；

(2) $u=\dfrac{1}{\sqrt{x^2+y^2+z^2}}$，求 u_x；

(3) $z=x^y$，求 z_x，z_y；

(4) $f(x, y)=e^x\cos(x+2y)$，求 $f_x(0, \pi)$，$f_y(0, \pi)$.

9. 求下列函数的微分：

(1) $y=x^2\tan x$；　(2) $y=\ln\cos x$；

(3) $y=\dfrac{\sin x}{x}$；　(4) $y=x\sqrt{1-x^2}$；

(5) $y=e^{\sin x}$；　(6) $y=\arctan(\ln x)$.

§2　用导数研究函数

2.1　中值定理

为了利用函数的导数研究函数的性质，我们先介绍几个重要定理.

定理(罗尔(Rolle)中值定理) 设函数 $y=f(x)$ 在$[a, b]$上连续,在(a, b)内可导,且 $f(a)=f(b)$, 则必存在一点 $x_0\in(a, b)$, 使得 $f'(x_0)=0$.

在这里我们不叙述这定理的证明而仅作一个几何解释. 如图 3.3 所示, $y=f(x)$ 所表示的曲线是连续不断的,而且在每一点都可作曲线的切线. $(a, f(a))$和$(b, f(b))$的连线是水平的,罗尔中值定理的结论是:在这段曲线上至少有一点的切线方向是水平的.

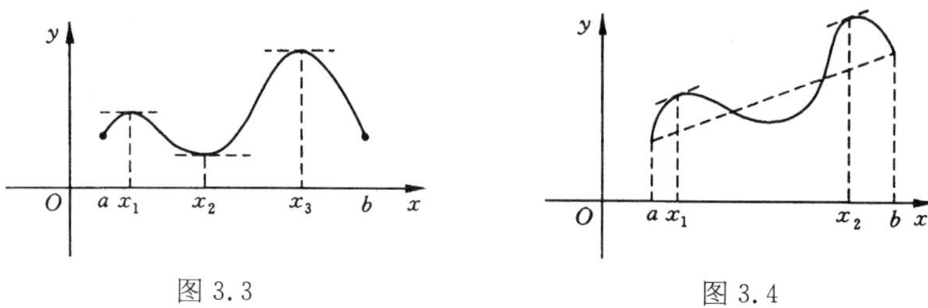

图 3.3　　图 3.4

定理(拉格朗日(Lagrange)中值定理) 设函数 $y=f(x)$ 在$[a, b]$上连续,在(a, b)内可导,则必存在一点 $x_0\in(a, b)$, 使得

$$f'(x_0)=\frac{f(b)-f(a)}{b-a}.$$

这个定理表明:在 $y=f(x)$ 所表示的这段曲线上至少有一条切线平行于连接$(a, f(a))$与$(b, f(b))$两点的割线. 如图 3.4 所示.

证 作辅助函数

$$\varphi(x)=f(x)-\left[\frac{f(b)-f(a)}{b-a}(x-a)+f(a)\right].$$

$\varphi(x)$在$[a, b]$上连续,在(a, b)内可导,且 $\varphi(a)=\varphi(b)=0$. 由罗尔中值定理,必存在一点 $x_0\in(a, b)$, 使得 $\varphi'(x_0)=0$.

但

$$\varphi'(x)=f'(x)-\frac{f(b)-f(a)}{b-a},$$

所以

$$f'(x_0)=\frac{f(b)-f(a)}{b-a}.$$

推论 设函数 $f(x)$在(a, b)内可导,且 $f'(x)=0$, 则函数$f(x)$在(a, b)内是一个常数.

证 任意取(a, b)中两点 x_1 及 x_2,由拉格朗日中值定理,有

$$f(x_1)-f(x_2)=f'(x_0)(x_1-x_2)=0,$$

所以

$$f(x_1)=f(x_2).$$

由 x_1, x_2 的任意性,即知函数 $f(x)$在(a, b)内为常数.

我们已经知道,一个函数 $f(x)\equiv$ 常数,则它的导数为零.上述推论则表明它的逆也成立.

例 2.1 证明:当 $x>0$ 时,成立 $\left(1+\dfrac{1}{x}\right)^x<\mathrm{e}$.

证 只要证(由要求证的不等式两边取对数后的式子)

$$x\ln\left(1+\frac{1}{x}\right)<1 \quad (x>0),$$

这个不等式等价于

$$\ln\left(1+\frac{1}{x}\right)<\frac{1}{x} \quad (x>0),$$

或者

$$\ln(1+t)<t \quad (t>0).$$

现在对于函数 $y=\ln(1+x)$ 在$[0, t]$上用拉格朗日中值定理,得

$$\ln(1+t)-\ln(1+0)=\frac{1}{1+x_0}(t-0) \quad (0<x_0<t),$$

即

$$\ln(1+t)=\frac{t}{1+x_0}<t.$$

这样就证明了

$$\left(1+\frac{1}{x}\right)^x<\mathrm{e} \quad (x>0).$$

2.2 函数的单调性

设函数 $y=f(x)$ 在(a, b)内可导,任取 x_1, $x_2\in(a, b)$, 且 $x_1>x_2$. 由拉格朗日中值定理

$$f(x_1)-f(x_2)=f'(x_0)(x_1-x_2).$$

如果导数 $f'(x)$在(a, b)内保持定号,则当 $f'(x)>0$, $x\in(a, b)$ 时,总有

$$f(x_1)-f(x_2)=f'(x_0)(x_1-x_2)>0,$$

即

$$f(x_1) > f(x_2).$$

所以函数 $y = f(x)$ 在(a, b)内是单调增加的.

类似地,当 $x \in (a, b)$ 时 $f'(x) < 0$, 则函数$f(x)$在(a, b)内是单调减少的.

定理 设函数 $y = f(x)$ 在(a, b)内可导,$f'(x)$保持定号,则

(1) 当 $x \in (a, b)$ 时,$f'(x) > 0$, 函数$f(x)$在(a, b)内是单调增加的;

(2) 当 $x \in (a, b)$ 时,$f'(x) < 0$, 函数$f(x)$在(a, b)内是单调减少的.

例 2.2 讨论函数 $y = x^3 - 3x^2 - 9x + 4$ 的单调区间.

解 $y' = 3x^2 - 6x - 9 = 3(x+1)(x-3)$, 解方程 $y' = 0$ 得

$$x = -1 \quad 或 \quad x = 3.$$

当 $x \in (-\infty, -1)$ 时, $y' > 0$, 所以函数在$(-\infty, -1)$上单调增加;

当 $x \in (-1, 3)$ 时, $y' < 0$, 所以函数在$(-1, 3)$上单调减少;

当 $x \in (3, +\infty)$ 时, $y' > 0$, 所以函数在$(3, +\infty)$上单调增加.

利用函数的单调性可以证明一些不等式.

例 2.3 证明:当 $x > 0$ 时,成立 $x > \sin x > x - \frac{1}{6}x^3$.

证 为证

$$x > \sin x,$$

记

$$f(x) = x - \sin x,$$

于是

$$f'(x) = 1 - \cos x \geqslant 0.$$

所以 $f(x)$ 当 $x \geqslant 0$ 时单调增加, $f(x) > f(0) = 0$, 即 $x > \sin x$.

如记

$$g(x) = \sin x - x + \frac{1}{6}x^3,$$

则

$$g'(x) = \cos x - 1 + \frac{1}{2}x^2 = \frac{1}{2}x^2 - 2\sin^2\frac{x}{2}$$

$$= 2\left[\left(\frac{x}{2}\right)^2 - \sin^2\frac{x}{2}\right] \geqslant 0,$$

所以 $g(x)$在 $x \geqslant 0$ 时单调增加, $g(x) > g(0) = 0$, 即

$$\sin x > x - \frac{1}{6}x^3.$$

2.3　函数的极值

定义　设函数 $y=f(x)$ 在 x_0 的 δ 邻域($x_0-\delta,\ x_0+\delta$)中有定义.如果对任意的 $x\in(x_0-\delta,\ x_0+\delta)$,总有 $f(x)\leqslant f(x_0)$,则称 $f(x_0)$是函数 $f(x)$的极大值,称 x_0 是 $f(x)$的极大值点;

如果对任意的 $x\in(x_0-\delta,\ x_0+\delta)$,总有 $f(x)\geqslant f(x_0)$,则称 $f(x_0)$是函数 $f(x)$的极小值,称 x_0 是 $f(x)$的极小值点.

函数的极大值与极小值统称为函数的极值,极大值点与极小值点统称为极值点.

定理　设函数 $f(x)$在点 x_0 可导,且在点 x_0 处 $f(x)$取得极值,则 $f'(x_0)=0$.

证　设函数 $f(x)$在点 x_0 处取得极小值,即存在 $\delta>0$,当 $x\in(x_0-\delta,\ x_0+\delta)$ 时,有 $f(x)\geqslant f(x_0)$. 于是

当 $x>x_0$ 时,

$$\frac{f(x)-f(x_0)}{x-x_0}\geqslant 0,\ f'(x_0)=\lim_{x\to x_0}\frac{f(x)-f(x_0)}{x-x_0}\geqslant 0;$$

当 $x<x_0$ 时,

$$\frac{f(x)-f(x_0)}{x-x_0}\leqslant 0,\ f'(x_0)=\lim_{x\to x_0}\frac{f(x)-f(x_0)}{x-x_0}\leqslant 0.$$

所以　$f'(x_0)=0$.

这个定理表明,如果函数 $f(x)$在 x_0 处取得极值,则 $y=f(x)$ 所表示的曲线在点$(x_0,\ f(x_0))$有水平切线.

需要指出的是,$f'(x_0)=0$ 仅是函数在 x_0 处取得极值的必要条件,而不是充分条件. 例如函数 $y=f(x)=x^3$, $f'(x)=3x^2$, $x=0$ 满足 $f'(x)=0$ 的条件,但点 $x=0$ 不是 $f(x)=x^3$ 的极值点. 这个定理仅表明,如果函数 $f(x)$可导,则 $f(x)$的一切极值点都满足条件: $f'(x)=0$. 称满足 $f'(x)=0$ 的点 x 为函数 $f(x)$的驻点.

下面的定理说明了怎样的驻点是极值点,是极大值点还是极小值点.

定理　设函数 $f(x)$在点 x_0 的 δ 邻域 $(x_0-\delta,\ x_0+\delta)$ 内可导,且 $f'(x_0)=0$.

(1) 如果 $x<x_0$, $f'(x)<0$,而 $x>x_0$, $f'(x)>0$,则 x_0 是$f(x)$的极小值点;

(2) 如果 $x<x_0$, $f'(x)>0$ 而 $x>x_0$, $f'(x)<0$,则 x_0 是$f(x)$的极大值点;

(3) 如果当 $x\neq x_0$ 时,$f'(x)$保持定号,则 x_0 不是$f(x)$的极值点.

证 (1) 当 $x<x_0$ 时，$f'(x)<0$，即函数 $f(x)$ 在 $(x_0-\delta,\ x_0]$ 中是单调减少的，所以当 $x<x_0$ 时，$f(x)>f(x_0)$.

当 $x>x_0$ 时，$f'(x)>0$，即函数 $f(x)$ 在 $[x_0,\ x_0+\delta)$ 中是单调增加的，所以当 $x>x_0$ 时，$f(x)>f(x_0)$.

总之，当 $x\in(x_0-\delta,\ x_0+\delta)$ 时，有 $f(x)\geqslant f(x_0)$，即 x_0 是 $f(x)$ 的极小值点.

(2) 当 $x<x_0$ 时，$f'(x)>0$，即函数 $f(x)$ 在 $(x_0-\delta,\ x_0]$ 中是单调增加的，所以当 $x<x_0$ 时，$f(x)<f(x_0)$.

当 $x>x_0$ 时，$f'(x)<0$，即函数 $f(x)$ 在 $[x_0,\ x_0+\delta)$ 中是单调减少的，所以当 $x>x_0$ 时，$f(x)<f(x_0)$.

总之，当 $x_0\in(x_0-\delta,\ x_0+\delta)$ 时，有 $f(x)\leqslant f(x_0)$，即 x_0 是 $f(x)$ 的极大值点.

(3) 当 $x\neq x_0$ 时，$f'(x)$ 保持定号，不妨设 $f'(x)>0$，这时，当 $x<x_0$ 时，有 $f(x)<f(x_0)$；而当 $x>x_0$ 时，有 $f(x)>f(x_0)$，所以 x_0 不是 $f(x)$ 的极值点.

如果函数 $f(x)$ 在 x_0 点有二阶导数，则有下面的定理.

定理 设函数 $f(x)$ 在点 x_0 有二阶导数，且 $f'(x_0)=0$，则

(1) 当 $f''(x_0)<0$ 时，x_0 是 $f(x)$ 的极大值点；

(2) 当 $f''(x_0)>0$ 时，x_0 是 $f(x)$ 的极小值点；

(3) 当 $f''(x_0)=0$ 时，x_0 可能是也可能不是 $f(x)$ 的极值点.

证 (1) 因为

$$f''(x_0)=\lim_{x\to x_0}\frac{f'(x)-f'(x_0)}{x-x_0}=\lim_{x\to x_0}\frac{f'(x)}{x-x_0}<0,$$

在 x 的附近且当 $x\neq x_0$ 时，$f'(x)$ 与 $x-x_0$ 异号，所以 x_0 是 $f(x)$ 的极大值点.

(2) 因为

$$f''(x_0)=\lim_{x\to x_0}\frac{f'(x)-f'(x_0)}{x-x_0}=\lim_{x\to x_0}\frac{f'(x)}{x-x_0}>0,$$

在 x_0 的附近且当 $x\neq x_0$ 时，$f'(x)$ 与 $x-x_0$ 同号，所以 x_0 是 $f(x)$ 的极小值点.

(3) 如果 $f''(x_0)=0$，则情况不定，可能有极值，也可能没有极值. 例如函数 $f(x)=x^3$，易知 $f''(0)=0$，而 $x=0$ 不是这函数的极值点. 又如函数 $f(x)=x^4$，可知 $f''(0)=0$，而 $x=0$ 是这函数的极小值点.

利用上面的 3 个定理，我们就可以求一些函数的极值了.

例 2.4 求函数 $y=x(x-3)^2$ 的极值.

解　由

$$y' = (x-3)^2 + 2x(x-3) = 3(x-1)(x-3) = 0,$$

得

$$x = 1 \quad 或 \quad x = 3.$$

当 x 在点 1 的附近，如果 $x < 1$，则 $y' > 0$；如果 $x > 1$，则 $y' < 0$，可知点 $x = 1$ 是函数的极大值点，极大值为 4.

当 x 在点 3 的附近，如果 $x < 3$，则 $y' < 0$；如果 $x > 3$，则 $y' > 0$，可知点 $x = 3$ 是函数的极小值点，极小值为 0.

如图 3.5 所示，函数 $y = f(x)$ 在 $[a, b]$ 上的最大值和最小值可能在闭区间的端点 $x = a$ 或 $x = b$ 上取到，也可能在 (a, b) 内的极值点上取到.

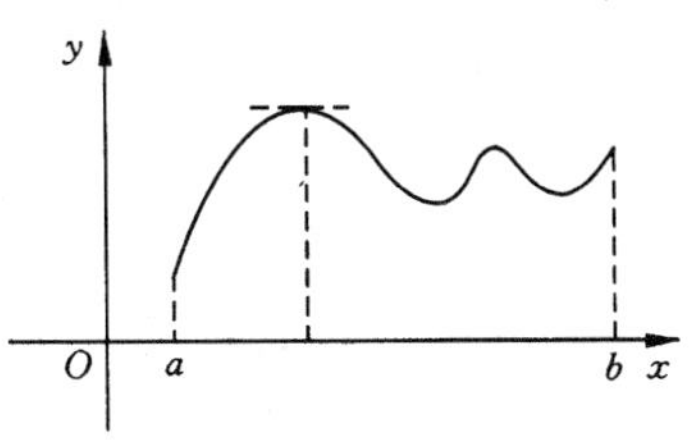

图 3.5

由此，可得求函数（$f(x)$ 在 (a, b) 上可导）的最大值和最小值的步骤如下：

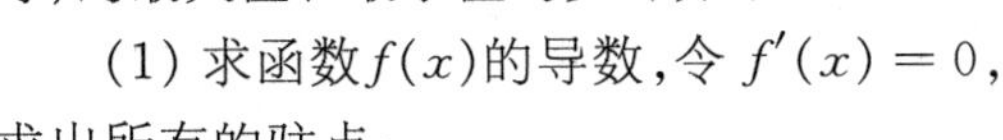

(1) 求函数 $f(x)$ 的导数，令 $f'(x) = 0$，求出所有的驻点；

(2) 比较函数 $f(x)$ 在端点 a, b 及驻点上的值的大小，其中最大的即为函数 $f(x)$ 在 $[a, b]$ 上的最大值，而其中最小的即为函数 $f(x)$ 的最小值.

有时，根据问题的实际意义，最大值或最小值一定在区间内部取到，而驻点又只有一个，这时就立即可判断出该点是最大值点或最小值点了.

例 2.5　求函数 $f(x) = x^3 - 9x^2 + 15x - 3$ 在 $[0, 3]$ 上的最大值和最小值.

解　由 $f'(x) = 3(x^2 - 6x + 5) = 0$，得 $x = 1$ 或 $x = 5$.

因为 $x = 5 \notin [0, 3]$，所以舍去. 又

$$f(0) = -3,\ f(1) = 4,\ f(3) = -12,$$

所以 $f(x)$ 的最大值 $f(x)_{\max} = 4$，最小值 $f(x)_{\min} = -12$.

2.4　凹凸与拐点

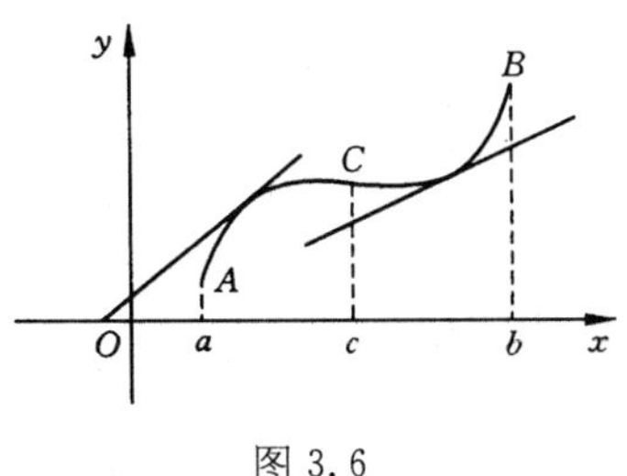

图 3.6

考察图 3.6. 曲线 $y = f(x)$ 上的点 C 将曲线分成两段：$\overset{\frown}{AC}$ 和 $\overset{\frown}{CB}$. 在曲线段 $\overset{\frown}{AC}$ 上的每一点的切线都在曲线的上方；而在曲线段 $\overset{\frown}{CB}$ 上的每一点的切线都在曲线的下方. 我们称曲线 $y = f(x)$ 在 (a, c) 内是凸的，而称曲线 $y = f(x)$ 在 (c, b) 内是凹的. 由于点

$C(c,\ f(c))$将曲线 $y=f(x)$ 分成了凹与凸的两部分,就称分界点$C(c,\ f(c))$为曲线 $y=f(x)$ 的拐点.

再从图 3.6 可看出,当 $x\in(a,\ c)$ 且当 x 增大时,过点$(x,\ f(x))$的切线的倾角随之变小,即$f'(x)$在变小,所以$f'(x)$是 x 的单调减函数,从而当 $f''(x)<0$ 成立时,就可推出曲线 $y=f(x)$ 是凸的.

定理 设函数 $y=f(x)$ 在$(a,\ b)$内有二阶导数.

(1) 如果对任意的 $x\in(a,\ b)$, 有 $f''(x)<0$, 则函数 $y=f(x)$ 在$(a,\ b)$内的图形是凸的;

(2) 如果对任意的 $x\in(a,\ b)$, 有 $f''(x)>0$, 则函数 $y=f(x)$ 在$(a,\ b)$内的图形是凹的.

证 (1) 由 $f''(x)<0(a<x<b)$ 知,$f'(x)$在$(a,\ b)$内是减函数. 设 $t\in(a,\ b)$, 则由拉格朗日中值定理,有

$$f(x)-f(t)=f'(x_0)(x-t)\quad(x_0\text{ 在 } x \text{ 与 } t \text{ 之间}).$$

当 $x<t$ 时,有 $x<x_0<t$, 于是 $f'(x_0)>f'(t)$, 从而

$$f(x)<f(t)+f'(t)(x-t);$$

当 $x>t$ 时,有 $t<x_0<x$, 于是 $f'(x_0)<f'(t)$, 从而

$$f(x)<f(t)+f'(t)(x-t).$$

这样,不论 $x>t$ 还是 $x<t$, 都有 $f(x)<f(t)+f'(t)(x-t)$, 而 $y=f(t)+f'(t)(x-t)$ 表示过点$(t,\ f(t))$的曲线的切线,所以,切线在曲线的上方. 由 t 的任意性即可知道函数 $y=f(x)$ 在$(a,\ b)$内的图形是凸的.

(2)的证明是类似的,请读者自证.

例 2.6 求曲线 $y=xe^{-x}$ 的拐点与凹凸区间.

解 $y'=e^{-x}-xe^{-x}$, $y''=(x-2)e^{-x}$. 从 $y''=0$ 解得 $x=2$.

当 $x<2$ 时, $y''<0$, 即曲线在$(-\infty,\ 2)$内是凸的;

当 $x>2$ 时, $y''>0$, 即曲线在$(2,\ +\infty)$内是凹的.

点$(2,\ 2e^{-2})$是曲线 $y=xe^{-x}$ 的拐点.

需要注意,与 $f''(x)=0$ 的点所对应的曲线上的点可能是曲线的拐点,也可能不是拐点. 例如 $y=x^6$, $y''=0$ 的解为 $x=0$, 但点$(0,\ 0)$不是 $y=x^6$ 的拐点. 此外,$f''(x)$不存在的点也可能对应曲线 $y=f(x)$ 的拐点,如函数 $y=\sqrt[3]{x-1}$, $y''=-\dfrac{2}{9}(x-1)^{-\frac{5}{3}}(x\neq 1)$. 当 $x=1$ 时,二阶导数不存在. 另知,当 $x<1$ 时, $y''>0$;当 $x>1$ 时,$y''<0$. 所以点$(1,\ 0)$是曲线 $y=\sqrt[3]{x-1}$ 的拐点.

2.5　函数作图

先介绍一下渐近线这个概念.

如果函数$f(x)$满足$\lim\limits_{x\to\infty} f(x)=b$,则称直线$y=b$是曲线$y=f(x)$的水平渐近线.

如果函数$f(x)$满足$\lim\limits_{x\to a} f(x)=\infty$,则称直线$x=a$是曲线$y=f(x)$的垂直渐近线.

有了前面的准备,现在可以来讨论函数作图了.

函数作图的主要步骤如下:

(1) 求函数的定义域,讨论它的奇偶性、有界性、周期性.

(2) 求函数的一阶导数及二阶导数,然后求出这函数的驻点及一阶导数不存在的点,再求出二阶导数为零的点及二阶导数不存在的点.

这些点将定义域分为若干个小区间.

(3) 列表讨论,根据一阶导数、二阶导数的符号,讨论函数的单调性、极值、凹凸性及拐点.

(4) 求渐近线.若有,则画出渐近线.

(5) 描点作图.在直角坐标平面上,画出曲线上的一些点,再用光滑曲线连接起来.

例 2.7　作出函数$y=x^2+\dfrac{1}{x}$的图形.

解　(1) 定义域为$(-\infty,\ 0)\cup(0,\ +\infty)$.

(2) $y'=2x-\dfrac{1}{x^2}$, $y''=2+\dfrac{2}{x^3}$.

解方程$y'=0$,得$x=\dfrac{1}{\sqrt[3]{2}}$;解方程$y''=0$,得$x=-1$.

(3) 列表讨论,如表 3.1 所示.

表 3.1

x	$(-\infty,\ -1)$	-1	$(-1,\ 0)$	$\left(0,\ \dfrac{1}{\sqrt[3]{2}}\right)$	$\dfrac{1}{\sqrt[3]{2}}$	$\left(\dfrac{1}{\sqrt[3]{2}},\ +\infty\right)$
y'	$-$	$-$	$-$	$-$	0	$+$
y''	$+$	0	$-$	$+$	$+$	$+$
y	↘	点$(-1,\ 0)$为拐点	↘	↘	极小值	↗

(注:"↘"表示递减、凹;"↘"表示递减、凸;"↗"表示递增、凹;"↗"表示递增、凸)

(4) 因为 $\lim_{x\to 0}\left(x^2+\frac{1}{x}\right)=\infty$，所以 $x=0$ 为垂直渐近线，而且

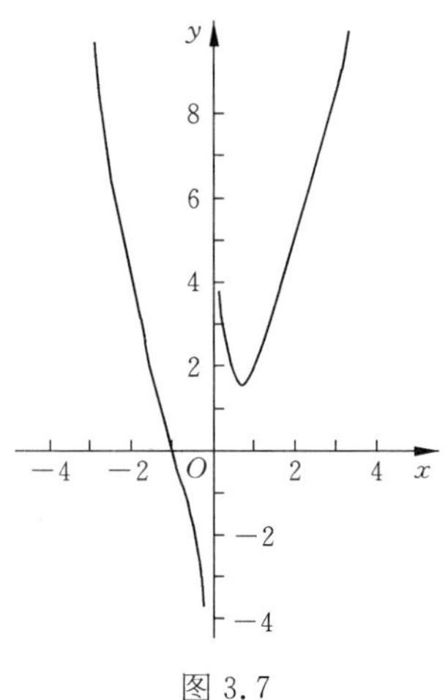

图 3.7

$$\lim_{x\to 0^-}\left(x^2+\frac{1}{x}\right)=-\infty,\ \lim_{x\to 0^+}\left(x^2+\frac{1}{x}\right)=+\infty.$$

无水平渐近线.

(5) 描点作图.

$$y(-2)=\frac{7}{2},\ y(-3)=\frac{26}{3},$$

$$y(-1)=0,\ y(1)=2,\ y(2)=\frac{9}{2},$$

$$y\left(\frac{1}{\sqrt[3]{2}}\right)=\frac{3}{2}\sqrt[3]{2},\ y\left(-\frac{1}{2}\right)=-\frac{7}{4}.$$

该函数的图形如图 3.7 所示.

习　　题

1. 设在 $(a,\ b)$ 内成立 $f'(x)=g'(x)$. 试证在 $(a,\ b)$ 内成立 $f(x)=g(x)+c$（c 为常数）.

2. 讨论下列函数的单调性：

(1) $y=x+\frac{1}{x}$；　　(2) $y=x^3+3x^2-9x+6$；

(3) $y=\arctan x-x$；　　(4) $y=x^2\mathrm{e}^{-x}$.

3. 求下列函数的极值：

(1) $y=x^2-4x+5$；　　(2) $y=x+\sqrt{1-x}$；

(3) $y=\frac{x+1}{x-1}$；　　(4) $y=2x^3-3x^2$；

(5) $y=x^2+\frac{1}{x}$；　　(6) $y=x^3+6x^2-15x-9$.

4. 求下列函数的最大值和最小值：

(1) $y=x^2-2x-2,\ x\in[-2,\ 2]$；

(2) $y=x+\sqrt{1-x},\ x\in[-5,\ 1]$.

5. 求下列函数图形的凹凸区间和拐点：

(1) $y=2xe^{-x}$；　　(2) $y=x(x-2)^2$；

(3) $y=x\ln x$；　　(4) $y=\frac{2x}{1+x^2}$.

6. 作出下列函数的图形：

(1) $y=x^3-3x+3$；　　(2) $y=\frac{2x}{1+x^2}$.

§3　应　　用

本节讨论导数在实际问题中的应用.

3.1　利润问题

利润函数 L 为生产过程中总收益与总成本之差，即

$$L=R-C(\text{这里 } R \text{ 为总收益}, C \text{ 为总成本}).$$

利润问题是讨论生产的商品为多少时，才能使厂商的利润最大. 为此，需将利润 L 表示成产量 q 的函数. 例如，成本函数 $C(q)=q^3-84q^2+1\,900q+500$，收益函数 $R(q)=pq$(这里价格 $p=1\,000$(元) 固定)，则

$$\begin{aligned} L(q) &= R(q)-C(q) \\ &= 1\,000q-(q^3-84q^2+1\,900q+500) \\ &= -q^3+84q^2-900q-500. \end{aligned}$$

于是

$$L'(q)=-3q^2+168q-900.$$

令 $L'(q)=0$，即 $q^2-56q+300=0$，解得

$$q=6 \quad \text{或} \quad q=50.$$

由 $L''(q)=-6q+168$ 得

$$L''(6)=132>0,\ L''(50)=-132<0.$$

所以当产量 q 为 50 件时，利润 L 取得最大值，最大值为 39 500(元).

3.2　最短路线问题

我们知道，光线经过一个平面会产生反射，其入射角与反射角一定相等. 下

面的例子则表明了它与光线反射的问题相类似.

例 3.1 已知 A, B 两个地方在铁路线的同侧.现在要在铁路线上选一站点 C,使距离 $AC+BC$ 为最短,如图 3.8 所示.

解一 图上作业法.

设 A'是 A 关于铁路线的对称点,连接 $A'B$,则线段 $A'B$ 与铁路线的交点 C 即为所求.

事实上,设 C'是铁路线上另一点,则 $AC'=A'C'$. 又 $A'C=AC$, 于是

$$AC+BC=A'C+BC=A'B<A'C'+BC',$$

即

$$AC+BC<AC'+BC'.$$

这就是所要证明的.我们还容易知道 $\alpha=\beta$(见图 3.8).

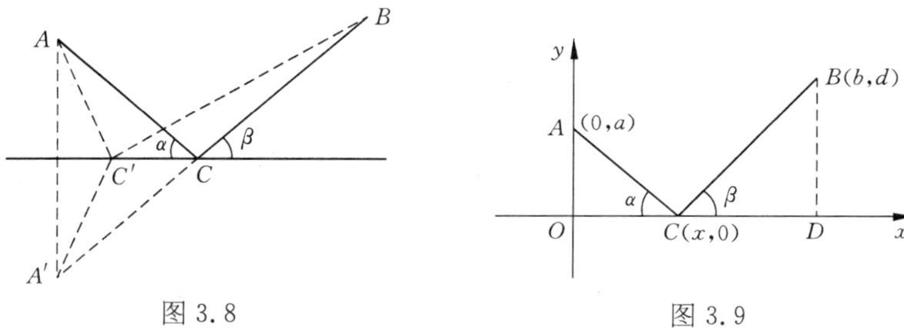

图 3.8　　图 3.9

解二 以铁路线为 x 轴,AA'为 y 轴建立直角坐标系.

设点 A 的坐标为$(0, a)$,点 B 的坐标为(b, d),点 C 的坐标为$(x, 0)$,如图 3.9 所示.

记 $y=AC+BC$, 则

$$y=\sqrt{x^2+a^2}+\sqrt{(x-b)^2+d^2}.$$

对 x 求导,得

$$y'=\frac{x}{\sqrt{x^2+a^2}}+\frac{x-b}{\sqrt{(x-b)^2+d^2}}.$$

令 $y'=0$, 即得

$$\frac{x}{\sqrt{x^2+a^2}}=\frac{-(x-b)}{\sqrt{(x-b)^2+d^2}}.$$

平方后化简得

$$x=\frac{ab}{a+d}.$$

由实际问题的意义，当 $x=\dfrac{ab}{a+d}$ 时，距离 y 为最小.

O, D 分别是 A, B 到铁路线的垂足，则所求的点 C 到两垂足的距离分别为 $\dfrac{ab}{a+d}$ 和 $\dfrac{bd}{a+d}$.

现在来说明 $\alpha=\beta$.

因为

$$\tan\alpha=\frac{a}{\frac{ab}{a+d}}=\frac{a+d}{b},\ \tan\beta=\frac{d}{\frac{bd}{a+d}}=\frac{a+d}{b},$$

所以 $\tan\alpha=\tan\beta$, 从而 $\alpha=\beta$.

3.3　存储问题

商店经营商品需要仓库存货，而存储货物需要费用支出. 如果进货太多，一下卖不完，就得多付存货费，但是进货太少也不好，因为每次进货需要人力、物力，这些都要花费资金. 那么每次应该进货多少才最经济呢？这就是我们现在要讨论的问题.

设 A 表示某个商品的全年销售量，C 表示每件商品的年存储费用，Q 表示该商品的每次进货量，S 表示每次进货所需的费用. 这里 A, C, S 均为常数，而 Q 是个变量.

我们知道，刚进货时仓库中商品最多，有 Q 件，接下来逐渐卖完，仓库中商品逐渐减少到零，到下次进货时，库存又变为 Q 件. 仓库里的货物在 Q 和 O 之间变化，平均库存量为 $\dfrac{Q}{2}$，所以一年的存储费用为 $\dfrac{Q}{2}C$.

由于这商品的年销量为 A，每批进货量为 Q，因此每年的进货次数为 $\dfrac{A}{Q}$，而每进货一次的费用为 S，所以每年所需进货费用为 $\dfrac{A}{Q}S$.

这样，每年用于采购、订货及库存的总费用

$$T=\frac{Q}{2}C+\frac{A}{Q}\cdot S,$$

这是一个总费用关于每次进货量 Q 的函数表达式.

对这表达式关于 Q 求导，得

$$T'=\frac{C}{2}-\frac{AS}{Q^2}.$$

解方程 $T'=0$，得

$$Q=\sqrt{\frac{2AS}{C}}.$$

由这个问题的实际意义即知，当 $Q=\sqrt{\frac{2AS}{C}}$ 时，总费用 T 最小即最佳的进货量为 $\sqrt{\frac{2AS}{C}}$.

3.4 奇妙的蜂房结构

蜜蜂以其辛勤的劳动给世界带来生机，为人类带来甜蜜. 蜂房结构之精妙也令世人赞叹不已. 达尔文曾说过："蜂巢的精巧构造十分符合需要，如果一个人看到蜂房而不加赞扬，那他一定是个糊涂虫."那么蜂房的结构究竟奇妙在何处呢？科学家们经过考察发现，蜂窝是两排紧密排列起来的蜂房相嵌在一起的. 每个蜂房的入口是一个正六边形(见图 3.10，上面一排的蜂房入口可以看得很清楚，下面一排的入口未画出). 蜂房的底部将两排蜂房隔开. 奇妙的是，每个蜂房的底部却不是正六边形，而是由 3 个全等的菱形组成的锥体表面，如图 3.11 所示. 这些菱形的形状是一样的，其钝角为 $109°28'$，锐角为 $70°32'$. 由于底部不是一个平面，就会产生凹凸不平的形状，这使前后两排蜂房嵌在一起的"建筑物"比较牢固. 但要解释菱形的钝角和锐角分别为 $109°28'$ 和 $70°32'$ 的原因，科学家们作了长期的研究，答案在微积分产生之后才得到：蜜蜂建造这样的蜂房使用的材料最节省.

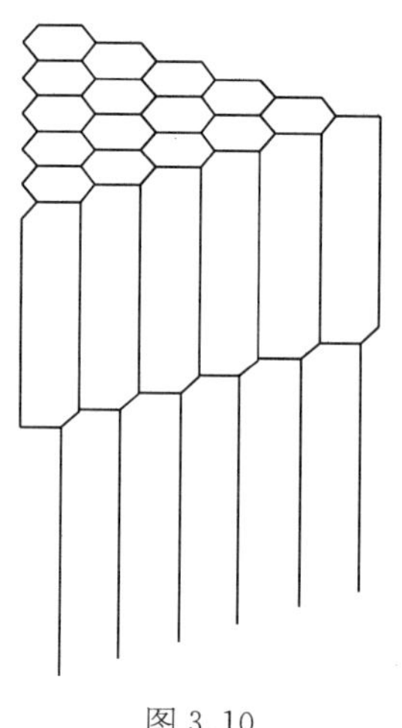
图 3.10

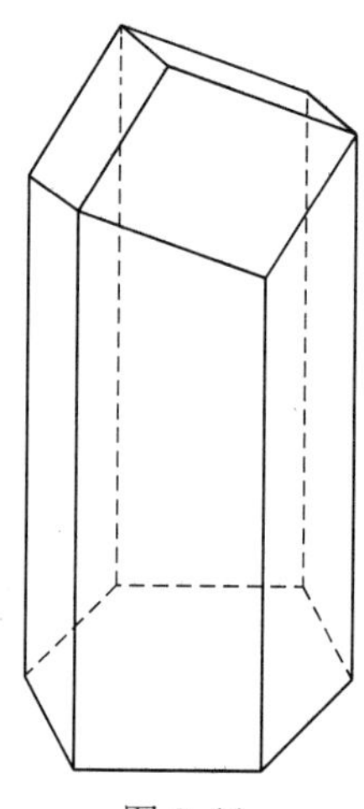
图 3.11

在图 3.12 中，连接正六棱柱的上下底部的中心，可以将六棱柱分成 3 个底部为菱形的四棱柱. 如逐步将上部中心抬高，但为了不使其体积增大，3 个菱形中与中心线相对的顶点也同时降低同样的高度，这样就使每个四棱柱的体积保持不变，同时其上底部 4 个顶点仍保持一个菱形.

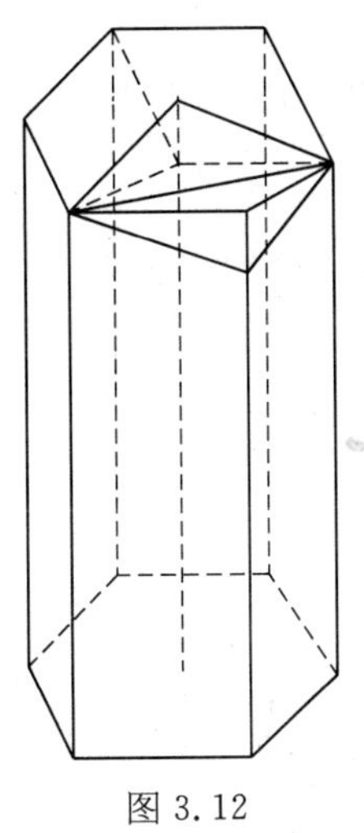
图 3.12

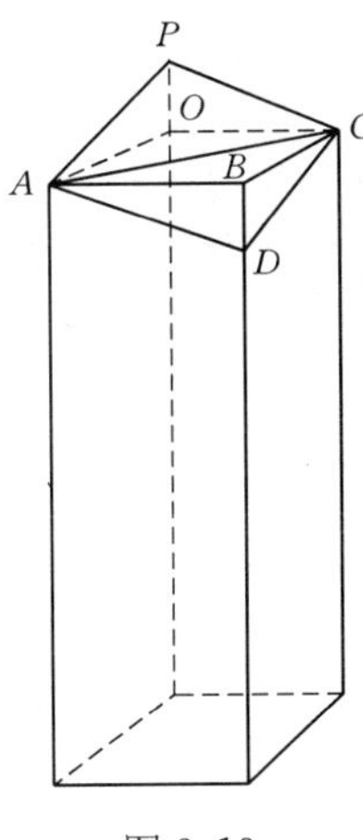

图 3.13

下面我们来解释为什么新的菱形的锐角为 $70°32'$.

如图 3.13 所示，随着中心点 O 抬高到 P，四棱柱的表面积发生了变化，原来的菱形 $ABCO$，三角形 ABD 和 BCD 被新的菱形 $ADCP$ 代替，假设正六边形的边长为 1，$|OP|=x$，易知

$$S_{ABCO}=\frac{\sqrt{3}}{2},\ S_{ABD}=S_{CBD}=\frac{x}{2},\ S_{ADCP}=\frac{\sqrt{3}}{2}\sqrt{1+4x^2}.$$

那么表面积的变化量

$$\begin{aligned}f(x)&=S_{ADCP}-S_{ABCO}-S_{ABD}-S_{CBD}\\&=\frac{\sqrt{3}}{2}\sqrt{1+4x^2}-x-\frac{\sqrt{3}}{2}.\end{aligned}$$

为此蜂房表面积应最小，x 应使 $f'(x)=0$，即

$$\frac{2\sqrt{3}x}{\sqrt{1+4x^2}}-1=0.$$

由此解得
$$x=\frac{1}{\sqrt{8}}.$$

而

$$f''(x)=\frac{2\sqrt{3}}{(1+4x^2)\sqrt{(1+4x^2)}}>0,$$

所以 $x=\frac{1}{\sqrt{8}}$ 是极小值点. 又

$$f(0)=0,\ f\left(\frac{1}{\sqrt{8}}\right)=\frac{\sqrt{2}-\sqrt{3}}{2}<0,$$

所以当 $x=\frac{1}{\sqrt{8}}$ 时,表面积最小. 此时,菱形 $ADCP$ 的边长为

$$\sqrt{1+x^2}=\frac{3}{2\sqrt{2}},\ AC=\sqrt{3},$$

根据余弦定理可知

$$\cos\angle ADC=\frac{2AD^2-AC^2}{2AD^2}=1-\frac{3}{2\times\frac{9}{8}}=-\frac{1}{3}.$$

所以

$$\angle ADC=\arccos\left(-\frac{1}{3}\right)=109°28',\ \angle PAD=70°32'.$$

习　　题

1. 一扇形面积为 36 平方厘米,问半径 r 为多少时其周长最小?

2. 某产品当日产量为 Q 件的总成本为

$$C(Q)=\frac{1}{2}Q^3+20Q+300(\text{元}).$$

又该产品的需求函数为 $Q=\frac{280}{3}-\frac{2}{3}P$ (P 为产品的单价),求日产量 Q 为多少件时利润最高.

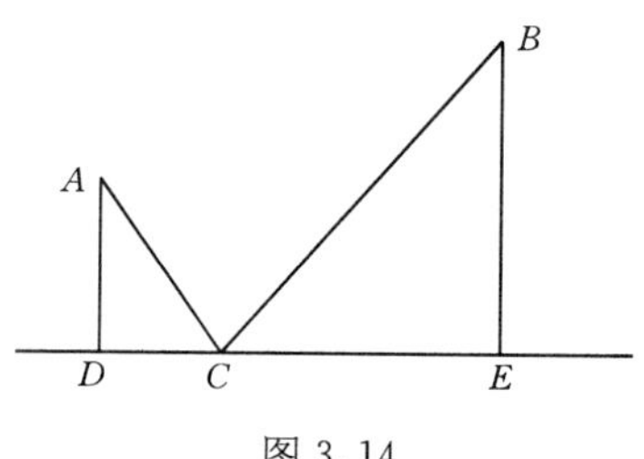

图 3.14

3. 如图 3.14 所示,A, B 两地要在公路上选一邮局 C,使距离 $AC+BC$ 为最小,问 C 的位置应在哪里? 这时 $AD=1$ 千米,

$BE = 1.5$ 千米，$DE = 3$ 千米，D，E 分别是 A，B 在公路上的垂足.

4. 某工厂每年需要某种材料 3 000 件，这个厂对该种材料的消耗是均匀的. 已知这种材料每件库存费用为 2 元，订货费每次为 30 元，试求最经济的订货批量及全年订购次数.

5. 某产品计划一年内的总产量为 a 吨，分若干批生产. 设每批产品需要投入固定费用 2 000 元，而每批生产直接消耗的费用(不包括固定费用)与产品数量的立方成正比. 如果每批生产 20 吨时，直接消耗的费用为 8 000 元，问每批生产多少吨时，才能使总费用最省？

第四章 积 分

§1 不定积分

在上一章中,我们介绍了微分运算,即由给定的函数 $f(x)$ 求出它的导数 $f'(x)$ 或微分 $f'(x)\mathrm{d}x$. 但是在许多场合往往需要解决反过来的问题,即已知一个函数的导数或微分,要求出这个函数,这就是本节要介绍的不定积分.

1.1 原函数

如函数 $F(x)$ 和 $f(x)$ 在同一个区间 I 内有定义,并且

$$\frac{\mathrm{d}F(x)}{\mathrm{d}x} = F'(x) = f(x),$$

则称 $F(x)$ 是 $f(x)$ 的一个原函数.

"$f(x)$ 是 $F(x)$ 的导数"和"$F(x)$ 是 $f(x)$ 的一个原函数"是一回事. 例如

$$f(x) = 2x + 1,$$

则

$$F(x) = x^2 + x$$

是 $f(x)$ 的一个原函数,因为 $(x^2 + x)' = 2x + 1$ 对任意实数 x 成立.

显然

$$(x^2 + x + c)' = 2x + 1.$$

这里 c 是任一常数. 于是 $x^2 + x + c$ 也是 $2x + 1$ 的原函数.

一般地,如 $F(x)$ 是 $f(x)$ 在区间 I 内的一个原函数,则 $F(x) + c$ 也是 $f(x)$ 在 I 内的原函数. 问题是:$f(x)$ 的原函数除 $F(x) + c$ 外,还有没有别的可能呢? 设 $G(x)$ 也是 $f(x)$ 在 I 内的原函数,则

$$G'(x) = f(x),$$

于是

$$[G(x)-F(x)]'=f(x)-f(x)=0.$$

根据拉格朗日中值定理,有

$$G(x)=F(x)+c.$$

这表明如$f(x)$在 I 内有一个原函数 $F(x)$,那么$f(x)$的所有的原函数都可以表示成 $F(x)+c$.

1.2　不定积分

设 $F(x)$是$f(x)$在区间 I 内的一个原函数,则$f(x)$的所有的原函数都可以表示成 $F(x)+c$,称$f(x)$的原函数的一般表达式 $F(x)+c$ 是$f(x)$的不定积分,记为

$$\int f(x)\mathrm{d}x=F(x)+c.$$

“$\int$”称为积分记号,$f(x)$称为被积函数,c 为积分常数.

上段中的例子的结果可写成

$$\int(2x+1)\mathrm{d}x=x^2+x+c.$$

例 1.1　$\int(x^4-x^2+1)\mathrm{d}x=\frac{1}{5}x^5-\frac{1}{3}x^3+x+c.$

例 1.2　$\int \mathrm{e}^x\mathrm{d}x=\mathrm{e}^x+c.$

例 1.3　$\int\frac{1}{x}\mathrm{d}x=\ln|x|+c.$

由求导数的一些规则立刻可得到求不定积分的一些规则:

(1) $\int k\mathrm{d}x=kx+c$　(k 是实数);

(2) 对任意实数 $r\neq-1$,

$$\int x^r\mathrm{d}x=\frac{x^{r+1}}{r+1}+c;$$

(3) 对任意实数 k 和函数$f(x)$,

$$\int[kf(x)]\mathrm{d}x=k\int f(x)\mathrm{d}x;$$

(4) 对任意 $f_1(x)$和 $f_2(x)$,

$$\int[f_1(x)\pm f_2(x)]\mathrm{d}x=\int f_1(x)\mathrm{d}x\pm\int f_2(x)\mathrm{d}x.$$

在上述不定积分的规则中，积分的变量都是 x. 如果 x 用其他字母代替，公式是一样成立的，但被积函数中的自变量和积分变量应该是一致的. 如

$$\int k\mathrm{d}t=kt+c,$$

$$\int t^r\mathrm{d}t=\frac{t^{r+1}}{r+1}+c,\quad (r\neq -1),$$

…………

例 1.4 $\int 0\mathrm{d}x=c.$

例 1.5
$$\int x^{-\frac{4}{3}}\mathrm{d}x=\frac{x^{-\frac{4}{3}+1}}{\left(-\frac{4}{3}+1\right)}+c$$

$$=\frac{x^{-\frac{1}{3}}}{-\frac{1}{3}}+c=-3x^{-\frac{1}{3}}+c.$$

例 1.6
$$\int\sqrt{t}\mathrm{d}t=\int t^{\frac{1}{2}}\mathrm{d}t$$

$$=\frac{t^{\frac{1}{2}+1}}{\frac{1}{2}+1}+c=\frac{2}{3}t^{\frac{3}{2}}+c.$$

例 1.7
$$\int u^{-\frac{5}{4}}\mathrm{d}u=\frac{u^{-\frac{5}{4}+1}}{-\frac{5}{4}+1}+c$$

$$=-4u^{-\frac{1}{4}}+c.$$

求不定积分和求微分互为逆运算，我们可以用公式来表达这种关系：

$$\frac{\mathrm{d}}{\mathrm{d}x}\int f(x)\mathrm{d}x=f(x),$$

或

$$\int f'(x)\mathrm{d}x=f(x)+c.$$

1.3　换元法

求不定积分有许多技巧,这里要介绍的是换元法或"变量代换法".在微分一节里,我们知道对 $y=f(x)$ 两边微分,可得

$$\mathrm{d}y=f'(x)\mathrm{d}x.$$

利用这一公式进行积分变量的代换,可以求出一些函数的不定积分.

例如,求

$$\int\sqrt{x+4}\,\mathrm{d}x.$$

我们可设

$$y=x+4,$$

于是

$$\mathrm{d}y=\mathrm{d}x,$$

则

$$\begin{aligned}\int\sqrt{x+4}\,\mathrm{d}x&=\int\sqrt{y}\,\mathrm{d}y=\int y^{\frac{1}{2}}\,\mathrm{d}y\\&=\frac{y^{\frac{3}{2}}}{\frac{3}{2}}+c=\frac{2}{3}y^{\frac{3}{2}}+c\\&=\frac{2}{3}(x+4)^{\frac{3}{2}}+c.\end{aligned}$$

例 1.8　求 $\int 2x(x^2+3)^3\,\mathrm{d}x$.

解　设 $y=x^2+3$, 于是

$$\mathrm{d}y=2x\mathrm{d}x,$$

则

$$\begin{aligned}\int 2x(x^2+3)^3\,\mathrm{d}x&=\int y^3\,\mathrm{d}y\\&=\frac{1}{4}y^4+c=\frac{1}{4}(x^2+3)^4+c.\end{aligned}$$

例 1.9　求 $\int\frac{x^3}{(x^4+4)^2}\mathrm{d}x$.

解　设 $u=x^4+4$, 则

$$\mathrm{d}u=4x^3\,\mathrm{d}x,$$

$$x^3\mathrm{d}x = \frac{1}{4}\mathrm{d}u,$$

$$\int \frac{x^3}{(x^4+4)^2}\mathrm{d}x = \frac{1}{4}\int \frac{1}{u^2}\mathrm{d}u$$

$$= -\frac{1}{4u} + c = -\frac{1}{4(x^4+4)} + c.$$

例 1.10　求 $\int \mathrm{e}^{2x}\mathrm{d}x$.

解　设 $u = 2x$，于是

$$\mathrm{d}u = 2\mathrm{d}x, \quad \mathrm{d}x = \frac{1}{2}\mathrm{d}u,$$

则

$$\int \mathrm{e}^{2x}\mathrm{d}x = \int \frac{1}{2}\mathrm{e}^u\mathrm{d}u = \frac{1}{2}\mathrm{e}^u + c$$

$$= \frac{1}{2}\mathrm{e}^{2x} + c.$$

例 1.11　求 $\int x\mathrm{e}^{-x^2}\mathrm{d}x$.

解　设 $y = -x^2$，于是

$$\mathrm{d}y = -2x\mathrm{d}x \quad x\mathrm{d}x = -\frac{1}{2}\mathrm{d}y,$$

则

$$\int x\mathrm{e}^{-x^2}\mathrm{d}x = \int -\frac{1}{2}\mathrm{e}^y\mathrm{d}y = -\frac{\mathrm{e}^y}{2} + c$$

$$= -\frac{1}{2}\mathrm{e}^{-x^2} + c.$$

例 1.12　求 $\int \frac{1}{3x+2}\mathrm{d}x$.

解　设 $u = 3x+2$，于是

$$\mathrm{d}u = 3\mathrm{d}x, \quad \mathrm{d}x = \frac{1}{3}\mathrm{d}u,$$

则

$$\int \frac{1}{3x+2}\mathrm{d}x = \int \frac{1}{3u}\mathrm{d}u = \frac{1}{3}\ln|u| + c$$

$$= \frac{1}{3}\ln|3x+2| + c.$$

例 1.13　求 $\int \frac{3x}{x^2+4}\mathrm{d}x$.

解　设 $u = x^2+4$，于是

$$\mathrm{d}u = 2x\mathrm{d}x,\quad x\mathrm{d}x = \frac{1}{2}\mathrm{d}u,$$

则

$$\int \frac{3x}{x^2+4}\mathrm{d}x = \frac{3}{2}\int \frac{1}{u}\mathrm{d}u = \frac{3}{2}\ln|u| + c$$

$$= \frac{3}{2}\ln(x^2+4) + c.$$

1.4　分部积分法

求不定积分的另一个常用方法是分部积分法，由两个函数乘积的导数公式

$$(uv)' = u'v + uv',$$

可得

$$\int uv'\mathrm{d}x = \int (uv)'\mathrm{d}x - \int u'v\mathrm{d}x$$

$$= uv - \int u'v\mathrm{d}x,$$

或者形式地写成

$$\int u\mathrm{d}v = uv - \int v\mathrm{d}u.$$

这就是分部积分公式，当 $\int v\mathrm{d}u$ 比较容易求出的时候，用它求 $\int u\mathrm{d}v$.

例 1.14　求 $\int \ln x\,\mathrm{d}x$.

解　在分部积分公式中，设

$$u = \ln x,\quad v = x,$$

则

$$\int \ln x\,\mathrm{d}x = x\ln x - \int x\mathrm{d}(\ln x)$$

$$= x\ln x - \int x\cdot\frac{1}{x}\mathrm{d}x$$

$$= x\ln x - x + c.$$

例 1.15 求$\int x\ln x\,\mathrm{d}x$.

解 $$\begin{aligned}\int x\ln x\,\mathrm{d}x &= \frac{1}{2}\int \ln x\,\mathrm{d}(x^2)\\ &= \frac{1}{2}\left[x^2\ln x-\int x^2\cdot\frac{1}{x}\mathrm{d}x\right]\\ &= \frac{x^2}{2}\ln x-\frac{1}{2}\int x\mathrm{d}x\\ &= \frac{x^2}{2}\ln x-\frac{1}{4}x^2+c.\end{aligned}$$

例 1.16 求$\int x\mathrm{e}^x\mathrm{d}x$.

解 $$\begin{aligned}\int x\mathrm{e}^x\mathrm{d}x &= \int x\mathrm{d}\mathrm{e}^x\\ &= \left[x\mathrm{e}^x-\int \mathrm{e}^x\mathrm{d}x\right]\\ &= x\mathrm{e}^x-\mathrm{e}^x+c.\end{aligned}$$

例 1.17 求$\int x\cos x\mathrm{d}x$.

解 $$\begin{aligned}\int x\cos x\mathrm{d}x &= \int x\mathrm{d}\sin x\\ &= x\sin x-\int \sin x\mathrm{d}x\\ &= x\sin x+\cos x+c.\end{aligned}$$

习　　题

1. 求下列不定积分：

(1) $\int \sqrt{2}\mathrm{d}x$;　　(2) $\int \pi\mathrm{d}t$;

(3) $\int u^3\mathrm{d}u$;　　(4) $\int 2\sqrt{x}\mathrm{d}x$;

(5) $\int \frac{1}{x^6}\mathrm{d}x$;

(6) $\int(100t^{99}+99t^{98}+98t^{97}+\cdots+2t+1)\mathrm{d}t$;

(7) $\int(x^3+\sqrt{2}x^2-\pi x-\sqrt{3})\mathrm{d}x$;

(8) $\int\left(\frac{2}{x^2}-1\right)\mathrm{d}x$;

(9) $\int(6t^2-t^{-3})\mathrm{d}t$;

(10) $\int[x^2-(x-1)]\mathrm{d}x$;

(11) $\int(t-3)^2\mathrm{d}t$;

(12) $\int(t+1)^3\mathrm{d}t$;

(13) $\int 4(\sqrt{u}+1)(\sqrt{u}-1)\mathrm{d}u$;

(14) $\int(u-1)(u^2+u+1)\mathrm{d}u$.

2. 求下列不定积分：

(1) $\int\sqrt{t-2}\mathrm{d}t$;

(2) $\int 2x(3x^2+4)^2\mathrm{d}x$;

(3) $\int\frac{1}{(2x-3)^4}\mathrm{d}x$;

(4) $\int x\sqrt{x^2+4}\mathrm{d}x$;

(5) $\int\frac{x}{\sqrt{x^2+2}}\mathrm{d}x$;

(6) $\int\frac{x}{(x^2+1)^3}\mathrm{d}x$;

(7) $\int\mathrm{e}^{-\frac{x}{2}}\mathrm{d}x$;

(8) $\int x^2\mathrm{e}^{x^3}\mathrm{d}x$;

(9) $\int\frac{3x}{x^2+5}\mathrm{d}x$;

(10) $\int\left(x^2+\frac{1}{x^2}-\mathrm{e}^{3x}\right)\mathrm{d}x$;

(11) $\int\left(x+\frac{1}{x+4}-\frac{x}{\sqrt{x^2+2}}\right)\mathrm{d}x$.

3. 求下列不定积分：

(1) $\int x^2\cos x\mathrm{d}x$;

(2) $\int x^3\ln x\mathrm{d}x$;

(3) $\int x\ln^2 x\mathrm{d}x$;

(4) $\int x^3\mathrm{e}^{-2x}\mathrm{d}x$;

(5) $\int\mathrm{e}^{2x}\sin 3x\mathrm{d}x$.

§2　定　积　分

2.1　曲边梯形的面积

一曲边梯形由 x 轴，$x=1$，$x=2$ 和曲线 $y=x^2$ 围成，要求它的面积 A. 因为我们会求矩形的面积,所以想用一些小矩形去近似地计算 A. 如图 4.1 所示,在区间[1, 2]中加上一点$\frac{3}{2}$,作出两个小矩形,这两个小矩形的面积之和为

$$1\cdot\left(\frac{3}{2}-1\right)+\frac{9}{4}\cdot\left(2-\frac{3}{2}\right)=\frac{13}{8}.$$

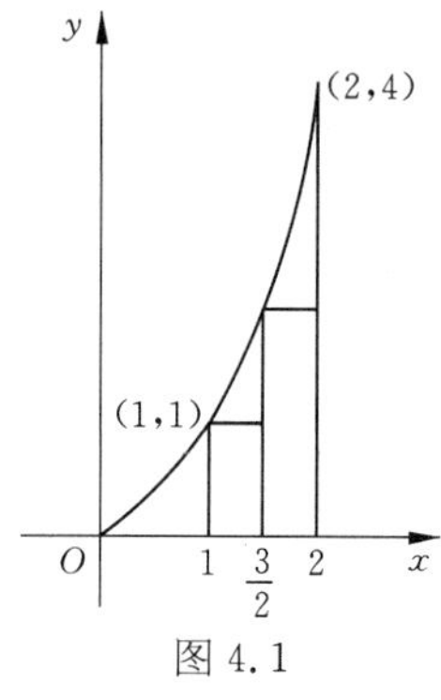

图 4.1

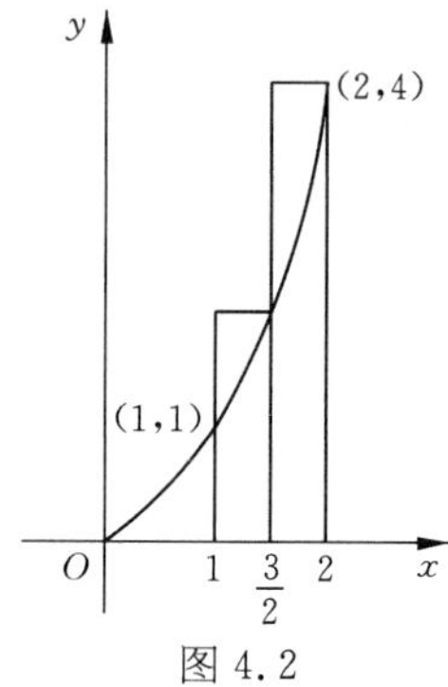

图 4.2

如果用另外两个小矩形来近似曲边梯形,也可以计算 A 的近似值(见图 4.2).

$$\frac{9}{4}\cdot\left(\frac{3}{2}-1\right)+4\cdot\left(2-\frac{3}{2}\right)=\frac{25}{8}.$$

直观地可以知道

$$\frac{13}{8}<A<\frac{25}{8}.$$

如果将[1, 2]中的分点增加,近似的效果会更好,于是将[1, 2]n 等分,这些分点的横坐标值是

$$1=1+\frac{0}{n}<1+\frac{1}{n}<1+\frac{2}{n}$$

$$<\cdots<1+\frac{n-1}{n}<1+\frac{n}{n}=2,$$

n 个小区间的长度都是$\frac{1}{n}$. 如用小区间

$$\left[1+\frac{i-1}{n},\ 1+\frac{i}{n}\right]$$

的左端点的函数值 $\left(1+\frac{i-1}{n}\right)^2$ 作为小矩形的长,我们可以得到曲边梯形面积

A 的不足近似值：

$$A_1(n)=\frac{1}{n}\cdot 1^2+\frac{1}{n}\left(1+\frac{1}{n}\right)^2+\cdots+\frac{1}{n}\left(1+\frac{n-1}{n}\right)^2$$

$$=\frac{1}{n}\left[1+\left(1+2\cdot\frac{1}{n}+\frac{1^2}{n^2}\right)+\cdots\right.$$

$$\left.+\left(1+2\cdot\frac{n-1}{n}+\frac{(n-1)^2}{n^2}\right)\right]$$

$$=\frac{1}{n}\left\{n+2\cdot\frac{1}{n}(1+2+\cdots+n-1)\right.$$

$$\left.+\frac{1}{n^2}[1^2+2^2+\cdots+(n-1)^2]\right\}.$$

利用恒等式

$$1+2+\cdots+k=\frac{k(k+1)}{2},$$

和

$$1^2+2^2+\cdots+k^2=\frac{k(k+1)(2k+1)}{6},$$

就可知

$$A_1(n)=\frac{1}{n}\left[n+\frac{2}{n}\,\frac{(n-1)n}{2}+\frac{1}{n^2}\,\frac{(n-1)n(2n-1)}{6}\right]$$

$$=1+\frac{n-1}{n}+\frac{2n^2-3n+1}{6n^2}.$$

如用小区间的右端点的函数值 $\left(1+\frac{i}{n}\right)^2$ 作为小矩形的长，我们可以得到 A 的过剩近似值：

$$A_2(n)=\frac{1}{n}\left(1+\frac{1}{n}\right)^2+\cdots+\frac{1}{n}\left(1+\frac{n}{n}\right)^2$$

$$=\frac{1}{n}\left[\left(1+2\cdot\frac{1}{n}+\frac{1^2}{n^2}\right)+\cdots+\left(1+2\cdot\frac{n}{n}+\frac{n^2}{n^2}\right)\right]$$

$$=\frac{1}{n}\left\{n+\frac{2}{n}(1+2+\cdots+n)\right.$$

$$\left.+\frac{1}{n^2}(1^2+2^2+\cdots+n^2)\right\}$$

$$= \frac{1}{n}\left[n + \frac{2}{n}\frac{n(n+1)}{2} + \frac{1}{n^2}\frac{n(n+1)(2n+1)}{6}\right]$$

$$= 1 + \frac{n+1}{n} + \frac{2n^2+3n+1}{6n^2}.$$

可知

$$A_1(n) < A < A_2(n).$$

当 n 越来越大,趋向无穷大时,我们得到

$$\lim_{n\to\infty} A_1(n) = \lim_{n\to\infty} A_2(n) = \frac{7}{3}.$$

最后得到 $A = \frac{7}{3}$.

上面所述的求由曲线围成的区域的面积的思想(把区域分割成许多细小的部分,每一部分用规则的区域近似,算出面积后再累加起来,最后求出原区域的面积)早在 2 000 多年前就已产生. 古希腊数学家、物理学家阿基米德利用穷竭法解决了许多由复杂曲线围成的区域的面积,还解决了许多由曲面围成的区域的体积. 天文学家开普勒发现行星的轨道是椭圆,太阳位于一个焦点上. 他在对火星的运动轨迹作了长期观察之后,提出了行星运动的第二定律:连接行星与太阳之间的焦半径在相等的时间里扫过相等的面积. 他在求椭圆扇形的面积时仿效了阿基米德的方法,用内接折线代替椭圆弧,用许许多多的小三角形代替小的椭圆扇形,最后将这许许多多的小三角形面积相加,获得了椭圆扇形的面积(周仲良、舒五昌编译,《大学数学》,复旦大学出版社,1987 年).

我国数学家刘徽在公元 263 年注释《九章算术》.《九章算术》是我国数学方面流传至今的最早也是最重要的一部经典著作. 虽然刘徽的生卒年代无可详考,但从他 263 年注《九章算术》可推测他是魏晋期间的数学家. 他在注《九章算术》中提出了"割圆术":如果圆的半径为 r,圆的内接正 n 边形的面积、周长和一边长分别记为 S_n, P_n 和 a_n,就有

$$S_{2n} = \frac{1}{2}na_n r = \frac{1}{2}P_n r.$$

他从 $n=6$ 开始,每次加倍,12, 24, 48, 96,计算 S_{2n},将它作为圆面积的近似值. 他说"割之弥细,所失弥少. 割之又割,以至于不可割,则与圆周合体,而无所失矣."他证明了圆面积公式:

$$S = \frac{1}{2}Pr.$$

他取半径等于 1 尺，$n = 96$，得到圆面积的近似值为

$$S_{192} = 314\,\frac{64}{625}(\text{寸}^2),$$

由此也得到圆周率 π 的不足近似值为

$$\frac{157}{50} \approx 3.14$$

(梁宗巨,《数学历史典故》,辽宁教育出版社,1995 年重印).

刘徽之后的 200 年,数学家、天文学家祖冲之(429—500 年)算出

$$3.141\,592\,6 < \pi < 3.141\,592\,7,$$

并称分数$\frac{355}{113}$为 π 的密率,$\frac{22}{7}$为 π 的约率. 这些结果是刘徽割圆术之后的重要发展(华罗庚,《从祖冲之的圆周率谈起》,人民教育出版社,1964 年新一版).

祖冲之的儿子祖暅,继承了刘徽和祖冲之的工作,解决了球体积的计算问题,提出"幂势既同,则积不容异"的原理,即若两个物体用一系列平行平面截得的面积相同时,则其体积相等. 北宋科学家沈括(1031—1095 年)在他的著作《梦溪笔谈》中提出了"会圆术",即已知圆的直径和弓形的高,求弓形的弦和弧长的方法(谷超豪主编,《数学词典》,上海辞书出版社,1992 年).

2.2 定积分

上一段对 $y = x^2$ 所做的方法可以用到更一般的函数 $y = f(x)$ 中去. 设 $y = f(x)$ 定义在区间$[a, b]$上,我们把区间 n 等分,得到一系列分点:

$$a = x_0 < x_1 < x_2 < \cdots < x_{n-1} < x_n = b_n,$$

记

$$\Delta x = x_i - x_{i-1} = \frac{b-a}{n} \quad (i = 1, 2, \cdots, n),$$

则 $x_i = a + i \cdot \Delta x$.

如果 $y = f(x)$ 的图形在 x 轴的上面,对它下面一块区域的面积 A 可用一些小区间上的矩形面积之和来表示(见图 4.3).

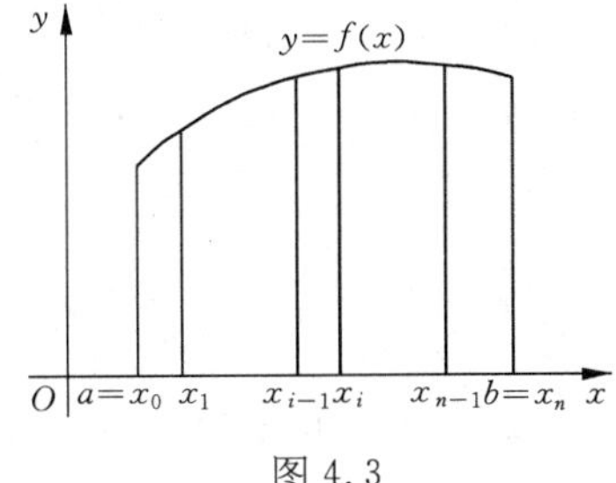

图 4.3

在小区间$[x_{i-1}, x_i]$上,我们可找到一个 ξ_i,使 $f(\xi_i)$是$f(x)$的最小值. 于是

$$f(\xi_1)\Delta x + f(\xi_2)\Delta x + \cdots + f(\xi_n)\Delta x$$

就是 A 的不足近似值. 当然也可以做出 A 的过剩近似值. 当 $n \to \infty$ 时,这两个近似值一般有相同的极限,它就是 A,即

$$\lim_{n\to\infty}[f(\xi_1) + f(\xi_2) + \cdots + f(\xi_n)]\Delta x = A.$$

我们把上面的结果做一个抽象的定义:

设 $y = f(x)$ 是定义在$[a, b]$上的连续函数(只有可数的间断点也可以). 将$[a, b]$作 n 等分:

$$x_i = a + i\Delta x,\ \Delta x = \frac{b-a}{n},\ i = 1, 2, \cdots, n.$$

设 ξ_i 是小区间$[x_{i-1}, x_i]$上的任意一点,把极限值

$$\lim_{n\to\infty}[f(\xi_1) + f(\xi_2) + \cdots + f(\xi_n)]\Delta x$$

记为

$$\int_a^b f(x)\mathrm{d}x,$$

称它为函数$f(x)$从 a 到 b 的定积分,a 和 b 分别称为积分的下限和上限.

在定积分的定义中,没有要求$f(x)$的图形在 x 轴的上面. 但当 $y = f(x)$ 的图形在 x 轴上面时,定积分

$$\int_a^b f(x)\mathrm{d}x$$

就是 $y = f(x)$, $x = a$, $x = b$ 以及 x 轴围成的曲边梯形的面积 A. 当 $y = f(x)$ 的图形在 x 轴下面时,则有

$$A = -\int_a^b f(x)\mathrm{d}x.$$

例 2.1 用定义计算定积分 $\int_0^1 x^2\mathrm{d}x$.

解
$$\Delta x = \frac{1-0}{n} = \frac{1}{n}.$$

$$x_i = 0 + i\Delta x = \frac{i}{n},\quad i = 1, 2, \cdots, n.$$

在 $\left[\frac{i-1}{n}, \frac{i}{n}\right]$ 上取

$$\xi_i = \frac{i-1}{n},$$

则

$$\begin{aligned}&[f(\xi_1)+f(\xi_2)+\cdots+f(\xi_n)]\Delta x\\&=\left[\left(\frac{0}{n}\right)^2+\left(\frac{1}{n}\right)^2+\cdots+\left(\frac{n-1}{n}\right)^2\right]\frac{1}{n}\\&=\frac{1}{n^3}[1^2+2^2+\cdots+(n-1)^2]\\&=\frac{(n-1)n[2(n-1)+1]}{6n^3}=\frac{2n^2-3n+1}{6n^2}.\end{aligned}$$

因为

$$\lim_{n\to\infty}\frac{2n^2-3n+1}{6n^2}=\frac{1}{3},$$

所以

$$\int_0^1 x^2\mathrm{d}x=\frac{1}{3}.$$

$y=x^2$ 的图形在 x 轴上方，曲线与 $x=0$，$x=1$，x 轴作成的曲边梯形的面积等于 $\frac{1}{3}$，于是曲线与直线 $y=x$ 之间的面积等于 $\frac{1}{2}-\frac{1}{3}=\frac{1}{6}$（见图 4.4）.

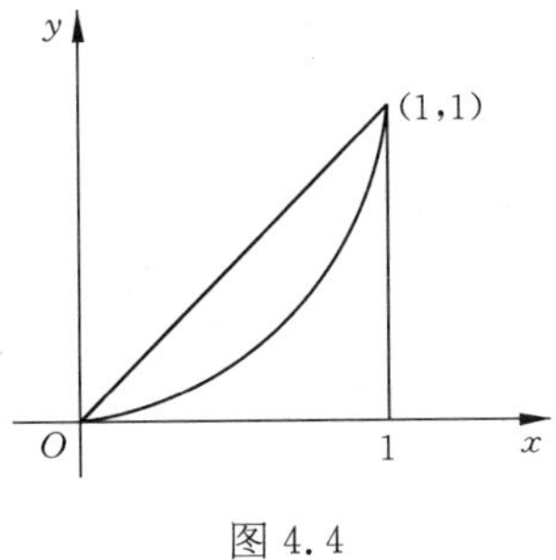

图 4.4

例 2.2　用定义计算定积分 $\int_{-1}^{5}(x-4)\mathrm{d}x$.

解

$$\Delta x=\frac{5-(-1)}{n}=\frac{6}{n}.$$

$$x_i=-1+i\,\frac{6}{n},\quad i=1,\ 2,\ \cdots,\ n.$$

取

$$\xi_i=x_{i-1}=-1+(i-1)\,\frac{6}{n},$$

则

$$\begin{aligned}f(\xi_i)=\xi_i-4&=-1+(i-1)\,\frac{6}{n}-4\\&=-5+\frac{6(i-1)}{n}.\end{aligned}$$

$$[f(\xi_1)+f(\xi_2)+\cdots+f(\xi_n)]\Delta x$$

$$=\left[-5+\left(-5+\frac{6}{n}\right)+\left(-5+\frac{12}{n}\right)+\cdots+\left(-5+\frac{6(n-1)}{n}\right)\right]\cdot\frac{6}{n}$$

$$=\left[-5n+\frac{6}{n}(1+2+\cdots+n-1)\right]\frac{6}{n}$$

$$=-30+\frac{36}{n^2}\frac{(n-1)n}{2}=-30+\frac{18(n-1)}{n}$$

$$=-12-\frac{18}{n}.$$

最后得

$$\int_{-1}^{5}(x-4)\mathrm{d}x=\lim_{n\to\infty}\left(-12-\frac{18}{n}\right)=-12.$$

如图 4.5 所示，$y=x-4$ 的图形(在区间$[-1,5]$中的部分)分布于 x 轴的上下，它与 x 轴，$x=1$，$x=5$ 围成的区域的面积可表示成两个三角形面积之和，等于 $\frac{25}{2}+\frac{1}{2}=13$. 它不等于 $\int_{-1}^{5}(x-4)\mathrm{d}x$.

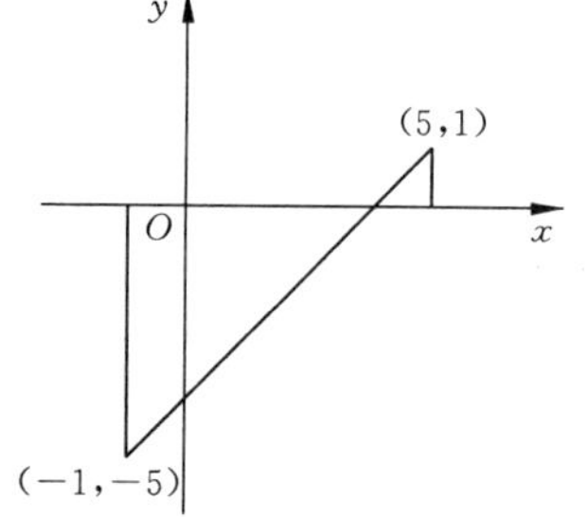

图 4.5

如果计算

$$\int_{-1}^{5}|x-4|\mathrm{d}x.$$

那会有什么结果呢？

2.3 微积分基本定理

容易证明定积分计算的一些规则. 设$f(x)$，$g(x)$是$[a,b]$上的连续函数，m是常数，则有

(1) $\int_a^b mf(x)\mathrm{d}x=m\int_a^b f(x)\mathrm{d}x$；

(2) $\int_a^b[f(x)\pm g(x)]\mathrm{d}x=\int_a^b f(x)\mathrm{d}x\pm\int_a^b g(x)\mathrm{d}x$；

(3) $\int_a^a f(x)\mathrm{d}x=0$；

(4) $\int_b^a f(x)\mathrm{d}x = -\int_a^b f(x)\mathrm{d}x$;

(5) $c \in [a, b]$, $\int_a^b f(x)\mathrm{d}x = \int_a^c f(x)\mathrm{d}x + \int_c^b f(x)\mathrm{d}x$;

(6) $\int_a^b m\,\mathrm{d}x = m(b-a)$.

第(6)条已在习题中证明了,其余各条的证明也是类似的.利用上一段的定义去计算函数的定积分非常麻烦.上面这些规则也并没有使定积分计算问题彻底解决.

被称为微积分基本定理的牛顿-莱布尼茨公式,将函数的定积分与不定积分联系起来,给出了一个计算定积分的有效途径.

微积分基本定理(牛顿-莱布尼茨公式)　函数$f(x)$在$[a, b]$上连续,$F(x)$是$f(x)$在$[a, b]$上的任一个原函数,则

$$\int_a^b f(x)\mathrm{d}x = F(b) - F(a).$$

根据微积分基本定理,求连续函数$f(x)$的定积分

$$\int_a^b f(x)\mathrm{d}x$$

可以化成求它的不定积分,只要知道它的一个原函数 $F(x)$,则 $F(b)-F(a)$ 就是它的定积分.许多书上把 $F(b)-F(a)$ 写成

$$F(x)\Big|_a^b,$$

于是

$$\int_a^b f(x)\mathrm{d}x = F(x)\Big|_a^b = F(b) - F(a).$$

例 2.3　求 $\int_0^1 x^2\mathrm{d}x$.

解　$\int_0^1 x^2\mathrm{d}x = \frac{1}{3}x^3\Big|_0^1 = \frac{1}{3} - 0 = \frac{1}{3}$.

例 2.4　求 $\int_0^1 (x^2 - x + 1)\mathrm{d}x$.

解　$$\int_0^1 (x^2 - x + 1)\mathrm{d}x = \left(\frac{1}{3}x^3 - \frac{1}{2}x^2 + x\right)\Big|_0^1$$

$$= \left(\frac{1}{3} - \frac{1}{2} + 1\right) - 0 = \frac{5}{6}.$$

例 2.5 求 $\int_0^1 e^x dx$.

解 $\int_0^1 e^x dx = e^x \Big|_0^1 = e - 1$.

例 2.6 求 $\int_0^{2\pi} \sin x dx$.

解 $\int_0^{2\pi} \sin x dx = -\cos x \Big|_0^{2\pi} = -1 - (-1) = 0$.

当然,曲线 $y = \sin x$ 与 x 轴围成的面积不会是 0,从它的图形(见图 4.6)可知,在从 0 到 2π 的范围中,一半图形在 x 轴上方,一半图形在 x 轴下方.

$$\int_0^{\pi} \sin x dx = -\cos x \Big|_0^{\pi} = 1 + 1 = 2;$$

$$\int_{\pi}^{2\pi} \sin x dx = -\cos x \Big|_{\pi}^{2\pi} = -1 - 1 = -2.$$

因此
$$A = 2\int_0^{\pi} \sin x dx = 4.$$

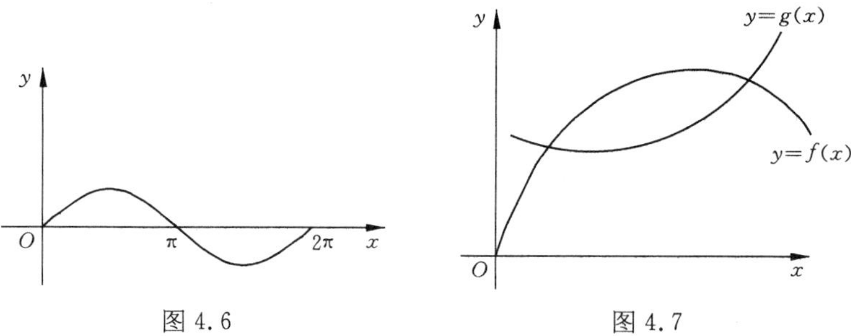

图 4.6　　图 4.7

例 2.7 求下列区域的面积,该区域由函数

$$f(x) = 8x - x^2 - 2 \text{ 和 } g(x) = x^2 - 4x + 8$$

的图形所围成(见图 4.7).

解 首先,我们要求出两条曲线的交点,为此,从

$$f(x) = g(x),$$

得出

$$8x - x^2 - 2 = x^2 - 4x + 8,$$

$$2x^2 - 12x + 10 = 0,$$

$$x_1 = 1,\ x_2 = 5.$$

代入$f(x)$或$g(x)$可得两个交点为(1, 5)和(5, 13).

其次,将图形的面积表示成定积分

$$A=\int_1^5 f(x)\mathrm{d}x-\int_1^5 g(x)\mathrm{d}x.$$

最后,利用定积分规则和微积分基本定理,得到

$$\begin{aligned}A&=\int_1^5[f(x)-g(x)]\mathrm{d}x\\&=\int_1^5(-2x^2+12x-10)\mathrm{d}x\\&=\left(-\frac{2}{3}x^3+6x^2-10x\right)\Big|_1^5=\frac{50}{3}+\frac{14}{3}=\frac{64}{3}.\end{aligned}$$

*2.4　微积分基本定理的证明和简史

牛顿-莱布尼茨公式将定积分和不定积分联系起来,将定积分计算与求微分的逆运算联系起来,这是一项了不起的工作,为什么可以这样做呢?牛顿和莱布尼茨是如何想到这样做的呢?

我们再回到图形的面积问题.如图4.8所示,设$y=f(x)$的图形在x轴的上方,即$f(x)>0$.设

$$A(t)=\int_a^t f(x)\mathrm{d}x$$

是从a到t的$f(x)$的定积分,则

$$A(t+\Delta t)=\int_a^{t+\Delta t} f(x)\mathrm{d}x$$

是从a到$t+\Delta t$的$f(x)$的定积分.

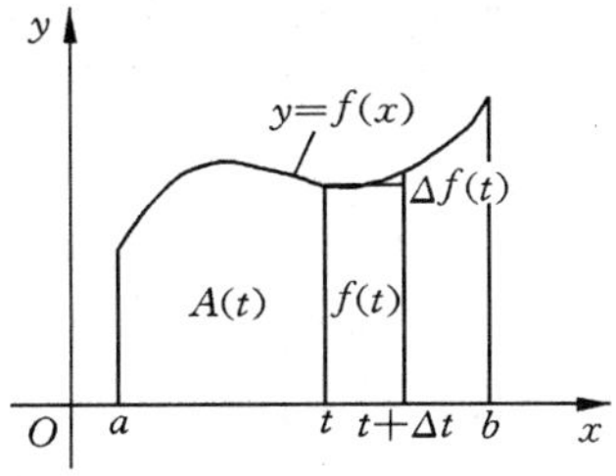

图 4.8

当t变到$t+\Delta t$时,面积的增加部分

$$\Delta A=A(t+\Delta t)-A(t)$$

近似地等于一个矩形的面积加上一个三角形的面积,即

$$\Delta A=f(t)\Delta t+\frac{1}{2}\Delta f(t)\Delta t,$$

$$\frac{\Delta A}{\Delta t}=f(t)+\frac{1}{2}\Delta f(t).$$

当$\Delta t\to 0$时,上式的极限

$$\frac{\mathrm{d}A}{\mathrm{d}t} = f(t)$$

(因为 $f(t)$是连续函数,当 $\Delta t \to 0$ 时 $\Delta f(t) \to 0$).

这个式子表明 $A(x)$是$f(x)$的一个原函数,即

$$A'(x) = f(x),$$

并且

$$\int_a^b f(x)\mathrm{d}x = A(b),$$

$$\int_a^a f(x)\mathrm{d}x = 0 = A(a).$$

如果 $F(x)$是$f(x)$的任一个原函数,则必有

$$F(x) = A(x) + C.$$

于是

$$F(b) = A(b) + C,\ F(a) = A(a) + C = C,$$

所以

$$A(b) = \int_a^b f(x)\mathrm{d}x = F(b) - F(a).$$

上面的证明是不够严格的,但可以给我们一个直观的说明,给我们一些启发.下面根据这个想法,给出一个比较严格的证明,不过在证明之前还要作些准备工作.

假定 $f(x) > 0$, $f(x)$在$[a, b]$上连续,m 是它的最小值,M 是它的最大值(见图 4.9),设 t 是m 和M 之间的一个实数.平行于 x 轴的直线$y = t$将$f(x)$的图形截成几段(见图 4.10),界在 $x = a$, $x = b$, $y = t$, $y = f(x)$ 之间的区域可以分成两部分:在 $y = t$ 上方的一部分和在 $y = t$ 下方的一部分,用 $S_2(t)$和$S_1(t)$分别表示它们的面积,设

$$S(t) = S_2(t) - S_1(t).$$

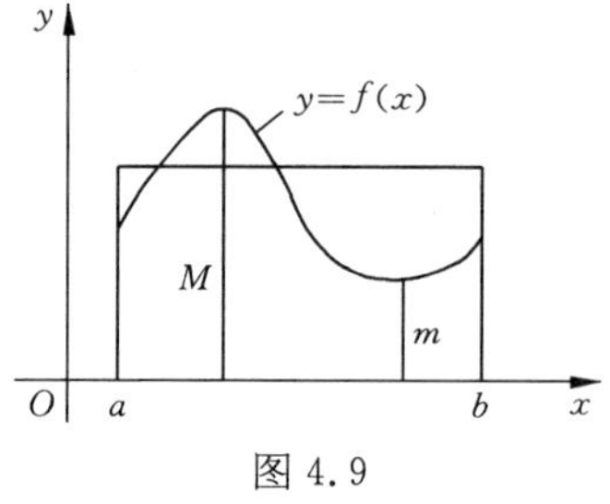

图 4.9

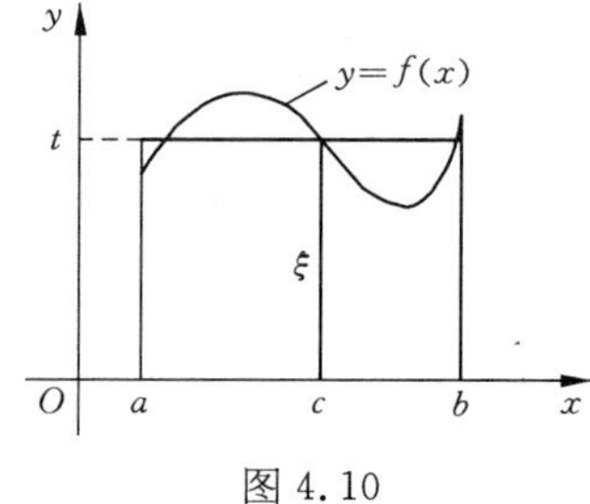

图 4.10

当 t 从 m 变到 M 时，$S_2(t)$逐渐减少，$S_1(t)$逐渐增大，而且

$$S(m)>0,\ S(M)<0,$$

则必有一个 $\xi \in (m, M)$，使

$$S(\xi)=0,$$

或者说

$$S_2(\xi)=S_1(\xi).$$

简单地加减一下就可知

$$\int_a^b f(x)\mathrm{d}x=\xi(b-a).$$

即 $y=f(x)$ 下的曲边梯形的面积等于一个矩形的面积，它们的底相同，矩形的高 ξ 在$f(x)$的最小值和最大值之间. 设

$$\xi=f(c),\quad c\in[a, b],$$

则上述结论可写成

$$\int_a^b f(x)\mathrm{d}x=f(c)(b-a),$$

或者

$$\frac{1}{b-a}\int_a^b f(x)\mathrm{d}x=f(c).$$

在微积分的书里，上述结论被称为积分中值定理.

积分中值定理　设$f(x)$在$[a, b]$上连续，则有 $c\in[a, b]$，使得

$$\int_a^b f(x)\mathrm{d}x=f(c)(b-a).$$

细心的读者会发现，在积分中值定理的内容里没有$f(x)$大于零的要求，但在上述讨论中却加了 $f(x)>0$ 的假定. 有没有办法把这个假定去掉呢？这留给读者思考.

下面证明微积分基本定理.

证　设

$$A(x)=\int_a^x f(t)\mathrm{d}t,\quad a\leqslant x\leqslant b.$$

当 $x\rightarrow x+\Delta x$ 时，

$$\begin{aligned}\Delta A(x)&=A(x+\Delta x)-A(x)\\&=\int_a^{x+\Delta x} f(t)\mathrm{d}t-\int_a^x f(t)\mathrm{d}t=\int_x^{x+\Delta x} f(t)\mathrm{d}t.\end{aligned}$$

由积分中值定理,有 $c \in [x, x+\Delta x]$, 使

$$\Delta A(x) = f(c)\Delta x,$$

$$\frac{\Delta A(x)}{\Delta x} = f(c).$$

于是

$$\lim_{\Delta x \to 0} \frac{\Delta A(x)}{\Delta x} = \lim_{\Delta x \to 0} f(c) = f(x),$$

即

$$\frac{\mathrm{d}A}{\mathrm{d}x} = f(x).$$

这说明 $A(x)$是$f(x)$在$[a, b]$上的一个原函数.

设 $F(x)$是$f(x)$在$[a, b]$上的任一个原函数,则

$$F(x) = A(x) + k, \quad k \text{ 是某一个常数.}$$

于是

$$\begin{aligned} F(b) - F(a) &= A(b) + k - A(a) - k \\ &= A(b) = \int_a^b f(x)\mathrm{d}x. \end{aligned}$$

从阿基米德的穷竭法到牛顿和莱布尼茨的微积分,经历了漫长的过程.从开普勒归纳出行星运动的规律到牛顿对它作出逻辑的论证,这中间大约经过了70年时间.在函数概念和解析几何确立之后,围绕着路程与速度问题、曲线和它的切线问题、函数的最大值和最小值问题,以及曲线的长和它所围成的面积等问题,有史可查的就至少有数十名数学家进行了探索和研究,而牛顿和莱布尼茨是他们中间成就最大的数学家.牛顿和莱布尼茨共同奠定了微积分的基础,给数学的现代化发展建立了一座丰碑,为研究自然科学提供了有力的工具.牛顿在《自然科学的哲学原理》一书中,就用微积分为工具,严格地论证了行星运动的三大定律,还把微积分应用于流体力学、光学和潮汐的研究,显示出巨大的威力.

微积分的基本定理,最早是1669年牛顿在他的朋友中散发的"运用无穷多项方程的分析"(De Analysi per Aequationes Numero Terminorum Infinitas)的文章中出现的,但该文直至1711年才正式发表.它的有关微积分基本定理的中文摘译内容可参阅李文林主编的《数学珍宝》(科学出版社,北京,1998年).牛顿在文中假设曲线$\widehat{AD\delta}$是

$$y = y(x).$$

如图 4.11 所示,设 $AB = x$, $BD = y$, 曲线$\overset{\frown}{AD}$与 AB 及 BD 围成的面积为 z. 当 x 有一个无穷小的增量 $B\beta = o$ 时,相应的面积是曲线 $\overset{\frown}{AD\delta}$与 $A\beta$、$\beta\delta$ 所围成的面积. 取 $BK = v$, 使矩形 $B\beta HK$ 的面积与 $B\beta\delta D$ 的面积相等. 于是面积 $AD\delta\beta$ 等于

$$z + ov.$$

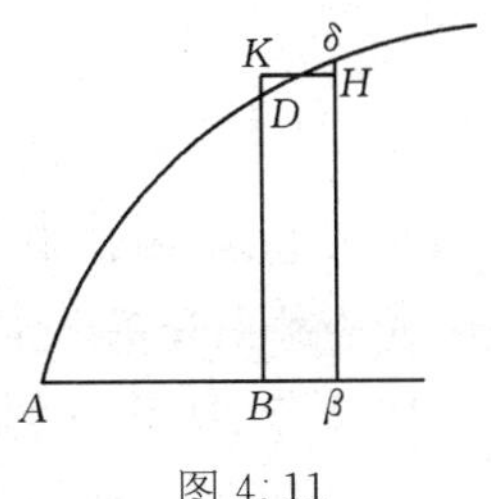

图 4.11

由此出发,我们可以从 $z(x)$ 求出 $y(x)$.

例如

$$z = \frac{2}{3}x^{\frac{3}{2}}.$$

以 $x + o$ (这里 o 是无穷小量)代替 x,得

$$z + ov = \frac{2}{3}(x + o)^{\frac{3}{2}}.$$

两边平方,得到

$$z^2 + 2zov + o^2v^2 = \frac{4}{9}(x^3 + 3x^2o + 3xo^2 + o^3),$$

或

$$2zov + o^2v^2 = \frac{4}{9}(3x^2o + 3xo^2 + o^3).$$

两边以 o 除之,得

$$2zv + ov^2 = \frac{4}{9}(3x^2 + 3xo + o^2).$$

当 o 等于零时,v 即 y,于是

$$2zy = \frac{4}{9}(3x^2),$$

$$\frac{4}{3}x^{\frac{3}{2}}y = \frac{4}{3}x^2.$$

最后得到

$$y = x^{\frac{1}{2}}.$$

反过来,如已知 $y = x^{\frac{1}{2}}$, 便得到 $z = \frac{2}{3}x^{\frac{3}{2}}$.

一般地,对

$$z = \frac{n}{m+n}ax^{\frac{m+n}{n}},$$

他用上述方法得到

$$y = ax^{\frac{m}{n}}.$$

反过来,如已知 $y = ax^{\frac{m}{n}}$,便可得到 $z = \frac{n}{m+n}ax^{\frac{m+n}{n}}$.

在这里,牛顿证明了面积可以由求导数的逆过程得到.这个事实就是我们现在所说的微积分基本定理.

1686 年,即莱布尼茨在发表第一篇微分学论文以后的两年,他发表了第一篇积分学的论文.他是独立于牛顿进行工作的,而且他的记号要比牛顿的记号优越得多.他首次引进积分符号"$\int$",并论述了积分与求切线问题的互逆关系.从正式发表文章的时间看,莱布尼茨要先于牛顿,但从成果的创立和应用来看,牛顿则早于莱布尼茨.莱布尼茨曾说过,从开天辟地到牛顿生活的时代的全部数学中,有一大半都是牛顿的工作.牛顿对自己的成就的看法,有两段至理名言永远值得我们学习:

"我觉得自己就像一个在海滩上玩耍的孩子,有时拾到一块美丽的卵石或者格外漂亮的贝壳,自然感到兴奋,但在面前则是完全没有被发现的真理的汪洋大海."

"如果我比别人看得远一点,那只是因为我站在巨人的肩膀上."

牛顿和莱布尼茨当时建立的微积分,许多概念并不明确和精确,基础并不牢固,后来经过众多数学家的努力,直到 19 世纪建立了严格的极限理论和实数理论,才使它有了严密的理论基础.关于这一点,我们在第三章第一节已有叙述.

习　题

1. 用定义计算定积分:

(1) $\int_{-1}^{5}(4-x)\mathrm{d}x$;　　(2) $\int_{0}^{2}x^2\mathrm{d}x$;

(3) $\int_{-2}^{0}(x+3)^2\mathrm{d}x$;　　(4) $\int_{0}^{1}(x^2+1)\mathrm{d}x$;

(5) $\int_{-1}^{1}(x^2+1-x)\mathrm{d}x$.

2. 证明:$\int_{a}^{b}m\,\mathrm{d}x = m(b-a)$, m 是任意常数.

3. 求下列定积分:

(1) $\int_1^2 x^3 \mathrm{d}x$;　　(2) $\int_4^{16} \sqrt{x}\mathrm{d}x$;

(3) $\int_2^3 x^{-2} \mathrm{d}x$;　　(4) $\int_2^3 \left(\frac{1}{x^2}+\frac{1}{x^4}\right)\mathrm{d}x$;

(5) $\int_0^2 x\mathrm{e}^{-x^2} \mathrm{d}x$;　　(6) $\int_1^{\mathrm{e}} \frac{1}{x}\mathrm{d}x$;

(7) $\int_0^{\frac{\pi}{2}} (1+\sin x)\mathrm{d}x$;　　(8) $\int_1^{\mathrm{e}} x\ln x\mathrm{d}x$.

4. 求由下列曲线所围成的区域的面积:

(1) $y = x^2 + 3x + 5$, $x = 1$, $x = 3$, x 轴;

(2) $y = x^3 - 3x^2$, $x = 1$, $x = 4$, $y = 0$;

(3) $y = x\mathrm{e}^{-x^2}$, $x = 0$, $x = 3$, $y = 0$;

(4) $y = x^2$, $y = x^3$;

(5) $y = 4 + 2x$, $y = 7 - x$, $y = -3 + 4x$.

§3 应　用

3.1 积累

如果$f(x)$表示某一量 y 对 x 的变化率,则量 y 的总的积累(x 从 a 变到 b)就是定积分

$$\int_a^b f(x)\mathrm{d}x.$$

例 3.1 自 1990 年起,某城市的人口增长数对时间 t 的变化率为每年

$$f(t) = 10^4 t^{\frac{1}{3}},$$

求该城市到 2000 年的人口增长总数.

解 该城市到 2000 年的人口增长总数为

$$\int_0^{2\,000-1\,990} 10^4 t^{\frac{1}{3}}\mathrm{d}t = \frac{3\times 10^4}{4} t^{\frac{4}{3}}\Big|_0^{10} = \frac{3\times 10^4}{4} 10^{\frac{4}{3}}$$

$$\approx 161\,583.$$

例 3.2 学习外语而不使用是很容易忘记的,假设某人忘记的程度对时间 t 的变化率为每年

$$f(t)=\frac{0.20}{t+1},$$

那么10年不用外语,他将忘记多少(%)?

解　此人因10年不用外语而忘记外语的程度为

$$\int_0^{10}\frac{0.20}{t+1}\mathrm{d}t=0.20\ln(t+1)\Big|_0^{10}=0.20\ln 11$$

$$=0.20\times 2.398=47.96\%.$$

例 3.3　某人驾驶桑塔纳小车自上海去南京,从沪宁高速公路入口处付费后起动加速,希望用匀加速度在3分钟后达到120千米/小时,问这3分钟小车跑完多少千米?

解　设匀加速度为 a,则速度

$$v(t)=0+at=at.$$

当 $t=\frac{3}{60}=0.05$ 小时,

$$v(0.05)=0.05\cdot a=120,$$

所以

$$a=2\,400.$$

3分钟小车跑完的千米数应为

$$\int_0^{0.05}2\,400t\mathrm{d}t=1\,200t^2\Big|_0^{0.05}=3(\text{千米}).$$

3.2　边际分析

前一章曾介绍过经济学中有用的几个函数——成本函数、收入函数和利润函数,它们的导函数分别称为边际成本、边际收入和边际利润函数.给定了边际成本或边际收入或边际利润函数,我们可以用定积分求出增加的成本或收入或利润.例如,设 $c'(x)$ 是边际成本函数,则 $c(x)$ 就是成本函数.如果现在生产 a 单位产品,希望增加至 b 单位产品,则增加这 $b-a$ 个单位产品时要增加的成本是

$$\int_a^b c'(x)\mathrm{d}x=c(b)-c(a).$$

例 3.4　某厂生产电子产品.边际成本函数和边际收入函数分别为 $c'(x)=x^2+5x$ 和 $R'(x)=3x^2+8x$ (x 表示 x 千单位产品,成本和收入都以千元为单位).原计划生产5千单位产品,现希望增加到8千单位产品.求增加的成本、收

入和利润.

解

$$\int_5^8 (x^2+5x)\mathrm{d}x = \left(\frac{1}{3}x^3+\frac{5}{2}x^2\right)\Big|_5^8$$

$$= \frac{1}{3}(8^3-5^3)+\frac{5}{2}(8^2-5^2)$$

$$= 129+\frac{195}{2} = 226.5(\text{千元});$$

$$\int_5^8 (3x^2+8x)\mathrm{d}x = (x^3+4x^2)\Big|_5^8$$

$$= 3\times 129+4\times 39 = 543(\text{千元}).$$

所求的增加成本为 226.5 千元，增加的收入为 543 千元，增加的利润为 316.5 千元.

3.3　一类物体体积的计算

如图 4.12 所示，一物体位于 $x=a$ 和 $x=b$ 之间，垂直于 x 轴的截面所截得的面积 $A(x)$ 是 x 的连续函数，如果把 x 到 $x+\mathrm{d}x$ 这两截面之间的物体近似看成柱体，其底面积为 $A(x)$，高为 $\mathrm{d}x$，则小体积为

$$A(x)\mathrm{d}x,$$

物体体积为

$$V=\int_a^b A(x)\mathrm{d}x.$$

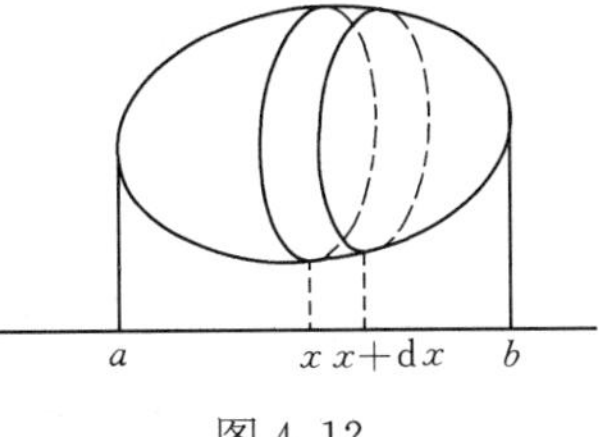

图 4.12

例 3.5　求底面积为 S，高为 h 的三棱锥的体积公式.

解　从顶点作底面的垂线，并且以它为 x 轴，顶点为原点 O，记 x 处的截面面积为 $A(x)$（见图 4.13)，则

$$\frac{A(x)}{S}=\frac{x^2}{h^2},$$

$$A(x)=\frac{x^2}{h^2}S.$$

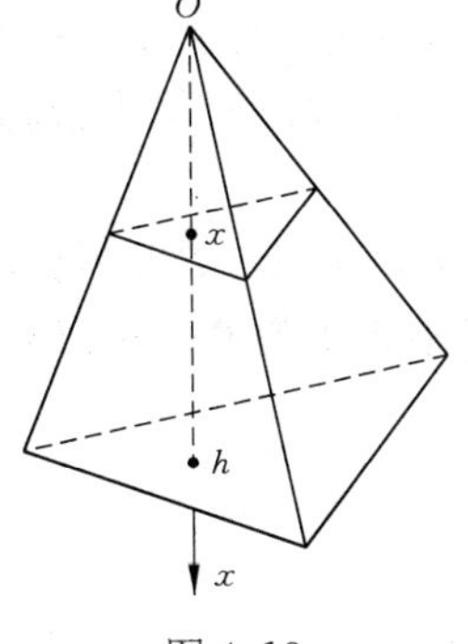

图 4.13

于是

$$V=\int_0^h \frac{Sx^2}{h^2}\mathrm{d}x=\frac{Sx^3}{3h^2}\bigg|_0^h=\frac{Sh}{3}.$$

设 $y=f(x)$ 是$[a, b]$上的连续函数，曲线 $y=f(x)$ 绕 x 轴旋转一周，得到一个旋转体，x 处的截面积(圆面积)为

$$A=\pi[f(x)]^2,$$

则该旋转体的体积为

$$V=\int_a^b \pi[f(x)]^2\mathrm{d}x.$$

例 3.6 求椭圆

$$\frac{x^2}{a^2}+\frac{y^2}{b^2}=1$$

绕 x 轴旋转一周而成的椭球体体积.

解 此时可解出

$$y=\frac{b}{a}\sqrt{a^2-x^2},\ x\in[-a, a];$$

或

$$y=-\frac{b}{a}\sqrt{a^2-x^2},\ x\in[-a, a].$$

因此

$$V=\int_{-a}^{a}\pi\frac{b^2}{a^2}(a^2-x^2)\mathrm{d}x$$

$$=\frac{\pi b^2}{a^2}\left(a^2x-\frac{1}{3}x^3\right)\bigg|_{-a}^{a}=\frac{4\pi ab^2}{3}.$$

这就是旋转椭球体体积. 当 $a=b$ 时，得到球体积公式：

$$V=\frac{4}{3}\pi a^3.$$

由这一类立体的体积公式，立即可推出熟知的祖暅原理：两立体夹于两平行平面之间，若用介于这两平面之间的任一平行平面截之，所得截面积相等，则此两立体体积相等.

祖暅的“幂势既同则积不容异”的原理比西方早了 1 000 多年. 意大利数学家卡瓦里利(B. Cavalieli, 1598—1647 年)在 1635 年也提出相类似的原理. 因为那时微积分还未出世，谈不上有严格的证明.

3.4 平均值

对某个量，我们用实验或其他方法得到它的几个值 $y_1, y_2, \cdots, y_n$，这些值

的算术平均值

$$\frac{y_1 + y_2 + \cdots + y_n}{n}$$

称为这个量的平均值.

现在我们考虑某一个函数$f(x)$,当自变量 x 从 a 到 b 连续变化时,往往要考虑它的连续变化的函数值的平均值,这类问题在各种实际问题中常常遇到.例如,求气体在扩散过程中的平均压力,又如求电流的电动势,求堤岸上水的平均压力等等.

为求函数$f(x)$在$[a, b]$上的平均值,我们将$[a, b]$$n$ 等分,并在每个小区间内任取一个值,共有 n 个值:

$$f(\xi_1),\ f(\xi_2),\ \cdots,\ f(\xi_n).$$

作它们的算术平均值

$$\begin{aligned} M_n &= \frac{f(\xi_1) + f(\xi_2) + \cdots + f(\xi_n)}{n} \\ &= \frac{1}{b-a}[f(\xi_1) + f(\xi_2) + \cdots + f(\xi_n)]\frac{b-a}{n}. \end{aligned}$$

当 $n \to \infty$时,M_n 的极限值为

$$M = \lim_{n\to\infty} M_n = \frac{1}{b-a}\int_a^b f(x)\,\mathrm{d}x.$$

因此,函数$f(x)$在$[a, b]$内的平均值就是

$$\frac{1}{b-a}\int_a^b f(x)\,\mathrm{d}x.$$

它的几何意义在微积分基本定理的证明一节(2.4)中已有叙述.

例 3.7 设变电流的电动势可表为时间 t 的函数

$$E = E_0 \sin\frac{2\pi}{T}t,$$

T 是周期,求$\left[0, \frac{1}{2}T\right]$内电动势的平均值.

解

$$\begin{aligned} E\text{ 的平均值} &= \frac{1}{\frac{1}{2}T - 0}\int_0^{\frac{1}{2}T} E_0 \sin\frac{2\pi}{T}t\,\mathrm{d}t \\ &= \frac{2E_0}{T}\frac{T}{2\pi}\left(-\cos\frac{2\pi}{T}t\right)\Big|_0^{\frac{1}{2}T} = \frac{2E_0}{\pi}. \end{aligned}$$

习　　题

1. 从地面以 30 米/秒的初速向上抛一物体. t 秒时的速度为 $v = 30 - gt$，其中 g 为重力加速度，试求：

(1) $t = 4$ 时物体的高度；

(2) 物体到达最高点时的高度.

2. 曲线 $y = f(x)$ 过点 $(2, -1)$，并且它上面任意点 $(x, f(x))$ 处的切线斜率为 $-x+1$. 试求 $f(x)$.

3. 求 x 的值，使得

$$\int_x^{x+1} (3t^2 - 2t + 1)\mathrm{d}t = 3.$$

4. 求直线 $y = 2x + 1$，$x = 1$ 和 x 轴围成的图形，绕 x 轴旋转而成的旋转体的体积.

5. 试求圆 $x^2 + y^2 = 4$ 在直线 $y = 1$ 的上面的那一部分绕 x 轴旋转所得的立体的体积.

§4　广义积分

一般的定积分假定积分区间 $[a, b]$ 是有限的. 被积函数在 $[a, b]$ 上是连续的，当然是有界的. 在实际应用和理论研究时，这些限制条件有时是不满足的. 因此引进广义积分的概念.

4.1　无穷限广义积分

例 4.1　求 $y = \dfrac{1}{x^2}$，$x = 1$ 和 $y = 0$ 围成的区域的面积.

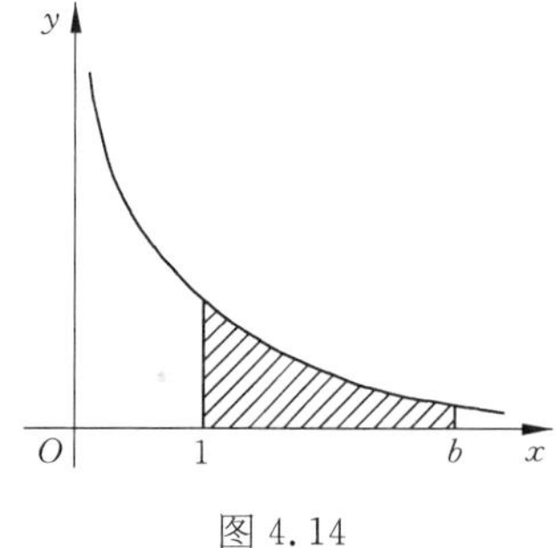

图 4.14

解　如图 4.14 所示，该区域向右方无限扩展，如果把这个区域用 $x = b$ 去截一下，就得到一个有界区域. 它的面积等于

$$\int_1^b \frac{1}{x^2}\mathrm{d}x = -\frac{1}{x}\bigg|_1^b = -\frac{1}{b} + 1.$$

我们让 b 变得越来越大，即让积分的上限 b 趋向无穷大，则

$$\lim_{b\to\infty}\int_1^b \frac{1}{x^2}\mathrm{d}x=\lim_{b\to\infty}\left(1-\frac{1}{b}\right)=1.$$

将例 4.1 中的极限值记为

$$\int_1^{\infty}\frac{1}{x^2}\mathrm{d}x,$$

称它为无穷限的广义积分.

例 4.2 计算 $\int_0^{\infty}\mathrm{e}^{-x}\mathrm{d}x$.

解

$$\lim_{b\to\infty}\int_0^b \mathrm{e}^{-x}\mathrm{d}x=\lim_{b\to\infty}-\mathrm{e}^{-x}\Big|_0^b=\lim_{b\to\infty}(-\mathrm{e}^{-b}+1)=1.$$

所以

$$\int_0^{\infty}\mathrm{e}^{-x}\mathrm{d}x=1.$$

例 4.3 计算 $\int_1^{\infty}\frac{1}{x}\mathrm{d}x$.

解

$$\lim_{b\to\infty}\int_1^b \frac{1}{x}\mathrm{d}x=\lim_{b\to\infty}\ln x\Big|_1^b=\lim_{b\to\infty}(\ln b-0)=\infty.$$

在例 4.1 和例 4.2 的情形，极限的数值是有限的，我们说广义积分收敛. 在例 4.3 的情形，极限不是一个有限的数值，我们说这个广义积分是发散的.

在后面要学到的概率统计这一章里，有一个很重要的广义积分函数，它就是

$$\Phi(x)=\int_{-\infty}^{x}\frac{1}{\sqrt{2\pi}}\mathrm{e}^{-\frac{t^2}{2}}\mathrm{d}t.$$

当 x 固定时，它是一个极限值

$$\lim_{a\to-\infty}\int_a^x \frac{1}{\sqrt{2\pi}}\mathrm{e}^{-\frac{t^2}{2}}\mathrm{d}t.$$

这个广义积分是收敛的，函数 $\Phi(x)$ 称为正态分布函数，它的值有表可查，可以证明，当 x 也趋于无穷时，广义积分的值趋于 1，即

$$\int_{-\infty}^{\infty}\frac{1}{\sqrt{2\pi}}\mathrm{e}^{-\frac{t^2}{2}}\mathrm{d}t=1.$$

例 4.4 求第二宇宙速度.

地球引力使被抛出的石块回到地面,使发射出去的炮弹落在地面上.如果被抛出的物体的初速度超过第一宇宙速度(7.9 千米/秒),那么该物体将绕地球作椭圆运动.如它的初始速度越来越大,则它的椭圆轨道越来越扁.当它的初始速度超过第二宇宙速度(11.2 千米/秒)时,它便摆脱地球引力的范围而飞离地球.但由于太阳的作用,它成为绕太阳运行的一个飞行器.现要求第二宇宙速度.

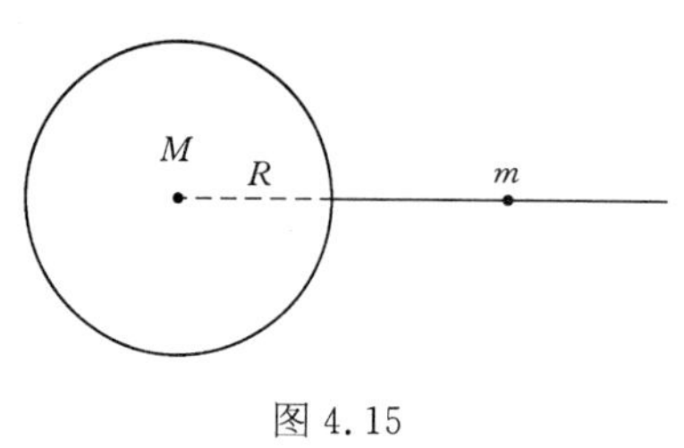

图 4.15

解 我们应用定积分就可以回答这个问题.物体飞离地球的过程中,必须不断地克服地球引力作功.如图 4.15 所示,设地球的质量为 M,物体的质量为 m,则地球对该物体的引力是

$$-\frac{GMm}{x^2},$$

这里的 x 是物体离地心的距离.物体反抗地球引力所做的功应该是

$$\mathrm{d}W = \frac{GMm}{x^2}\mathrm{d}x.$$

我们已假定该物体是沿着直线离开地球的.这个假定可以使问题简化.由于每个时刻的 x 是变量,因此力的大小是不断改变的.固定一个 x,移动一段距离 $\mathrm{d}x$,所作的功就是 $\mathrm{d}W$.当物体从地球表面 $(x=R)$ 到 $x=R+h$ 处,总的功应该是

$$\begin{aligned} W(h) &= \int_R^{R+h} \frac{GmM}{x^2}\mathrm{d}x \\ &= GMm\left(\frac{-1}{x}\right)\bigg|_R^{R+h} = GMm\left(\frac{1}{R}-\frac{1}{R+h}\right). \end{aligned}$$

如要该物体飞离地球,就必须让 $h\to\infty$.于是

$$\lim_{h\to\infty} W(h) = \frac{GMm}{R}.$$

因为物体在地球表面受到的引力是知道的,它等于 mg,所以

$$mg = \frac{GMm}{R^2}.$$

最后我们得到

$$\lim_{h\to\infty} W(h) = mgR.$$

发射物体的初速度使它有了动能，这个动能必须超过它要做的功，即

$$\frac{1}{2}mv_0^2 \geqslant mgR,$$

$$v_0 \geqslant \sqrt{2Rg}.$$

将

$$R = 6.371 \times 10^6 \text{ 米},\ g = 9.81 \text{ 米/秒}^2$$

代进去，便得到

$$v_0 \geqslant 11.2 \text{ 千米/秒}.$$

4.2 无界函数的广义积分

当被积函数$f(x)$在$[a, b]$上无界时，定积分的计算不能应用牛顿-莱布尼茨公式，需要做一些技术上的处理.

例 4.5 计算$\int_{-1}^{0} \frac{1}{x^2}\mathrm{d}x$.

解 在$[-1, 0)$上$\frac{1}{x^2}$无界，如果取一个小的正数ε，在$[-1, -\varepsilon]$上$\frac{1}{x^2}$连续，当然是有界的，于是

$$\int_{-1}^{-\varepsilon} \frac{1}{x^2}\mathrm{d}x = -\frac{1}{x}\Big|_{-1}^{-\varepsilon} = \frac{1}{\varepsilon} - 1.$$

我们规定

$$\int_{-1}^{0} \frac{1}{x^2}\mathrm{d}x = \lim_{\varepsilon \to 0^+}\int_{-1}^{-\varepsilon} \frac{1}{x^2}\mathrm{d}x,$$

称它为广义积分. 例 4.5 中的广义积分是发散的.

例 4.6 计算$\int_{0}^{1} \frac{1}{\sqrt{x}}\mathrm{d}x$.

解 $\lim\limits_{\varepsilon \to 0^+}\int_{\varepsilon}^{1} \frac{1}{\sqrt{x}}\mathrm{d}x = \lim\limits_{\varepsilon \to 0^+}(2 - 2\sqrt{\varepsilon}) = 2.$

广义积分$\int_{0}^{1} \frac{1}{\sqrt{x}}\mathrm{d}x$收敛，它等于 2.

习 题

1. 求$\int_{2}^{\infty} 2x^{-3}\mathrm{d}x$.

2. 求 $\int_{-\infty}^{0} e^{x} dx$.

3. 求 $\int_{0}^{\infty} e^{-2x} dx$.

4. 求 $\int_{0}^{1} \frac{1}{x^{4}} dx$.

5. 求 $\int_{0}^{1} \frac{1}{x} dx$.

§5 简单的微分方程

对于方程大家都有一些了解,如

$$3x^{2}+2x-7=0$$

是含有未知数 x 的方程,求出满足这方程的 x 的值,就叫做解方程.

这里我们将讨论含有未知函数的导函数的方程,叫微分方程. 如

$$\frac{dy}{dx}-2x+1=0$$

就是一个微分方程,y 是未知函数,$\frac{dy}{dx}$ 是它的导数,求出满足这方程的 y,叫做解微分方程.

事实上,我们已经会解上面这方程:

$$y=\int(2x-1)dx=x^{2}-x+C.$$

求解微分方程

$$\frac{dy}{dx}=f(x),$$

就是求 $f(x)$的不定积分,这是最简单的情形,它的解包含有任意常数. 又如

$$\frac{dy}{dx}=100-y,$$

可以验证

$$y=100+Ce^{-x}$$

是它的解,C 是任意常数.

微分方程可分为两大类:常微分方程和偏微分方程. 这要看方程中出现的导

数是全导数还是偏导数. 上面列举的几个方程都是常微分方程,而

$$\frac{\partial^2 z}{\partial x^2}-\frac{\partial^2 z}{\partial x \partial y}-2\frac{\partial^2 z}{\partial y^2}=x-y$$

是偏微分方程.

下面我们通过例子来介绍几类常微分方程和它们的解法.

5.1　落体运动

设 s 是 t 时刻(以秒为单位)物体距离地面的高度(以米为单位). 该物体的下落运动可用微分方程

$$\frac{d^2 s}{dt^2}=-9.8$$

表示.

如记

$$v=\frac{ds}{dt},$$

则

$$\frac{dv}{dt}=-9.8.$$

解得(积分)

$$v=-9.8t+C_1.$$

再解微分方程

$$\frac{ds}{dt}=-9.8t+C_1,$$

求得(再积分一次)

$$s=-4.9t^2+C_1 t+C_2.$$

C_1 和 C_2 是任意常数. 对一个具体的问题来讲,都有一些已知的条件. 如该物体在离地面 5 米处被向上抛出,初始速度为 30 米/秒,则我们有

$$\text{当 } t=0 \text{ 时},\ s(0)=5,\ v(0)=30.$$

将它们代到上面的式子,可得出 $C_1=30$, $C_2=5$.

当 $t=0$ 时 $s(0)=5$ 和 $v(0)=30$ 称为微分方程 $\frac{d^2 s}{dt^2}=-9.8$ 的初始条件.

5.2　单物种群体模型

生物群体的总量应该是离散值,当群体总量很大时,增加或减少一个,其变

化很小.因此,我们可近似地把生物群体的总量看成是一个随时间变化的连续变量,这样,会给讨论问题带来很多方便.

单物种群体是指在自然环境下作为单一的物种生存着的,它是繁衍发展不受其他物种影响的物种.如森林中的树木群体,池塘中的鱼群等.严格地讲,不受其他物种影响的孤立的物种是不存在的,为了方便起见,对问题作简化处理,单物种群体模型才有意义.

马尔萨斯(Malthus, 1766—1834 年)在 1798 年提出了人口模型.他假定:在人口自然增长过程中,净相对增长率是常数,这里的净增长指出生数减去死亡数,根据这一假定,单位时间内人口的增长量与人口成正比,比例系数是常数.这一假定也可被应用到单物体群体模型去.

设在时刻 t 某一物种群体总量为 $N(t)$,根据马尔萨斯的假设,有

$$\frac{N(t+\Delta t)-N(t)}{\Delta t}=rN(t),\ r\text{ 是常数}.$$

于是

$$\frac{\mathrm{d}N}{\mathrm{d}t}=rN.$$

它的初始条件可写成

$$t=0,\ N(0)=N_0,$$

N_0 是已知值.

为了解这个微分方程,我们把它变一下,成为

$$\frac{\mathrm{d}N}{N}=r\mathrm{d}t,$$

将上式两边同时积分,得

$$\ln N(t)=rt+C,$$

于是

$$N(t)=\mathrm{e}^C\mathrm{e}^{rt}.$$

当 $t=0$ 时

$$N(0)=\mathrm{e}^C,\ \mathrm{e}^C=N_0,$$

最后得

$$N(t)=N_0\mathrm{e}^{rt}.$$

上述式子被称为马尔萨斯生物总数增长公式.在应用这个公式时,又要将它离散化.离散化时 t 的单位要根据 r 的单位来确定.例如,有人观察一片土地上的田鼠总量,用 r 表示相对月净增长率,则 $t=0$ 表示开始的那个月,$t=1$ 表示

第一个月……田鼠的总数按月变化为

$$N_0,\ N_0\mathrm{e}^r,\ N_0\mathrm{e}^{2r},\ \cdots$$

这是公比为 e^r 的几何级数.

若考虑的是人口问题,用 r 表示相对年净增长率,则 t 也应以年为单位离散化,得到的同样也是公比为 e^r 的几何级数.

对于微分方程

$$\frac{\mathrm{d}N}{\mathrm{d}t} = rN$$

的解法,数学书中称为分离变量法,它把未知函数及其微分放在一边,把自变量的微分和已知函数放在另一边,如将方程 $\frac{\mathrm{d}N}{\mathrm{d}t} = rN$ 变成 $\frac{\mathrm{d}N}{N} = r\mathrm{d}t$ 后,两边各自积分求得微分方程的解,这个解包含任意常数,称为通解.再利用初始条件决定常数,便得到确定的解.

上述的单物种群体的马尔萨斯模型又称为指数模型,根据这个模型,随着时间趋向无穷大,群体的总量也变成无穷大,这是不理想的,也是不符合实际的.就拿人口来说,随着数量的增加,自然资源、环境条件等因素对人口增长的限制越来越大,人口增长到一定数量之后,增长率要随人口的增长而减小.于是对指数模型提出了各种修正,其中最著名的一个称为自限模型.在这个模型中,引入了一个常数 N_m,表示自然资源和环境条件所能容许的最大的人口总量,并假定相对净增长率等于

$$r\left(1 - \frac{N}{N_m}\right).$$

从这个式子可以看出,相对净增长率随 N 的增长而减小,当 N 趋近 N_m 时,净增长率趋于零.此时,人口总量的微分方程变成

$$\begin{cases} \dfrac{\mathrm{d}N}{\mathrm{d}t} = r\left(1 - \dfrac{N}{N_m}\right)N. \\ N(t_0) = N_0. \end{cases}$$

这个方程也可用分离变量法求解,步骤如下:

$$\frac{\mathrm{d}N}{N\left(1 - \dfrac{N}{N_m}\right)} = r\mathrm{d}t,$$

$$\left(\frac{1}{N} + \frac{1}{N_m - N}\right)\mathrm{d}N = r\mathrm{d}t,$$

$$\ln N - \ln(N_m - N) = rt + C,$$

$$\frac{N}{N_m - N} = \mathrm{e}^{rt+C},$$

$$\frac{N_m}{N} - 1 = \mathrm{e}^{-(rt+C)}.$$

于是

$$N(t) = N_m \frac{1}{1 + \mathrm{e}^{-(rt+C)}}.$$

当 $t = t_0$ 时，$N(t_0) = N_0$ ，则

$$N_0 = N_m \cdot \frac{1}{1 + \mathrm{e}^{-(rt_0+C)}},$$

易知

$$\mathrm{e}^{-C} = \left(\frac{N_m}{N_0} - 1\right)\mathrm{e}^{rt_0}.$$

最后得到该修正模型或自限模型的解

$$N(t) = \frac{N_0 N_m}{N_0 + (N_m - N_0)\mathrm{e}^{r(t_0-t)}}.$$

5.3 一阶线性微分方程

$$\frac{\mathrm{d}y}{\mathrm{d}x} + p(x)y + q(x) = 0$$

称为一阶线性常微分方程，它只出现未知函数及其一阶导数，而且$p(x)$和 $q(x)$都是已知的 x 的连续函数.

如果 $p(x) = 0$，它变成了求不定积分的计算.

如果 $q(x) = 0$，它可以用分离变量法求解.

一般情况下 $p(x) \neq 0$，$q(x) \neq 0$，有什么办法求解呢？能不能化成上述的两种特殊情况呢？

我们试用一种代换法，设

$$y = u(x)v(x),$$

于是

$$y' = uv' + u'v.$$

将它代入微分方程中，有

$$uv' + u'v + puv + q = 0,$$

即

$$v' + \left(\frac{u'}{u} + p\right)v + \frac{q}{u} = 0.$$

我们可选择 u,使

$$\frac{u'}{u} + p = 0,$$

就立即可从

$$v' + \frac{q}{u} = 0$$

解出 v,最后得到 $y = uv$.

从 $\frac{u'}{u} + p = 0$ 可知

$$(\ln u)' = -p,\ \ln u = -\int p\mathrm{d}x + C_1,$$

或

$$u = C_2\mathrm{e}^{-\int p\mathrm{d}x}.$$

从 $v' = -\frac{q}{u}$ 可得

$$v = C_3 - \int \frac{q}{u}\mathrm{d}x.$$

最后得

$$y = uv = C_2\mathrm{e}^{-\int p\mathrm{d}x}\left(C_3 - \int q \cdot \frac{1}{C_2}\mathrm{e}^{\int p\mathrm{d}x}\mathrm{d}x\right)$$

$$= \mathrm{e}^{-\int p\mathrm{d}x}\left(C - \int q\mathrm{e}^{\int p\mathrm{d}x}\mathrm{d}x\right).$$

例 5.1 求解 $y' - \frac{2y}{x+1} - (x+1)^3 = 0$.

解 $p(x) = -\frac{2}{x+1}$, $q(x) = -(x+1)^3$, 设 $y = uv$, 则 u 要满足

$$\frac{u'}{u} = -p,$$

$$u = C_2\mathrm{e}^{-\int\frac{-2}{x+1}\mathrm{d}x} = C_2(x+1)^2.$$

v 要满足

$$v' = -\frac{q}{u} = \frac{(x+1)^3}{C_2(x+1)^2} = \frac{(x+1)}{C_2},$$

所以

$$v = \frac{1}{2C_2}(x+1)^2 + C_3.$$

最后得

$$y = uv = \frac{1}{2}(x+1)^4 + C(x+1)^2.$$

当然,直接用公式也可以得到 y 的解.

习　题

1. 解 $y - b = (x-a)\frac{\mathrm{d}y}{\mathrm{d}x}$.

2. 解 $xy' - y - 1 = 0$.

3. 解 $\frac{\mathrm{d}y}{\mathrm{d}x} + \tan x \cdot y - \frac{1}{\cos x} = 0$.

4. 解线性微分方程 $y' = cy + a + bx$.

第五章　矩阵与线性方程组

§1 矩阵的运算

矩阵最初是为了表达几何变换而引进的(这一点将在后面详述).后来,它在解线性方程组中发挥了重大作用.它不仅在数学,而且在物理、经济、管理和社会科学中都有广泛的应用.

矩阵是用数或字母排成的矩形阵列(当然也包括正方形阵列). mn 个数或字母 a_{ij} $(i=1, 2, \cdots, m;\ j=1, 2, \cdots, n)$ 排成 m 行 n 列

$$\begin{pmatrix} a_{11} & a_{12} & \cdots & a_{1n} \\ a_{21} & a_{22} & \cdots & a_{2n} \\ \cdots & \cdots & \cdots & \cdots \\ a_{m1} & a_{m2} & \cdots & a_{mn} \end{pmatrix}$$

称为 m 行 n 列矩阵或 $m \times n$ 矩阵,a_{ij} 称为它的第 i 行第 j 列元素.

例如

$$\begin{pmatrix} 2 & 3 & 1 \\ -1 & 0 & 4 \end{pmatrix}$$

是 2×3 矩阵,3 是它的第 1 行第 2 列元素.

又如

$$A = \begin{pmatrix} 2 & 3 \\ k & -1 \end{pmatrix}$$

是 2×2 矩阵,2 和 3 是第 1 行元素,第 2 行包含 k 和 -1.

行数和列数相等的矩阵称为方阵,上述的矩阵 A 称为二阶方阵,矩阵

$$B = \begin{pmatrix} 4 & 3 & 0 \\ 6 & 0 & 0 \\ 0 & 1 & 2 \end{pmatrix}$$

是三阶方阵.

所有元素都是 0 的矩阵称为零矩阵,如

$$\begin{pmatrix}0&0&0\\0&0&0\end{pmatrix} \text{ 和 } \begin{pmatrix}0&0&0\\0&0&0\\0&0&0\end{pmatrix}$$

分别是 2×3 零矩阵和三阶零矩阵,零矩阵都用大写英文字母 O 表示.

行数为 1 的矩阵又称为行向量;列数为 1 的矩阵又称为列向量,如

$$\begin{pmatrix}1\\2\end{pmatrix},\ \begin{pmatrix}1\\2\\3\end{pmatrix},\ \begin{pmatrix}0\\0\\0\\0\end{pmatrix}$$

分别是二维、三维和四维的列向量,而$(1,\ 2)$,$(1,\ 2,\ 3)$和$(5,\ 6,\ 7,\ 8)$分别是二维、三维和四维的行向量.

如果两个矩阵的行数相等,其列数也相等,并且对应的元素都相等,那么称这两个矩阵相等.

显然

$$\begin{pmatrix}1&4\\2&5\\3&6\end{pmatrix}\neq\begin{pmatrix}1&4\\2&5\\3&0\end{pmatrix}.$$

如果

$$\begin{pmatrix}1&2&3\\x&y&z\end{pmatrix}=\begin{pmatrix}u&v&w\\4&5&6\end{pmatrix},$$

则立刻可知

$$u=1,\ v=2,\ w=3,\ x=4,\ y=5,\ z=6.$$

1.1 矩阵相加(减)和数乘

A 和 B 都是 $m\times n$ 矩阵. 如果将它们的对应元素相加(减),就获得它们的和(差)矩阵.

例如

$$A=\begin{pmatrix}3&-2\\1&3\end{pmatrix},\quad B=\begin{pmatrix}4&2\\4&2\end{pmatrix},$$

则

$$A+B=\begin{pmatrix}7 & 0\\ 5 & 5\end{pmatrix},\quad A-B=\begin{pmatrix}-1 & -4\\ -3 & 1\end{pmatrix}.$$

而

$$C=\begin{pmatrix}1 & 2 & 3\\ 0 & 0 & 0\end{pmatrix} \text{ 和 } D=\begin{pmatrix}1 & 0\\ 2 & 0\\ 3 & 0\end{pmatrix}$$

是不可以相加(减)的.

又如,某集团下属有甲、乙、丙 3 个工厂,这些工厂同时生产 P, Q, R 3 种产品,A 和 B 分别表示 7 月和 8 月的产量统计结果:

$$A=\begin{pmatrix}5 & 3 & 7\\ 8 & 4 & 6\\ 6 & 5 & 8\end{pmatrix}\begin{matrix}\text{甲}\\ \text{乙}\\ \text{丙}\end{matrix},\ B=\begin{pmatrix}6 & 4 & 8\\ 9 & 5 & 7\\ 7 & 6 & 9\end{pmatrix},$$
$$\quad P\quad Q\quad R$$

矩阵 A 的第 1 行表示甲工厂 7 月份的产量:P 为 5 吨,Q 为 3 吨,R 为 7 吨,第 2 行表示乙工厂 7 月份的产量. 同样矩阵 B 表示 8 月份各工厂的产量,则

$$A+B=\begin{pmatrix}11 & 7 & 15\\ 17 & 9 & 13\\ 13 & 11 & 17\end{pmatrix}$$

表示 7 月、8 月两个月的产量. 第 1 行表示甲工厂两个月的产量:P 为 11 吨,Q 为 7 吨,R 为 15 吨.

容易知道,矩阵的加减满足下列规则(设 A, B, C 和 O 都是 $m\times n$ 矩阵):

(1) $A+B=B+A$;

(2) $A+(B+C)=(A+B)+C$;

(3) $A\pm O=A$;

(4) $A-A=O$.

数 k 和矩阵 A 相乘得到矩阵 kA 或 Ak,它的元素就是 A 的所有元素乘以 k. 例如

$$A=\begin{pmatrix}4 & 6 & 8\\ 1 & 2 & 3\end{pmatrix},$$

$$2A=\begin{pmatrix}8 & 12 & 16\\ 2 & 4 & 6\end{pmatrix},\quad -A=\begin{pmatrix}-4 & -6 & -8\\ -1 & -2 & -3\end{pmatrix}.$$

例 1.1

$$A=\begin{pmatrix}2 & 3 & 2\\ 4 & -1 & 0\end{pmatrix},\quad B=\begin{pmatrix}1 & -1 & 0\\ 2 & 3 & 5\end{pmatrix},$$

计算 $2A-3B$ 和 $4A+B$.

解

$$2A-3B=\begin{pmatrix}4 & 6 & 4\\ 8 & -2 & 0\end{pmatrix}-\begin{pmatrix}3 & -3 & 0\\ 6 & 9 & 15\end{pmatrix}$$

$$=\begin{pmatrix}1 & 9 & 4\\ 2 & -11 & -15\end{pmatrix}.$$

$$4A+B=\begin{pmatrix}8 & 12 & 8\\ 16 & -4 & 0\end{pmatrix}+\begin{pmatrix}1 & -1 & 0\\ 2 & 3 & 5\end{pmatrix}$$

$$=\begin{pmatrix}9 & 11 & 8\\ 18 & -1 & 5\end{pmatrix}.$$

关于数乘,容易验证满足下列规则:设 A, B 和 O 都是 $m\times n$ 阵,k 和 l 是数,则

(1) $(k+l)A=kA+lA$;

(2) $k(A+B)=kA+kB$;

(3) $1A=A$, $0A=O$;

(4) $A+(-1)B=A-B$.

1.2 矩阵的乘法

$m\times n$ 矩阵 A 和 $n\times s$ 矩阵 B 的乘积 AB 是一个 $m\times s$ 矩阵 C,它的第 i 行第 j 列元素 c_{ij} 是 A 的第 i 行元素和 B 的第 j 列的对应元素乘积的和:

$$i\text{ 行}\begin{pmatrix} & \vdots & \\ \cdots & c_{ij} & \cdots\\ & \vdots & \end{pmatrix}=\begin{pmatrix} & & & \\ a_{i1} & a_{i2} & \cdots & a_{in}\\ & & & \end{pmatrix}\begin{pmatrix} & b_{1j} & \\ & b_{2j} & \\ & \vdots & \\ & b_{nj} & \end{pmatrix},$$

j 列

$$c_{ij}=\sum_{k=1}^{n}a_{ik}b_{kj}.$$

例 1.2

$$A=\begin{pmatrix}2 & 1\\ 3 & -1\end{pmatrix},\quad B=\begin{pmatrix}3 & 2 & 0\\ 5 & -1 & 1\end{pmatrix},$$

求 AB.

解

$$AB=\begin{pmatrix}2\times3+1\times5 & 2\times2+1\times(-1) & 2\times0+1\times1\\ 3\times3+(-1)\times5 & 3\times2+(-1)\times(-1) & 3\times0+(-1)\times1\end{pmatrix}$$

$$=\begin{pmatrix}11 & 3 & 1\\ 4 & 7 & -1\end{pmatrix}.$$

例 1.3　$A=\begin{pmatrix}2 & 6 & 8 & -1\\ 3 & -5 & 2 & 4\end{pmatrix}$，$B=\begin{pmatrix}1\\ 6\\ 2\\ 3\end{pmatrix}$，

求 AB.

解　$$AB=\begin{pmatrix}2 & 6 & 8 & -1\\ 3 & -5 & 2 & 4\end{pmatrix}\begin{pmatrix}1\\ 6\\ 2\\ 3\end{pmatrix}$$

$$=\begin{pmatrix}2\times1+6\times6+8\times2+(-1)\times3\\ 3\times1+(-5)\times6+2\times2+4\times3\end{pmatrix}$$

$$=\begin{pmatrix}51\\ -11\end{pmatrix}.$$

例 1.4

$$A=\begin{pmatrix}1 & 1\\ 1 & 0\end{pmatrix},\quad B=\begin{pmatrix}0 & 0\\ 0 & 1\end{pmatrix},$$

求 AB 和 BA.

解

$$AB=\begin{pmatrix}1\times0+1\times0 & 1\times0+1\times1\\ 1\times0+0\times0 & 1\times0+0\times1\end{pmatrix}=\begin{pmatrix}0 & 1\\ 0 & 0\end{pmatrix},$$

$$BA=\begin{pmatrix}0\times1+0\times1 & 0\times1+0\times0\\ 0\times1+1\times1 & 0\times1+1\times0\end{pmatrix}=\begin{pmatrix}0 & 0\\ 1 & 0\end{pmatrix}.$$

一般情况下 $AB \neq BA$，在例 1.2 和例 1.3 中，AB 可以计算，但 BA 是没有意义的. 在例 1.4 中，AB 与 BA 都可计算，但它们不相等.

例 1.5

$$A=\begin{pmatrix}1&2&3\\4&5&6\end{pmatrix},\quad B=\begin{pmatrix}1&0&2\\2&0&3\\4&2&1\end{pmatrix},\quad C=\begin{pmatrix}0\\0\\1\end{pmatrix},$$

计算$(AB)C$ 和 $A(BC)$.

解

$$AB=\begin{pmatrix}1+4+12&6&2+6+3\\4+10+24&12&8+15+6\end{pmatrix}=\begin{pmatrix}17&6&11\\38&12&29\end{pmatrix},$$

$$(AB)C=\begin{pmatrix}11\\29\end{pmatrix},$$

$$BC=\begin{pmatrix}2\\3\\1\end{pmatrix},$$

$$A(BC)=\begin{pmatrix}2+6+3\\8+15+6\end{pmatrix}=\begin{pmatrix}11\\29\end{pmatrix}.$$

在这个例子中，$(AB)C=A(BC)$. 事实上，矩阵的乘法的结合律是成立的，即对于一般的 A, B 和 C，只要它们的乘法是可能的，就有

$$(AB)C=A(BC).$$

n 阶方阵

$$I_n=\begin{pmatrix}1&0&0&\cdots&0\\0&1&0&\cdots&0\\\vdots&\vdots&\ddots&&\vdots\\\vdots&\vdots&&1&0\\0&0&\cdots&0&1\end{pmatrix}$$

称为 n 阶的单位阵. 它的一条对角线(称为主对角线)上的元素为 1，其余元素都为 0. 例如

$$I_2=\begin{pmatrix}1&0\\0&1\end{pmatrix},\quad I_3=\begin{pmatrix}1&0&0\\0&1&0\\0&0&1\end{pmatrix}.$$

容易证明，矩阵的乘法满足：

(1) 结合律　$A(BC)=(AB)C$;

(2) 分配律　$A(B+C)=AB+AC$,
$$(A+B)C=AC+BC,$$
$$I_m A_{m\times n}=A_{m\times n},$$
$$A_{m\times n}I_n=A_{m\times n},$$
$$OA=O,\ AO=O.$$

1.3　逆阵

上面已经介绍了矩阵的加减和乘法,矩阵有没有除法运算呢? 在学实数时,我们知道对任何一个实数 $r\neq 0$, 方程
$$rx=1$$
有唯一解
$$x=\frac{1}{r}=r^{-1}.$$
于是
$$\frac{s}{r}=sr^{-1}.$$
可见,两数相除变成了一个数乘以另一数的倒数.

类似地,对 n 阶方阵 A,如存在一个 n 阶方阵 B,使得
$$AB=BA=I_n,$$
则我们称 B 是 A 的逆阵,记为 A^{-1}.

例如
$$A=\begin{pmatrix}5 & 2\\ 2 & 1\end{pmatrix},\quad A^{-1}=\begin{pmatrix}1 & -2\\ -2 & 5\end{pmatrix},$$
容易验证
$$AA^{-1}=A^{-1}A=I_2.$$

例 1.6　验证
$$A=\begin{pmatrix}1 & 2 & 5\\ 1 & 3 & 0\\ 0 & 0 & 1\end{pmatrix}$$
的逆阵
$$A^{-1}=\begin{pmatrix}3 & -2 & -15\\ -1 & 1 & 5\\ 0 & 0 & 1\end{pmatrix}.$$

证

$$AA^{-1}=\begin{pmatrix}3-2 & -2+2 & -15+10+5\\ 3-3 & -2+3 & -15+15\\ 0 & 0 & 1\end{pmatrix}=I_3,$$

$$A^{-1}A=\begin{pmatrix}3-2 & 6-6 & 15-15\\ -1+1 & -2+3 & -5+5\\ 0 & 0 & 1\end{pmatrix}=I_3.$$

必须指出,许多方阵是没有逆阵的.如

$$\begin{pmatrix}0 & 0\\ 0 & 0\end{pmatrix}$$

就没有逆阵,因为对任何二阶方阵 B,

$$\begin{pmatrix}0 & 0\\ 0 & 0\end{pmatrix}B=\begin{pmatrix}0 & 0\\ 0 & 0\end{pmatrix}.$$

没有逆阵的方阵称为奇异阵,有逆阵的方阵称为非奇异阵.如何判别一个方阵是不是奇异的呢?如何求出一个非奇异阵的逆阵?

为回答这两个问题,我们介绍下面称为行初等变换的方法及相应的结论,而省略了有关的证明过程.

矩阵的行初等变换有 3 种:

(1) 对换一个矩阵的任意两行;

(2) 将一个矩阵的某一行的所有元素乘以同一个非零常数;

(3) 将矩阵的某一行的 $k(\neq 0)$ 倍加到另一行上.

设 A 是 n 阶方阵,作 $n\times 2n$ 矩阵

$$(A\,\vdots\, I_n).$$

对这个矩阵进行"行"初等变换,如能使它变成

$$(I_n\,\vdots\, B),$$

则 $B=A^{-1}$. 如不可能做到这一步,则 A 就是奇异的.

例 1.7 求

$$A=\begin{pmatrix}5 & 2\\ 2 & 1\end{pmatrix}$$

的逆阵.

解

$$\begin{pmatrix}5 & 2 & \vdots & 1 & 0\\ 2 & 1 & \vdots & 0 & 1\end{pmatrix}\xrightarrow{\frac{1}{5}\times\text{第 1 行}}\begin{pmatrix}1 & \frac{2}{5} & \vdots & \frac{1}{5} & 0\\ 2 & 1 & \vdots & 0 & 1\end{pmatrix}$$

$$\xrightarrow{-2\times\text{第 1 行加到第 2 行}}\begin{pmatrix}1 & \frac{2}{5} & \vdots & \frac{1}{5} & 0\\ 0 & \frac{1}{5} & \vdots & -\frac{2}{5} & 1\end{pmatrix}$$

$$\xrightarrow{5\times\text{第 2 行}}\begin{pmatrix}1 & \frac{2}{5} & \vdots & \frac{1}{5} & 0\\ 0 & 1 & \vdots & -2 & 5\end{pmatrix}$$

$$\xrightarrow{-\frac{2}{5}\times\text{第 2 行加到第 1 行}}\begin{pmatrix}1 & 0 & \vdots & 1 & -2\\ 0 & 1 & \vdots & -2 & 5\end{pmatrix}.$$

所以

$$A^{-1}=\begin{pmatrix}1 & -2\\ -2 & 5\end{pmatrix}.$$

例 1.8　求

$$A=\begin{pmatrix}2 & 0 & -1\\ -1 & 1 & 2\\ 1 & 2 & 1\end{pmatrix}$$

的逆阵.

解

$$\begin{pmatrix}2 & 0 & -1 & \vdots & 1 & 0 & 0\\ -1 & 1 & 2 & \vdots & 0 & 1 & 0\\ 1 & 2 & 1 & \vdots & 0 & 0 & 1\end{pmatrix}\xrightarrow{\text{对换第 1, 3 两行}}\begin{pmatrix}1 & 2 & 1 & \vdots & 0 & 0 & 1\\ -1 & 1 & 2 & \vdots & 0 & 1 & 0\\ 2 & 0 & -1 & \vdots & 1 & 0 & 0\end{pmatrix}$$

$$\xrightarrow[-2\times\text{第 1 行加到第 3 行}]{\text{第 1 行加到第 2 行}}\begin{pmatrix}1 & 2 & 1 & \vdots & 0 & 0 & 1\\ 0 & 3 & 3 & \vdots & 0 & 1 & 1\\ 0 & -4 & -3 & \vdots & 1 & 0 & -2\end{pmatrix}$$

$$\xrightarrow{\frac{1}{3}\times\text{第 2 行}}\begin{pmatrix}1 & 2 & 1 & \vdots & 0 & 0 & 1\\ 0 & 1 & 1 & \vdots & 0 & \frac{1}{3} & \frac{1}{3}\\ 0 & -4 & -3 & \vdots & 1 & 0 & -2\end{pmatrix}$$

$$\xrightarrow{4\times\text{第 2 行加到第 3 行}}\left(\begin{array}{ccc:ccc}1&2&1&0&0&1\\0&1&1&0&\frac{1}{3}&\frac{1}{3}\\0&0&1&1&\frac{4}{3}&-\frac{2}{3}\end{array}\right)$$

$$\xrightarrow[-1\times\text{第 3 行加到第 1 行}]{-1\times\text{第 3 行加到第 2 行}}\left(\begin{array}{ccc:ccc}1&2&0&-1&-\frac{4}{3}&\frac{5}{3}\\0&1&0&-1&-1&1\\0&0&1&1&\frac{4}{3}&-\frac{2}{3}\end{array}\right)$$

$$\xrightarrow{-2\times\text{第 2 行加到第 1 行}}\left(\begin{array}{ccc:ccc}1&0&0&1&\frac{2}{3}&-\frac{1}{3}\\0&1&0&-1&-1&1\\0&0&1&1&\frac{4}{3}&-\frac{2}{3}\end{array}\right).$$

所以

$$A^{-1}=\begin{pmatrix}1&\frac{2}{3}&-\frac{1}{3}\\-1&-1&1\\1&\frac{4}{3}&-\frac{2}{3}\end{pmatrix}.$$

例 1.9　求

$$B=\begin{pmatrix}3&12\\1&4\end{pmatrix}$$

的逆阵.

解

$$\left(\begin{array}{cc:cc}3&12&1&0\\1&4&0&1\end{array}\right)\xrightarrow{\text{对换第 1, 2 两行}}\left(\begin{array}{cc:cc}1&4&0&1\\3&12&1&0\end{array}\right)$$

$$\xrightarrow{-3\times\text{第 1 行加到第 2 行}}\left(\begin{array}{cc:cc}1&4&0&1\\0&0&1&-3\end{array}\right).$$

因为前面一块出现了一行全部是 0 的情况,无法化成 I_2,所以矩阵 B 没有逆阵,本题无解.

在熟悉了求矩阵的逆阵运算后,可不必写出箭头旁边的行变换说明.

习　　题

1. 设

$$C=\begin{pmatrix}4&3&-1&2\\5&0&3&1\end{pmatrix},\quad D=\begin{pmatrix}2&-3&4&7\\0&2&4&0\end{pmatrix},$$

求 $2C+3D$, $4C-2D$.

2. $A=(2,\ 4)$, $B=\begin{pmatrix}6\\2\end{pmatrix}$, 求 AB.

3. $A=(3\quad 0\quad -1)$, $B=\begin{pmatrix}5\\2\\7\end{pmatrix}$, 求 AB.

4. 计算：

(1) $\begin{pmatrix}2&3&1\\2&5&-3\end{pmatrix}\begin{pmatrix}3&4\\2&6\\-1&0\end{pmatrix}$;　　(2) $\begin{pmatrix}3&4\\2&6\\-1&0\end{pmatrix}\begin{pmatrix}2&3&1\\2&5&3\end{pmatrix}$;

(3) $\begin{pmatrix}-4&3&0\\1&0&1\\5&-2&3\end{pmatrix}\begin{pmatrix}4&6&1\\2&0&1\\0&0&0\end{pmatrix}$;　　(4) $\begin{pmatrix}1&2&1&0\\-1&3&0&5\\0&0&0&0\\0&0&0&0\\0&0&0&0\end{pmatrix}\begin{pmatrix}0&0&0&0\\0&0&0&0\\1&1&1&1\\1&1&1&1\end{pmatrix}$.

5. 设 $A=\begin{pmatrix}2&-1\\3&1\end{pmatrix}$, 求 $A^2(=AA)$ 和 $A^3(=AAA)$.

6. 验证 $AA^{-1}=I$：

(1) $A=\begin{pmatrix}3&1\\11&4\end{pmatrix}$, $A^{-1}=\begin{pmatrix}4&-1\\-11&3\end{pmatrix}$;

(2) $A=\begin{pmatrix}6&3\\-1&5\end{pmatrix}$, $A^{-1}=\dfrac{1}{33}\begin{pmatrix}5&-3\\1&6\end{pmatrix}$;

(3) $A=\begin{pmatrix}1&0&0&1\\0&1&1&0\\0&1&0&0\\0&0&0&1\end{pmatrix}$, $A^{-1}=\begin{pmatrix}1&0&0&-1\\0&0&1&0\\0&1&-1&0\\0&0&0&1\end{pmatrix}$.

7. 求下列方阵的逆阵：

(1) $\begin{pmatrix} 1 & 4 \\ 2 & 7 \end{pmatrix}$；　　(2) $\begin{pmatrix} 1 & 2 & -2 \\ 3 & 0 & 0 \\ 1 & -4 & 4 \end{pmatrix}$；

(3) $\begin{pmatrix} 1 & 2 & 0 & 0 \\ 0 & 1 & 3 & 1 \\ 0 & -1 & 1 & 2 \\ 3 & 4 & 4 & 0 \end{pmatrix}$.

8. 验证：

$$A = \begin{pmatrix} a & b \\ c & d \end{pmatrix} \quad (ad - bc \neq 0)$$

的逆阵为

$$\frac{1}{ad - bc}\begin{pmatrix} d & -b \\ -c & a \end{pmatrix}.$$

§2　线性方程组

在本章的以下各节中，我们将介绍矩阵的各种应用，这一节里先介绍矩阵在解线性方程组中的应用.

2.1　线性方程组

中学里学过的三元一次方程组

$$\begin{cases} 2x_1 \qquad\quad - x_3 = 0, \\ -x_1 + x_2 + 2x_3 = 1, \\ \quad x_1 + 2x_2 + x_3 = 2 \end{cases}$$

可写成

$$A\boldsymbol{x} = \boldsymbol{b},$$

其中

$$A = \begin{pmatrix} 2 & 0 & -1 \\ -1 & 1 & 2 \\ 1 & 2 & 1 \end{pmatrix}, \ \boldsymbol{x} = \begin{pmatrix} x_1 \\ x_2 \\ x_3 \end{pmatrix}, \ \boldsymbol{b} = \begin{pmatrix} 0 \\ 1 \\ 2 \end{pmatrix}.$$

如果 A 的逆阵存在，就可在方程的两边左乘 A^{-1}，得到

$$A^{-1}A\boldsymbol{x} = A^{-1}\boldsymbol{b},$$

则

$$\boldsymbol{x} = A^{-1}\boldsymbol{b}.$$

对这个具体的例子,A^{-1}确实存在(已在前面例 1.8 中求出),于是

$$\boldsymbol{x} = \begin{pmatrix} x_1 \\ x_2 \\ x_3 \end{pmatrix} = \begin{pmatrix} 1 & \frac{2}{3} & -\frac{1}{3} \\ -1 & -1 & 1 \\ 1 & \frac{4}{3} & -\frac{2}{3} \end{pmatrix} \begin{pmatrix} 0 \\ 1 \\ 2 \end{pmatrix} = \begin{pmatrix} 0 \\ 1 \\ 0 \end{pmatrix}.$$

即

$$x_1 = 0,\ x_2 = 1,\ x_3 = 0.$$

类似地,n 个变量的 n 个方程组成的线性方程组

$$\begin{cases} a_{11}x_1 + a_{12}x_2 + \cdots + a_{1n}x_n = b_1, \\ a_{21}x_1 + a_{22}x_2 + \cdots + a_{2n}x_n = b_2, \\ \cdots\cdots\cdots\cdots \\ a_{n1}x_1 + a_{n2}x_2 + \cdots + a_{nn}x_n = b_n \end{cases}$$

可写成

$$A\boldsymbol{x} = \boldsymbol{b},$$

其中

$$A = \begin{pmatrix} a_{11} & a_{12} & \cdots & a_{1n} \\ a_{21} & a_{22} & \cdots & a_{2n} \\ \cdots & \cdots & \cdots & \cdots \\ a_{n1} & a_{2n} & \cdots & a_{nn} \end{pmatrix},\ \boldsymbol{x} = \begin{pmatrix} x_1 \\ x_2 \\ \vdots \\ x_n \end{pmatrix},\ \boldsymbol{b} = \begin{pmatrix} b_1 \\ b_2 \\ \vdots \\ b_n \end{pmatrix}.$$

如果 A 的逆阵存在,就可解出

$$\boldsymbol{x} = A^{-1}\boldsymbol{b}.$$

一般的线性方程组可有 m 个变量,n 个方程 $(n \leqslant m)$:

$$\begin{cases} a_{11}x_1 + a_{12}x_2 + \cdots + a_{1n}x_n + \cdots + a_{1m}x_m = b_1, \\ a_{21}x_1 + a_{22}x_2 + \cdots + a_{2n}x_n + \cdots + a_{2m}x_m = b_2, \\ \cdots\cdots\cdots\cdots \\ a_{n1}x_1 + a_{n2}x_2 + \cdots + a_{nn}x_n + \cdots + a_{nm}x_m = b_n. \end{cases}$$

它也可写成矩阵形式

$$A_{nm}\boldsymbol{x}_m = \boldsymbol{b},$$

其中

$$A_{nm} = \begin{pmatrix} a_{11} & a_{12} & \cdots & a_{1n} & \cdots & a_{1m} \\ a_{21} & a_{22} & \cdots & a_{2n} & \cdots & a_{2m} \\ \cdots & \cdots & \cdots & \cdots & \cdots & \cdots \\ a_{n1} & a_{n2} & \cdots & a_{nn} & \cdots & a_{nm} \end{pmatrix}, \ \boldsymbol{x}_m = \begin{pmatrix} x_1 \\ x_2 \\ \vdots \\ x_m \end{pmatrix}, \ \boldsymbol{b} = \begin{pmatrix} b_1 \\ b_2 \\ \vdots \\ b_n \end{pmatrix}.$$

如果将该方程组适当地变化一下,将它写成

$$\begin{cases} a_{11}x_1 + a_{12}x_2 + \cdots + a_{1n}x_n = b_1 - a_{1,\,n+1}x_{n+1} - \cdots - a_{1m}x_m, \\ a_{21}x_1 + a_{22}x_2 + \cdots + a_{2n}x_n = b_2 - a_{2,\,n+1}x_{n+1} - \cdots - a_{2m}x_m, \\ \cdots\cdots\cdots\cdots\cdots \\ a_{n1}x_1 + a_{n2}x_2 + \cdots + a_{nn}x_n = b_n - a_{n,\,n+1}x_{n+1} - \cdots - a_{nm}x_m, \end{cases}$$

便化成 n 个变量的 n 个方程的情形:

$$A\boldsymbol{x} = \bar{\boldsymbol{b}},$$

其中

$$\bar{\boldsymbol{b}} = \begin{pmatrix} b_1 - a_{1,\,n+1}x_{n+1} - \cdots - a_{1m}x_m \\ b_2 - a_{2,\,n+1}x_{n+1} - \cdots - a_{2m}x_m \\ \cdots \quad \cdots \quad \cdots \quad \cdots \\ b_n - a_{n,\,n+1}x_{n+1} - \cdots - a_{nm}x_m \end{pmatrix}.$$

如 A^{-1} 存在,则

$$\boldsymbol{x} = A^{-1}\bar{\boldsymbol{b}}.$$

$x_{n+1}, x_{n+2}, \cdots, x_m$ 是任意的.

2.2 消元法

当方程的个数和变量的个数相等的时候,只要系数矩阵 A 的逆阵存在,并且求出 A^{-1},就可求得各个变量的值. 当方程个数小于变量个数时,可以适当地移一些项到右边作为“常数项”,化成方程个数和变量个数相等的情形. 关键是系数矩阵的逆阵是否存在,如何求出逆阵.

第一节已经解决了这两个问题,所用的办法是行初等变换,实际上,矩阵的行初等变换来自线性方程组的等价变换:

(1) 对调两个方程的位置;

(2) 某个方程两边同乘一个常数;

(3) 某个方程乘一常数后加到另一个方程.

线性方程组的这些变换，是应用消元法时采取的步骤. 因此，用矩阵的行初等变换来解线性方程组，就是应用消元法的过程.

例 2.1 解方程组：

$$\begin{cases} x_1 + 2x_2 + x_3 = 6, \\ 2x_1 - x_2 + 2x_3 = 9, \\ 3x_1 + 2x_2 - x_3 = 6. \end{cases}$$

解 将它的系数和常数写成矩阵：

$$\left(\begin{array}{ccc:c} 1 & 2 & 1 & 6 \\ 2 & -1 & 2 & 9 \\ 3 & 2 & -1 & 6 \end{array}\right).$$

对它作行初等变换：

$$\left(\begin{array}{ccc:c} 1 & 2 & 1 & 6 \\ 2 & -1 & 2 & 9 \\ 3 & 2 & -1 & 6 \end{array}\right) \longrightarrow \left(\begin{array}{ccc:c} 1 & 2 & 1 & 6 \\ 0 & -5 & 0 & -3 \\ 0 & -4 & -4 & -12 \end{array}\right)$$

$$\longrightarrow \left(\begin{array}{ccc:c} 1 & 2 & 1 & 6 \\ 0 & -1 & 4 & 9 \\ 0 & -4 & -4 & -12 \end{array}\right) \longrightarrow \left(\begin{array}{ccc:c} 1 & 2 & 1 & 6 \\ 0 & 1 & -4 & -9 \\ 0 & -4 & -4 & -12 \end{array}\right)$$

$$\longrightarrow \left(\begin{array}{ccc:c} 1 & 2 & 1 & 6 \\ 0 & 1 & -4 & -9 \\ 0 & 0 & -20 & -48 \end{array}\right) \longrightarrow \left(\begin{array}{ccc:c} 1 & 2 & 1 & 6 \\ 0 & 1 & -4 & -9 \\ 0 & 0 & 1 & 2.4 \end{array}\right)$$

$$\longrightarrow \left(\begin{array}{ccc:c} 1 & 2 & 0 & 3.6 \\ 0 & 1 & 0 & 0.6 \\ 0 & 0 & 1 & 2.4 \end{array}\right) \longrightarrow \left(\begin{array}{ccc:c} 1 & 0 & 0 & 2.4 \\ 0 & 1 & 0 & 0.6 \\ 0 & 0 & 1 & 2.4 \end{array}\right).$$

于是

$$x_1 = 2.4,\ x_2 = 0.6,\ x_3 = 2.4.$$

例 2.2 解方程组：

$$\begin{cases} x_1 + 2x_2 + 3x_3 = 4, \\ 3x_1 + 6x_2 + x_3 = 2, \\ 2x_1 + 4x_2 + x_3 = -2. \end{cases}$$

解

$$\begin{pmatrix}1&2&3&\vdots&4\\3&6&1&\vdots&2\\2&4&1&\vdots&-2\end{pmatrix}\longrightarrow\begin{pmatrix}1&2&3&\vdots&4\\0&0&-8&\vdots&-10\\0&0&-5&\vdots&-10\end{pmatrix}$$

$$\longrightarrow\begin{pmatrix}1&2&3&\vdots&4\\0&0&-8&\vdots&-10\\0&0&1&\vdots&2\end{pmatrix}\longrightarrow\begin{pmatrix}1&2&3&\vdots&4\\0&0&0&\vdots&6\\0&0&1&\vdots&2\end{pmatrix}.$$

我们可知这方程组无解.因为第 2 行表明

$$0x_1+0x_2+0x_3=6,$$

满足它的 x_1, x_2, x_3 是不存在的.

例 2.3 解方程组:

$$\begin{cases}x_1+2x_2+x_3=4,\\2x_1+5x_2-2x_3=3,\\3x_1+7x_2-x_3=7.\end{cases}$$

解

$$\begin{pmatrix}1&2&1&\vdots&4\\2&5&-2&\vdots&3\\3&7&-1&\vdots&7\end{pmatrix}\longrightarrow\begin{pmatrix}1&2&1&\vdots&4\\0&1&-4&\vdots&-5\\0&1&-4&\vdots&-5\end{pmatrix}$$

$$\longrightarrow\begin{pmatrix}1&2&1&\vdots&4\\0&1&-4&\vdots&-5\\0&0&0&\vdots&0\end{pmatrix}\longrightarrow\begin{pmatrix}1&0&9&\vdots&14\\0&1&-4&\vdots&-5\\0&0&0&\vdots&0\end{pmatrix}.$$

于是

$$x_1=14-9x_3,$$

$$x_2=-5+4x_3.$$

这就是方程组的解,x_3 的值可以任意选取.

习　　题

1. 解方程组:

(1) $\begin{cases}x_1+x_2+2x_3=-2,\\x_1-2x_2+x_3=5,\\x_2-x_3=3;\end{cases}$

(2) $\begin{cases}2x_1+x_3=1,\\-x_1+x_2+2x_3=-1,\\x_1+x_3=5;\end{cases}$

(3) $\begin{cases} 2x_1 - x_2 + x_3 - 2x_4 = 7, \\ x_1 + 2x_2 - 3x_3 = -4, \\ -x_1 - x_2 + x_3 + 4x_4 = 4, \\ 3x_1 + x_2 - x_3 - 6x_4 = 0. \end{cases}$

2. 用消元法解下列方程组：

(1) $\begin{cases} x_1 + 2x_2 - x_3 = 23, \\ 2x_1 + 5x_2 + x_3 = 43, \\ -x_1 + 4x_2 + 2x_3 = 10; \end{cases}$

(2) $\begin{cases} x_1 + 2x_2 - x_3 + x_4 = 3, \\ -x_1 + 2x_2 + 3x_3 + 2x_4 = 0, \\ 2x_2 - x_4 = 0, \\ x_1 + 2x_2 + x_3 + 6x_4 = 2; \end{cases}$

(3) $\begin{cases} 2x_1 + x_3 + x_4 = 7, \\ x_1 - x_2 + 3x_4 = -5, \\ -x_1 + 2x_2 + x_3 = 0. \end{cases}$

§ 3 线性变换与矩阵

3.1 非奇异的线性变换

图形的几何变换是计算机辅助设计中的基本技术之一，在动画设计中，几何变换更是必不可少的工具，变换 M：

$$\begin{pmatrix} x' \\ y' \end{pmatrix} = \begin{pmatrix} a & b \\ c & d \end{pmatrix} \begin{pmatrix} x \\ y \end{pmatrix}$$

把平面上一点 $P(x, y)$ 变到另一点 $P'(x', y')$，矩阵

$$A = \begin{pmatrix} a & b \\ c & d \end{pmatrix}$$

称为变换矩阵，该变换称为线性变换，简写成

$$P' = MP.$$

特别地，当 $ad - bc \neq 0$ 时，称该变换为非奇异的.

例如

$$A = \begin{pmatrix} 1 & 0 \\ 0 & -1 \end{pmatrix},$$

这时

$$\begin{pmatrix} x' \\ y' \end{pmatrix} = \begin{pmatrix} 1 & 0 \\ 0 & -1 \end{pmatrix} \begin{pmatrix} x \\ y \end{pmatrix} = \begin{pmatrix} x \\ -y \end{pmatrix}.$$

该变换把任一点 P 变到它的关于 x 轴的对称点 P'(见图 5.1).

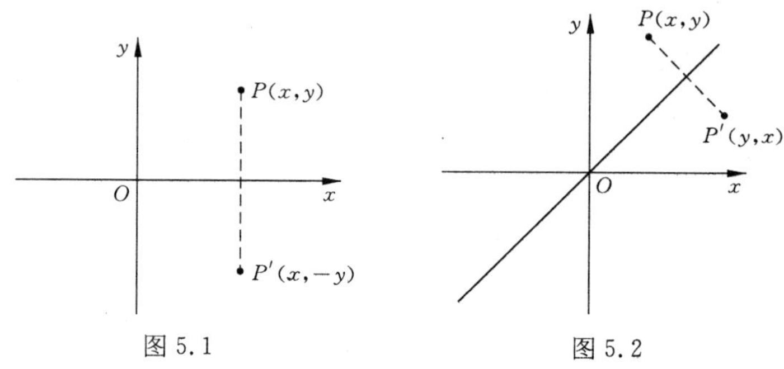

图 5.1　　　　图 5.2

又如

$$A = \begin{pmatrix} 0 & 1 \\ 1 & 0 \end{pmatrix},$$

这时

$$\begin{pmatrix} x' \\ y' \end{pmatrix} = \begin{pmatrix} 0 & 1 \\ 1 & 0 \end{pmatrix} \begin{pmatrix} x \\ y \end{pmatrix} = \begin{pmatrix} y \\ x \end{pmatrix},$$

它把任一点 P 变到它的关于直线 $y = x$ 的对称点(见图 5.2).

那么关于 y 轴的对称变换的矩阵是怎样的？关于原点 O 的对称变换矩阵又是怎样的？请读者思考关于直线 $y = x$ 的对称变换矩阵以及关于直线 $y = kx$ 的对称变换矩是怎样求的.

$$\begin{pmatrix} x' \\ y' \end{pmatrix} = \begin{pmatrix} \lambda & 0 \\ 0 & \lambda \end{pmatrix} \begin{pmatrix} x \\ y \end{pmatrix}$$

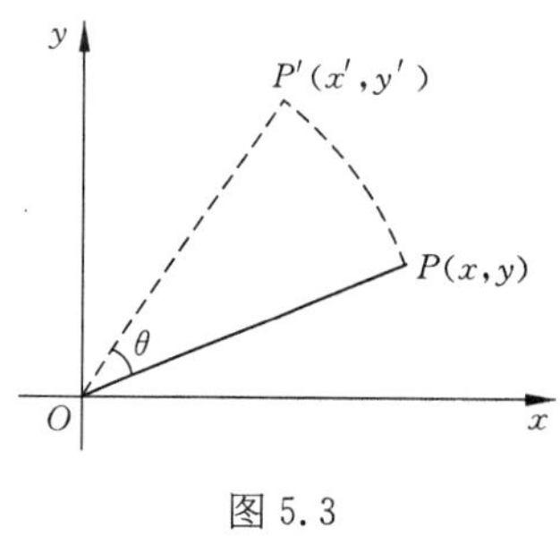

图 5.3

表示一个相似变换，它的中心是原点，相似比为 λ.

$$\begin{pmatrix} x' \\ y' \end{pmatrix} = \begin{pmatrix} \cos\theta & -\sin\theta \\ \sin\theta & \cos\theta \end{pmatrix} \begin{pmatrix} x \\ y \end{pmatrix}$$

表示一个旋转变换，它把任一点 $P(x, y)$ 绕原点 O 按逆时针方向旋转 θ 角，变到 $P'(x', y')$，即 $\angle POP' = \theta$ (见图 5.3).

取 $\theta = 60°$, 上面的变换就是

$$\begin{pmatrix} x' \\ y' \end{pmatrix} = \begin{pmatrix} \frac{1}{2} & -\frac{\sqrt{3}}{2} \\ \frac{\sqrt{3}}{2} & \frac{1}{2} \end{pmatrix} \begin{pmatrix} x \\ y \end{pmatrix},$$

即

$$x' = \frac{1}{2}x - \frac{\sqrt{3}}{2}y,$$

$$y' = \frac{\sqrt{3}}{2}x + \frac{1}{2}y.$$

例 3.1　试求将点(1, 0)和(0, 1)分别变为(2, −1)和(−3, 6)的线性变换的矩阵.

解　设所求的线性变换为

$$\begin{pmatrix} x' \\ y' \end{pmatrix} = \begin{pmatrix} a & b \\ c & d \end{pmatrix} \begin{pmatrix} x \\ y \end{pmatrix}.$$

将(1, 0)代入右边的(x, y),将(2, −1)代入左边的(x', y'),得到

$$2 = a,$$

$$-1 = c.$$

再将(0, 1)代入右边的(x, y),将(−3, 6)代入左边的(x', y'),得到

$$-3 = b,$$

$$6 = d.$$

最后得变换矩阵为

$$A = \begin{pmatrix} 2 & -3 \\ -1 & 6 \end{pmatrix}.$$

3.2　非奇异线性变换的复合与逆变换

现有两个非奇异线性变换 M 和 N:

$$M:\ \begin{pmatrix} x' \\ y' \end{pmatrix} = \begin{pmatrix} a_1 & b_1 \\ c_1 & d_1 \end{pmatrix} \begin{pmatrix} x \\ y \end{pmatrix}, \qquad a_1 d_1 - b_1 c_1 \neq 0,$$

和

$$N: \begin{pmatrix} x' \\ y' \end{pmatrix} = \begin{pmatrix} a_2 & b_2 \\ c_2 & d_2 \end{pmatrix} \begin{pmatrix} x \\ y \end{pmatrix}, \qquad a_2d_2 - b_2c_2 \neq 0.$$

$P(x, y)$是任意一点,它先经变换 M 变成 $P' = MP$. P'又经变换 N 变成 $P'' = NP' = N(MP)$. 最终得到的是 P'',它是点 P 先经变换 M 再经变换 N 得到的,称它为先 M 后 N 的复合变换,记作

$$N \cdot M = N(M).$$

现在看它的变换矩阵是怎样的(见图 5.4).

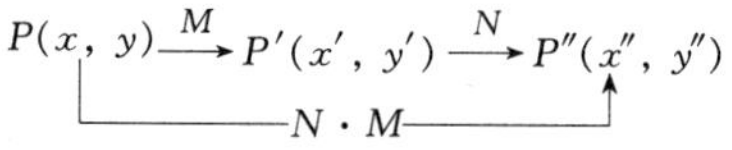

$$P(x, y) \xrightarrow{M} P'(x', y') \xrightarrow{N} P''(x'', y'')$$
$$N \cdot M$$

图 5.4

由 M 和 N 的变换式,可知:

$$\begin{pmatrix} x'' \\ y'' \end{pmatrix} = \begin{pmatrix} a_2 & b_2 \\ c_2 & d_2 \end{pmatrix} \begin{pmatrix} x' \\ y' \end{pmatrix} = \begin{pmatrix} a_2 & b_2 \\ c_2 & d_2 \end{pmatrix} \left[\begin{pmatrix} a_1 & b_1 \\ c_1 & d_1 \end{pmatrix} \begin{pmatrix} x \\ y \end{pmatrix} \right].$$

因为矩阵的乘法满足结合律,所以

$$\begin{pmatrix} x'' \\ y'' \end{pmatrix} = \left[\begin{pmatrix} a_2 & b_2 \\ c_2 & d_2 \end{pmatrix} \begin{pmatrix} a_1 & b_1 \\ c_1 & d_1 \end{pmatrix} \right] \begin{pmatrix} x \\ y \end{pmatrix}.$$

于是复合变换的矩阵等于两个变换矩阵的乘积.

例 3.2 M 和 N 的变换矩阵分别为

$$\begin{pmatrix} 1 & \frac{1}{2} \\ 0 & 1 \end{pmatrix} \quad 和 \quad \begin{pmatrix} 2 & 0 \\ 1 & 2 \end{pmatrix},$$

求 $N \cdot M$ 及 $M \cdot N$ 的变换矩阵.

解

$$N \cdot M: \quad \begin{pmatrix} 2 & 0 \\ 1 & 2 \end{pmatrix} \begin{pmatrix} 1 & \frac{1}{2} \\ 0 & 1 \end{pmatrix} = \begin{pmatrix} 2 & 1 \\ 1 & \frac{5}{2} \end{pmatrix},$$

$$M \cdot N: \quad \begin{pmatrix} 1 & \frac{1}{2} \\ 0 & 1 \end{pmatrix} \begin{pmatrix} 2 & 0 \\ 1 & 2 \end{pmatrix} = \begin{pmatrix} \frac{5}{2} & 1 \\ 1 & 2 \end{pmatrix}.$$

非奇异线性变换

$$\begin{pmatrix} x' \\ y' \end{pmatrix} = \begin{pmatrix} a & b \\ c & d \end{pmatrix} \begin{pmatrix} x \\ y \end{pmatrix}, \quad A = \begin{pmatrix} a & b \\ c & d \end{pmatrix}$$

把点 P 变成 P'. 如果 A 的逆阵为 A^{-1},则非奇异线性变换

$$\begin{pmatrix} x' \\ y' \end{pmatrix} = A^{-1} \begin{pmatrix} x \\ y \end{pmatrix}$$

把点 P' 变回到点 P,称这个变换为原变换的逆变换. 因为

$$A^{-1}A = AA^{-1} = I,$$

所以任一个非奇异线性变换与它的逆变换的复合变换是

$$\begin{pmatrix} x' \\ y' \end{pmatrix} = I \begin{pmatrix} x \\ y \end{pmatrix} = \begin{pmatrix} x \\ y \end{pmatrix},$$

它是点点不变动的变换,或称恒等变换.

例 3.3　求

$$\begin{pmatrix} x' \\ y' \end{pmatrix} = \begin{pmatrix} 1 & -2 \\ 0 & 1 \end{pmatrix} \begin{pmatrix} x \\ y \end{pmatrix}$$

的逆变换.

解

$$\left(\begin{array}{cc:cc} 1 & -2 & 1 & 0 \\ 0 & 1 & 0 & 1 \end{array}\right) \longrightarrow \left(\begin{array}{cc:cc} 1 & 0 & 1 & 2 \\ 0 & 1 & 0 & 1 \end{array}\right),$$

所求的逆变换为

$$\begin{pmatrix} x' \\ y' \end{pmatrix} = \begin{pmatrix} 1 & 2 \\ 0 & 1 \end{pmatrix} \begin{pmatrix} x \\ y \end{pmatrix}.$$

3.3　仿射变换

非奇异线性变换的矩阵中有 4 个常数,这 4 个数的选取可以是任意的,它可以表现无限多的变换. 但是,它有一个共同的性质,原点是不动的. 但有许多场合要用到“移动”,即每个点都要变化.

变换

$$T: \quad \begin{pmatrix} x' \\ y' \end{pmatrix} = \begin{pmatrix} x \\ y \end{pmatrix} + \begin{pmatrix} e \\ f \end{pmatrix}, \quad e,\ f \text{ 是常数},$$

称为平移变换.

非奇异线性变换与平移变换的复合

$$\begin{pmatrix} x' \\ y' \end{pmatrix} = \begin{pmatrix} a & b \\ c & d \end{pmatrix} \begin{pmatrix} x \\ y \end{pmatrix} + \begin{pmatrix} e \\ f \end{pmatrix},$$

称为仿射变换.

3.4 奇异的线性变换

在讨论非奇异线性变换时,对矩阵

$$\begin{pmatrix} a & b \\ c & d \end{pmatrix}$$

加了一个条件

$$ad - bc \neq 0.$$

为什么要加此条件呢？去掉这个条件会发生什么情况呢？试看变换 F:

$$\begin{pmatrix} x' \\ y' \end{pmatrix} = \begin{pmatrix} -1 & 2 \\ 2 & -4 \end{pmatrix} \begin{pmatrix} x \\ y \end{pmatrix}.$$

$(2, 1)$, $(4, 2)$, $(6, 3)$, $\cdots$, $(2s, s)$的像都是$(0, 0)$,即直线 $y = \dfrac{1}{2}x$ 上的点都被变到了原点,再看任意点(s, t),它的像

$$\begin{pmatrix} x' \\ y' \end{pmatrix} = \begin{pmatrix} -1 & 2 \\ 2 & -4 \end{pmatrix} \begin{pmatrix} s \\ t \end{pmatrix} = \begin{pmatrix} -s + 2t \\ 2s - 4t \end{pmatrix}$$

满足

$$2x' + y' = 0.$$

这说明平面上所有的点都变到了直线 $2x' + y' = 0$ 上,像和原像不是一一对应.此时 $(-1) \times (-4) - 2 \times 2 = 0$, 矩阵

$$\begin{pmatrix} -1 & 2 \\ 2 & -4 \end{pmatrix}$$

没有逆阵,它是奇异阵.

由非奇异阵决定的线性变换是非奇异变换,由奇异阵决定的线性变换是奇异变换.

数

$$ad - bc = \begin{vmatrix} a & b \\ c & d \end{vmatrix}$$

称为矩阵

$$\begin{pmatrix} a & b \\ c & d \end{pmatrix}$$

的行列式,矩阵的行列式不为零,它就是非奇异阵,变换是非奇异的.

行列式是与方阵相关的一个重要的数值,二阶、三阶行列式在中学里就碰到过,四阶行列式怎样计算的呢?我们有如下式子:

$$\begin{vmatrix} a_{11} & a_{12} & a_{13} & a_{14} \\ a_{21} & a_{22} & a_{23} & a_{24} \\ a_{31} & a_{32} & a_{33} & a_{34} \\ a_{41} & a_{42} & a_{43} & a_{44} \end{vmatrix} = a_{11}\begin{vmatrix} a_{22} & a_{23} & a_{24} \\ a_{32} & a_{33} & a_{34} \\ a_{42} & a_{43} & a_{44} \end{vmatrix} - a_{12}\begin{vmatrix} a_{21} & a_{23} & a_{24} \\ a_{31} & a_{33} & a_{34} \\ a_{41} & a_{43} & a_{44} \end{vmatrix}$$

$$+ a_{13}\begin{vmatrix} a_{21} & a_{22} & a_{24} \\ a_{31} & a_{32} & a_{34} \\ a_{41} & a_{42} & a_{44} \end{vmatrix} - a_{14}\begin{vmatrix} a_{21} & a_{22} & a_{23} \\ a_{31} & a_{32} & a_{33} \\ a_{41} & a_{42} & a_{43} \end{vmatrix}.$$

用这样递推的办法,可以计算任何阶的行列式,于是可以把本节线性变换的内容推广到 n 个变量的情形.

称线性变换

$$\begin{pmatrix} x_1' \\ x_2' \\ \vdots \\ x_n' \end{pmatrix} = A\begin{pmatrix} x_1 \\ x_2 \\ \vdots \\ x_n \end{pmatrix}$$

是非奇异的,如果 $|A| \neq 0$,否则称为奇异线性变换.这里的 A 是 n 阶方阵

$$A = \begin{pmatrix} a_{11} & a_{12} & \cdots & a_{1n} \\ a_{21} & a_{22} & \cdots & a_{2n} \\ \cdots & \cdots & \cdots & \cdots \\ a_{n1} & a_{n2} & \cdots & a_{nn} \end{pmatrix}.$$

称变换

$$\begin{pmatrix} x_1' \\ x_2' \\ \vdots \\ x_n' \end{pmatrix} = \begin{pmatrix} x_1 \\ x_2 \\ \vdots \\ x_n \end{pmatrix} + \begin{pmatrix} b_1 \\ b_2 \\ \vdots \\ b_n \end{pmatrix}.$$

为平移变换.

非奇异的线性变换和平移变换的复合称为仿射变换.

习 题

1. 写出线性变换

$$x' = 2x + y$$
$$y' = 5x - y$$

的变换矩阵.

2. 求在线性变换

$$\begin{pmatrix} x' \\ y' \end{pmatrix} = A \begin{pmatrix} x \\ y \end{pmatrix}, \quad A = \begin{pmatrix} 2 & 1 \\ 3 & 1 \end{pmatrix}$$

下,(1, 1), (1, −1)和(s, t)这 3 点的像.

3. 设 M 是绕原点旋转 θ 角的变换,N 是以原点为中心、相似比为 λ 的相似变换,求复合变换 $N \cdot M$.

4. 设 M 是关于 x 轴的对称变换,N 是关于直线 $y = x$ 的对称变换,求复合变换 $N \cdot M$.

5. 仿射变换

$$\begin{pmatrix} x' \\ y' \end{pmatrix} = \begin{pmatrix} 2 & 1 \\ 1 & 3 \end{pmatrix} \begin{pmatrix} x \\ y \end{pmatrix} + \begin{pmatrix} 1 \\ 1 \end{pmatrix}$$

把正方形(顶点为(0, 0), (1, 0), (1, 1), (0, 1))变成什么图形?

§4 线性规划

线性规划的理论和方法都已经比较成熟,而且有关的实用的计算机软件已获得广泛使用.因此,它被有效地用于工业、农业、商业、交通运输和工程设计施工等各个领域.

4.1 线性规划的例子

例 4.1 生产计划问题.某厂生产 A, B 和 C 3 种产品,每件花费工时各为 7 小时、3 小时和 6 小时,全厂每天最多可用 150 小时进行生产.生产每一件产品所需的原料各为 4 千克、4 千克和 5 千克.全厂每天只有 200 千克原料的来源.每件产品所能获得的利润分别为 4 元、2 元和 3 元.问每天应生产 A, B 和 C 各多少时能使总利润最大？

假设每天生产 A, B 和 C 3 种产品分别为 x_1 件、x_2 件和 x_3 件，$x_1 \geqslant 0$, $x_2 \geqslant 0$, $x_3 \geqslant 0$，于是总共花去工时为

$$7x_1 + 3x_2 + 6x_3,$$

用去原料为

$$4x_1 + 4x_2 + 5x_3,$$

而所能获得的利润为

$$f = 4x_1 + 2x_2 + 3x_3.$$

x_1, x_2 和 x_3 越大，利润也越大. 但具体情况不允许 x_1, x_2 和 x_3 任意增加，它们有限制

$$\text{s. t.} \quad \begin{cases} 7x_1 + 3x_2 + 6x_3 \leqslant 150, \\ 4x_1 + 4x_2 + 5x_3 \leqslant 200, \\ x_1 \geqslant 0,\ x_2 \geqslant 0,\ x_3 \geqslant 0. \end{cases}$$

在上面的约束条件下，使 f 达到最大：

$$\max f = 4x_1 + 2x_2 + 3x_3.$$

$f = 4x_1 + 2x_2 + 3x_3$ 称为目标函数. $\max f$ 表示要求函数 f 达到最大值. 前面的 s. t. 为英文“subject to”的缩写，表示受约束于这些条件.

这就是典型的线性规则问题. x_1, x_2 和 x_3 称为决策变量，它们所要满足的约束条件都是线性不等式(也可以是线性等式)，要求达到最大值的函数(称为目标函数)是线性函数.

线性规划的任务就是在线性约束条件下，求适当的决策变量的值，使线性目标函数的值达到最大(或最小).

例 4.2　物资调运问题. 甲、乙两煤矿的产量分别为 200 吨/日和 250 吨/日，要供应 A, B 和 C 3 个城市，它们的需要量分别为100 吨/日，150 吨/日和 200 吨/日.

两煤矿与 3 城市之间的运输线路的距离由表 5.1 所示(距离单位为千米). 问：如何调运煤的数量，使总的运输费用最小？

表 5.1

矿＼市	A	B	C
甲	90	70	100
乙	80	65	80

一个调运方案可用矩阵表示：

$$\begin{pmatrix} x_{11} & x_{12} & x_{13} \\ x_{21} & x_{22} & x_{23} \end{pmatrix},$$

x_{11}表示每日从甲矿运到 A 市的煤的数量(单位吨)，x_{12}表示每日从甲矿运到 B 市的煤的数量，x_{13}表示每日从甲矿运到 C 市的煤的数量，x_{21}，x_{22}，x_{23}则是乙矿每日分别运到 A，B，C 3 市的煤的数量. 根据供应能力和需求数量得到：

$$\text{s. t.} \begin{cases} x_{11} + x_{21} = 100, \\ x_{12} + x_{22} = 150, \\ x_{13} + x_{23} = 200, \\ x_{11} + x_{12} + x_{13} \leqslant 200, \\ x_{21} + x_{22} + x_{23} \leqslant 250, \\ x_{ij} \geqslant 0,\ i = 1,\ 2,\ j = 1,\ 2,\ 3. \end{cases}$$

这些就是约束条件. 目标函数是什么？是总的运输费用，它是总的吨千米数与价格(元/吨千米)的乘积. 因此，目标函数为总吨千米：

$$f = 90x_{11} + 70x_{12} + 100x_{13} + 80x_{21} + 65x_{22} + 80x_{23}.$$

线性规划的目标是找适当的 x_{ij}，使 f 达到最小.

例 4.3 营养问题. 某医院用两种原料为手术后的病员配制营养食品，甲种原料每 10 克含 5 单位蛋白质和 10 单位铁质，售价 3 元；乙种原料每 10 克含 7 单位蛋白质和 4 单位铁质，售价 2 元. 若病人至少需要 35 单位蛋白质和 40 单位铁质，问如何配制食品既满足营养要求又使病员花费最省？

假设用甲种原料 $10x$ 克和乙种原料 $10y$ 克配制营养食品，该食品的蛋白质含量为

$$5x + 7y \geqslant 35,$$

铁质含量为

$$10x + 4y \geqslant 40,$$

病员需支付的费用

$$f = 3x + 2y.$$

该线性规划问题为

$$\text{s. t.} \begin{cases} 5x + 7y \geqslant 35, \\ 10x + 4y \geqslant 40, \\ x \geqslant 0,\ y \geqslant 0, \end{cases}$$

$$\min f = 3x + 2y.$$

4.2　图解法

当决策变量只有两个的时候，图解法是简单而有效的解线性规划问题的方法.

所谓图解法，就是把约束条件和目标函数用图形表示出来，最后从图形的分析中得到解答.

以上述营养问题为例，这组约束条件由 4 个不等式组成，我们先把满足这些条件的区域画出来. 用 x 轴上的数表示甲种原料，y 轴上的数表示乙种原料. 点 $(x,\ y)$ 表示一种调配方案. 将 4 个不等式变成等式，在 Oxy 平面上画出 4 条直线：

$$5x+7y=35,$$

$$10x+4y=40,$$

$$x=0,$$

$$y=0.$$

满足不等式

$$5x+7y\geqslant 35$$

的点 $(x,\ y)$ 组成的区域应该是直线 $5x+7y=35$ 的一侧半平面. 究竟是哪一半呢？取原点试一下，$5\cdot 0+7\cdot 0=0<35$，所以 $5x+7y\geqslant 35$ 表示不包含原点的那一半. 同样，可以对其他不等式也这样考虑，最后结果是：4 个不等式

$$5x+7y\geqslant 35,\ 10x+4y\geqslant 40,\ x\geqslant 0,\ y\geqslant 0$$

联合起来表示图 5.4 上由斜线覆盖的区域，它就是满足约束条件的点 $(x,\ y)$ 的全体，称为线性规划的可行域，域中的每一点称为可行解.

使目标函数达到最优的(最大或最小)可行解，称为最优解，达到最优解的那一点称为最值点. 我们来分析一下营养问题的目标函数. 函数

$$f=3x+2y=c(\text{常数})$$

表示一条直线，c 变动时就得到许多平行线，当 c 从 0 逐渐增大时，这些平行线(称为等值线)逐渐向右上角移动. 开始的一些等值线与可行域不相交，后来的等值线落在可行域中，移动过程中会找到一条等值线

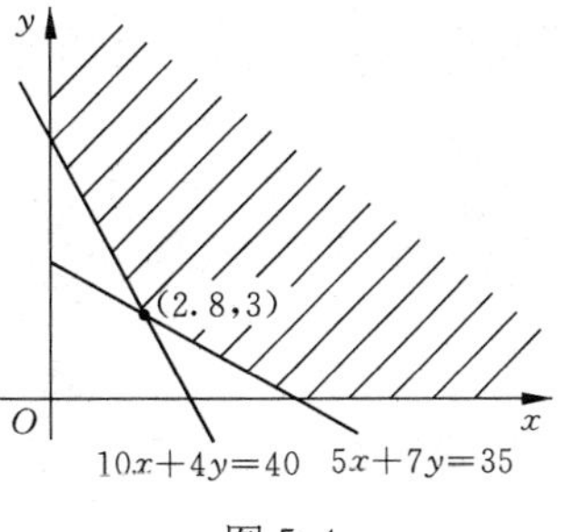

图 5.4

$$3x + 2y = 14.4,$$

它与可行域相交于一点(2.8, 3),它是可行域的一个顶点,也是两条边的交点.

这个线性规划的最优解是 $x = 2.8$, $y = 3$, 最值点是(2.8, 3). 它告诉我们,用甲种原料 28 克,乙种原料 30 克配制的营养食品既满足病员的营养要求,又使病员耗费最省.

例 4.4 解线性规划

$$\text{s. t.} \begin{cases} x + y \leqslant 1, \\ x \geqslant 0,\ y \geqslant 0, \end{cases}$$

$$\max f = x + 2y.$$

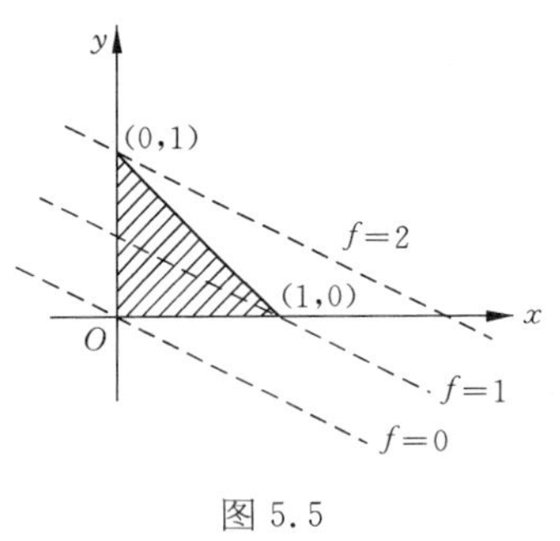

图 5.5

解 (1) 在 Oxy 平面上画出直线 $x = 0$, $y = 0$ 和 $x + y = 1$.

(2) 判定约束条件 $x+y\leqslant 1$, $x\geqslant 0$, $y\geqslant 0$ 表示的区域,即表明可行域,它是图 5.5 所示的三角形的内部(包括边界).

(3) 过可行域的顶点作等值线

$$f = 0,\ f = 1,\ f = 2.$$

从图上立即可以看出,f 的最大值在点(0, 1)达到,最大值是 2.

4.3 标准线性规划

线性规划问题的约束条件都是线性不等式或等式. 不等号可以是"≥"或"≤",可以出现几个"≤",另几个"≥". 这样,在编制软件和求解时很不方便. 为此,我们引进标准线性规划问题.

约束条件由决策变量的非负条件及另一些等式约束构成的线性规划,称为标准的线性规划,它可写成

$$\text{s. t.} \begin{cases} a_{11}x_1 + \cdots + a_{1n}x_n = b_1, \\ \qquad \cdots\cdots\cdots\cdots \\ a_{m1}x_1 + \cdots + a_{mn}x_n = b_m, \\ x_1,\ \cdots,\ x_n \geqslant 0, \end{cases}$$

$$\min f = c_1x_1 + \cdots + c_nx_n,$$

其中 x_1, x_2,…,x_n 是 n 个决策变量,约束条件由 m 个等式及决策变量的非负条

件组成. 等式约束右端的常数 $b_1,\cdots,b_m$ 非负,这总是可以的,如某个 $b_i \leqslant 0$, 则只要在该等式两边同乘(-1),该等式就变成

$$-a_{i1}x_1 - a_{i2}x_2 - \cdots - a_{in}x_n = -b_i \geqslant 0.$$

一般地,我们还假定 $n > m$.

一般的线性规划都可以化为标准线性规划,不等式约束可通过引进一个松弛变量的办法变成等式约束,如对

$$x_1 + x_2 \geqslant 10,$$

则可设

$$x_3 = x_1 + x_2 - 10 \geqslant 0,$$

使它变成

$$\begin{cases} x_1 + x_2 - x_3 = 10, \\ x_3 \geqslant 0. \end{cases}$$

x_3 称为松弛变量.

例 4.5　将线性规划

$$\text{s. t.} \begin{cases} 7x_1 + 3x_2 + 6x_3 \leqslant 150, \\ 4x_1 + 4x_2 + 5x_3 \leqslant 200, \\ x_1,\ x_2,\ x_3 \geqslant 0, \end{cases}$$

$$\max f = 4x_1 + 2x_2 + 3x_3$$

化成标准线性规划.

解　引进松弛变量

$$x_4 = 150 - 7x_1 - 3x_2 - 6x_3 \geqslant 0,$$

$$x_5 = 200 - 4x_1 - 4x_2 - 5x_3 \geqslant 0,$$

于是标准线性规划为

$$\text{s. t.} \begin{cases} 7x_1 + 3x_2 + 6x_3 + x_4 = 150, \\ 4x_1 + 4x_2 + 5x_3 + x_5 = 200, \\ x_1,\ x_2,\ x_3,\ x_4,\ x_5 \geqslant 0, \end{cases}$$

$$\min g = -4x_1 - 2x_2 - 3x_3 (= -f).$$

例 4.6　将下面的线性规划问题标准化:

$$\text{s. t.} \begin{cases} x_1 + x_2 \geqslant 1, \\ x_1 \geqslant 0, \end{cases}$$

$$\min f = -3x_1 - x_2.$$

解　引进松弛变量

$$x_3 = x_1 + x_2 - 1 \geqslant 0,$$

则约束条件成为

$$x_1 + x_2 - x_3 = 1,$$

$$x_1,\ x_3 \geqslant 0.$$

但决策变量 x_2 的非负条件是没有的，我们也不能随便加. 为了标准化，采用一简单的事实：任一实数可以表示成两个正数之差，即 $x_2 = x_4 - x_5,\ x_4,\ x_5 \geqslant 0$. 于是，所求的标准线性规划为

$$\text{s.t.} \begin{cases} x_1 - x_3 + x_4 - x_5 = 1, \\ x_1,\ x_3,\ x_4,\ x_5 \geqslant 0, \end{cases}$$

$$\min f = -3x_1 - x_4 + x_5.$$

在用图解法求解线性规划问题的例子中，我们见到最优解总在可行域的顶点达到. 当然，那时只有两个决策变量，对一般的标准线性规划问题，我们称满足约束条件的$(x_1,\ \cdots,\ x_n)$为可行解. 可行解的集合称为可行域，相当于“顶点”的是什么呢？那就是基本可行解.

在 n 个变量的 m 个约束的标准线性规划中，如指定其中 $n-m$ 个决策变量为 0，从约束条件可得到其余 m 个决策变量的唯一的非负的解，则称这 m 个变量组成一组基，对应的解称为基本可行解.

例 4.7　已知一标准线性规划的约束条件为

$$x_1 + x_2 + x_3 = 2,$$

$$x_1 - x_2 + 5x_3 = 4,$$

$$x_1,\ x_2,\ x_3 \geqslant 0,$$

求形状$(0,\ x_2,\ x_3)$，$(x_1,\ 0,\ x_3)$和$(x_1,\ x_2,\ 0)$的解.

解　设 $x_1 = 0$，则由

$$\begin{cases} x_2 + x_3 = 2, \\ -x_2 + 5x_3 = 4, \end{cases}$$

解出 $x_2 = 1,\ x_3 = 1$，$(0,\ 1,\ 1)$是基本可行解，$x_2,\ x_3$ 是一组基.

设 $x_2 = 0$，则由

$$\begin{cases} x_1 + x_3 = 2, \\ x_1 + 5x_3 = 4, \end{cases}$$

解出 $x_1=\dfrac{3}{2}$, $x_3=\dfrac{1}{2}$, $\left(\dfrac{3}{2},\ 0,\ \dfrac{1}{2}\right)$是基本可行解,$x_1$, x_3 是一组基.

最后设 $x_3=0$, 由

$$\begin{cases}x_1+x_2=2,\\ x_1-x_2=4,\end{cases}$$

解得 $x_1=3$, $x_2=-1$, 它不满足非负条件,$(3,\ -1,\ 0)$不是基本可行解.

所有的基本可行解都求出以后,线性规划问题也就可以解决了.这是由下述定理保证的.

定理　如标准线性规划问题的最优解存在,那么至少有一个基本可行解是最优解.

该定理的证明超出了本书的范围,因此省略.

*4.4　单纯形法

单纯形法是一种有效的求解标准线性规划问题的方法,它可以大大地减少计算量,上述定理原则上给出了办法,求出所有的基本可行解,比较它们的优劣,就可得出最优解.n 个变量 m 个方程的基本可行解的数目可能是

$$C_n^m=\frac{n!}{m!(n-m)!}.$$

如 $n=60$, $m=30$, $C_{60}^{30}\approx 10^{17}$, 要把这些基本可行解求出并进行比较,不是困难的,但也是非常麻烦的,当 n, m 更大的时候,这种穷举法可能就行不通了.

单纯形法的思路是这样的:先任求一个基本可行解,称它为初始的基本可行解,判定它是否最优,如果是,则问题就解决了;如果不是,则要改善一下,得到一个新的基本可行解,再判定是否最优,……如此反复进行,不断改善,有限步之后必达到最优解.

下面用 $n=4$, $m=2$ 这种情形来说明单纯形法的具体步骤:

$$\text{s.t.}\begin{cases}a_{11}x_1+a_{12}x_2+a_{13}x_3+a_{14}x_4=b_1,\\ a_{21}x_1+a_{22}x_2+a_{23}x_3+a_{24}x_4=b_2,\\ x_1,\ x_2,\ x_3,\ x_4\geqslant 0,\end{cases}$$

$$\min f=c_1x_1+c_2x_2+c_3x_3+c_4x_4.$$

(1) 第一步:确定一个初始基本可行解.

如果能从等式约束解出

$$x_1=b'_1-a'_{13}x_3-a'_{14}x_4$$

$$x_2 = b_2' - a_{23}' x_3 - a_{24}' x_4,$$

并且 b_1', b_2' 非负,则(b_1', b_2', 0, 0)就是一个基本可行解.

(2) 最优解判定.

(b_1', b_2', 0, 0)是否最优? 计算

$$\begin{aligned}\Delta f &= f(x_1, x_2, x_3, x_4) - f(b_1', b_2', 0, 0) \\ &= c_1x_1 + c_2x_2 + c_3x_3 + c_4x_4 - c_1b_1' - c_2b_2' \\ &= d_1x_1 + d_2x_2 + d_3x_3 + d_4x_4,\end{aligned}$$

其中

$$d_1 = d_2 = 0,$$

$$\begin{cases} d_3 = c_3 - c_1a_{13}' - c_2a_{23}', \\ d_4 = c_4 - c_1a_{14}' - c_2a_{24}'. \end{cases}$$

如果 d_1, d_2, d_3, $d_4 \geqslant 0$,则 $\Delta f \geqslant 0$, (b_1', b_2', 0, 0)就是最优解;如果 d_1, d_2, d_3, d_4 有一个为负的,则(b_1', b_2', 0, 0)就不是最优的,可以改进.如何改进? (b_1', b_2', 0, 0)是以 x_1, x_2 为基的可行解,我们就是要换一组基.但是,在 x_3, x_4 中选择哪一个进入基(简称进基)? 而在 x_1, x_2 中又选择哪一个从基中排除掉(简称出基)呢?

如果 $d_3 \leqslant d_4$,就让 x_3 进基.这是因为 d_3(负数)最小,x_3 的增加对 Δf 的减小有比较明显的贡献. x_1 与 x_2 哪个出基? 如果 x_1 出基,则 $x_1 = 0$, $x_4 = 0$, 从 $x_1 = b_1' - a_{13}'x_3 - a_{14}'x_4$, 可得

$$x_3 = \frac{b_1'}{a_{13}'}.$$

可以看出, $a_{13}' > 0$ 是 x_1 出基的条件.如果 $a_{13}' \leqslant 0$, 则 x_1 不能出基.如果 x_2 出基,则 $x_2 = 0$, $x_4 = 0$, 从 $x_2 = b_2' - a_{23}'x_3 - a_{24}'x_4$, 可得

$$x_3 = \frac{b_2'}{a_{23}'}.$$

如果 $a_{23}' \leqslant 0$, 则 x_2 不能出基.当 a_{13}' 和 a_{23}' 都是正数时,我们比较两个比值的大小,如

$$\frac{b_1'}{a_{13}'} < \frac{b_2'}{a_{23}'},$$

就让 x_1 出基.因为这时若让 x_2 出基,则 $x_3 = \dfrac{b_2'}{a_{23}'}$, x_1 必定是负值,不能得到基

本可行解. 这种用比值较小的办法确定让谁出基的办法,称为“最小比值法”.

当然,如果

$$\frac{b_1'}{a_{13}'}>\frac{b_2'}{a_{23}'},$$

则就让 x_2 出基.

当 $a_{13}'\leqslant 0$, $a_{23}'\leqslant 0$ 时,任意取定 x_4 的值之后,可让 x_3 的值越来越大,而且

$$x_1=b_1'-a_{13}'x_3-a_{14}'x_4\geqslant 0,$$

$$x_2=b_2'-a_{23}'x_3-a_{24}'x_4\geqslant 0.$$

于是,该线性规划的可行域是无限的, $\Delta f=d_3x_3+d_4x_4$ 没有下界,要多小就多小,则目标函数无下界,该线性规划问题无解.

总之,当 d_3(负数)最小时,让 x_3 进基;当 $a_{13}'\leqslant 0$, $a_{23}'\leqslant 0$ 时,目标函数无下界,不用再做下去了;当 $a_{13}'>0$, $a_{23}'\leqslant 0$ 时,让 x_1 出基;当 $a_{13}'\leqslant 0$, $a_{23}'>0$ 时,让 x_2 出基;当 $a_{13}'>0$, $a_{23}'>0$ 时, 用最小比值法确定让哪个变量出基.

对得到的新基,如 x_2, x_3,列出相应的式子,从第一步做起,求一个基本可行解,再判定是否最优,即计算 Δf. 如果 $\Delta f\geqslant 0$, 该基本可行解就是最优的;如果 Δf 的系数还有负值,则选取最小的 d_t,让 x_t 进基,哪个变量出基则由 x_t 前的系数仿照前面对 x_3 做过的办法进行……直到 $\Delta f\geqslant 0$ 或者断定目标函数无下界为止.

以上的分析过程用矩阵来表示十分简单,下面以实例说明.

例 4.8　求解线性规划

$$\text{s. t.}\begin{cases}x_1+2x_2+2x_3+x_4=8,\\3x_1+4x_2+x_3+x_5=7,\\x_1,\ x_2,\ x_3,\ x_4,\ x_5\geqslant 0,\end{cases}$$

$$\min f=-5x_1-2x_2-3x_2+x_4-x_5.$$

解　首先写出如下矩阵

$$\begin{array}{ccc} & & \begin{array}{cccccc}-5 & -2 & -3 & 1 & -1 & \end{array} & \\ (-c_4) & -1 & \left(\begin{array}{cccccc}1 & 2 & 2 & 1 & 0 & 8\\ 3 & 4 & 1 & 0 & 1 & 7\end{array}\right) & \begin{array}{c}\frac{8}{2}=4\\ \frac{7}{1}=7\end{array} \\ (-c_5) & 1 & & \\ & \Delta f & \begin{array}{cccccc}-3 & 0 & -4 & 0 & 0 & \end{array} & \end{array}.$$

再在矩阵第 1 行的上面写对应的 c_1, c_2, c_3, c_4, c_5(f 的系数). 从矩阵中看出, x_4, x_5 已经可以解出来了. 于是在第 1 行的左边添 $-c_4$,在第 2 行的左边添

$-c_5$,添上去的那些值都是为了计算 d_i 值的.由式子 $d_i = c_i - c_4 a'_{4i} - c_5 a'_{5i}$ 算出 d_1, d_2, d_3, d_4, d_5 写在矩阵下面.

由上面这个矩阵及附加信息,可知(0, 0, 0, 8, 7)是基本可行解,x_4, x_5 是一组基.因为 $d_1 < 0$, $d_3 < 0$,所以该解不是最优的.由于 $d_3 = -4$ 最小,$\frac{8}{2} = 4 < 7$,因此 x_3 进基,x_4 应该出基.再以 x_3, x_5 为基求基本可行解.为此,要做矩阵的行初等变换:

$$\begin{pmatrix} 1 & 2 & 2 & 1 & 0 & 8 \\ 3 & 4 & 1 & 0 & 1 & 7 \end{pmatrix} \to \begin{pmatrix} \frac{1}{2} & 1 & 1 & \frac{1}{2} & 0 & 4 \\ 3 & 4 & 1 & 0 & 1 & 7 \end{pmatrix}$$

$$\to \begin{pmatrix} \frac{1}{2} & 1 & 1 & \frac{1}{2} & 0 & 4 \\ \frac{5}{2} & 3 & 0 & -\frac{1}{2} & 1 & 3 \end{pmatrix}.$$

它已经是可解出 x_3, x_5 的形式,再按照前面的步骤做一遍:

$$\begin{array}{cc} & \begin{matrix} -5 & -2 & -3 & 1 & -1 & \end{matrix} \\ \begin{matrix} (-c_3) & 3 \\ (-c_5) & 1 \end{matrix} & \begin{pmatrix} \frac{1}{2} & 1 & 1 & \frac{1}{2} & 0 & 4 \\ \frac{5}{2} & 3 & 0 & -\frac{1}{2} & 1 & 3 \end{pmatrix} \begin{matrix} \frac{4}{\frac{1}{2}} = 8 \\ \frac{3}{\frac{5}{2}} = \frac{6}{5} \end{matrix}. \\ \Delta f & \begin{matrix} -1 & 4 & 0 & 2 & 0 & \end{matrix} \\ & \text{进} \end{array}$$

可见,x_1 进基,x_5 出基,再以 x_1, x_3 为基做一遍:

$$\begin{pmatrix} \frac{1}{2} & 1 & 1 & \frac{1}{2} & 0 & 4 \\ \frac{5}{2} & 3 & 0 & -\frac{1}{2} & 1 & 3 \end{pmatrix} \to \begin{pmatrix} \frac{5}{2} & 3 & 0 & -\frac{1}{2} & 1 & 3 \\ \frac{1}{2} & 1 & 1 & -\frac{1}{2} & 0 & 4 \end{pmatrix}$$

$$\to \begin{pmatrix} 1 & \frac{6}{5} & 0 & -\frac{1}{5} & \frac{2}{5} & \frac{6}{5} \\ \frac{1}{2} & 1 & 1 & \frac{1}{2} & 0 & 4 \end{pmatrix}$$

$$\to \begin{pmatrix} 1 & \frac{6}{5} & 0 & -\frac{1}{5} & \frac{2}{5} & \frac{6}{5} \\ 0 & \frac{2}{5} & 1 & \frac{3}{5} & -\frac{1}{5} & \frac{17}{5} \end{pmatrix}.$$

它又是可解出 x_1, x_3 的形式,类似于前面的做法,可得矩阵:

$$\begin{array}{c} \\ 5 \\ 3 \\ \Delta f \end{array}\begin{array}{c} \begin{matrix} -5 & -2 & -3 & 1 & -1 & \end{matrix} \\ \begin{pmatrix} 1 & \frac{6}{5} & 0 & -\frac{1}{5} & \frac{2}{5} & \frac{6}{5} \\ 0 & \frac{2}{5} & 1 & \frac{3}{5} & -\frac{1}{5} & \frac{17}{5} \end{pmatrix}. \\ \begin{matrix} 0 & \frac{26}{5} & 0 & \frac{9}{5} & \frac{2}{5} & \end{matrix} \end{array}$$

终于出现 $d_i \geqslant 0$, 此时的基本可行解$\left(\frac{6}{5}, 0, \frac{17}{5}, 0, 0\right)$是最优的,而且

$$\min f = -5 \times \frac{6}{5} - 3 \times \frac{17}{5} = -\frac{81}{5}.$$

习　　题

1. 用图解法求解线性规划问题:

(1) s. t. $\begin{cases} x + y \leqslant 2, \\ x - y \geqslant 1, \\ x, y \geqslant 0, \end{cases}$ $\max f = 2x - y$;

(2) s. t. $\begin{cases} x + 2y \geqslant 1, \\ x, y \geqslant 0, \end{cases}$ $\min f = x + 2y$.

2. 一件 A 零件用铜 1 千克,铝 2 千克;一件 B 零件用铜 0.5 千克,铝 3 千克. 现有铜 15 千克,铝 40 千克. A 零件每件售价 1 000 元,B 零件每件售价 2 000 元. 问 A, B 各生产多少件能使收入最大?

3. 将下列线性规划化为标准线性规划:

(1) s. t. $\begin{cases} x_1 + x_2 + x_3 \leqslant 10, \\ -x_1 + x_4 \leqslant -2, \\ x_1, x_2, x_3 \geqslant 0, \end{cases}$ $\min f = x_1 + x_4$;

(2) s. t. $\begin{cases} x_1 + x_2 \leqslant 2 - x_3 - x_4, \\ -x_1 + x_4 \leqslant -3, \\ 2x_1 + x_3 \leqslant 4, \\ x_1, x_2, x_3 \geqslant 0, \end{cases}$ $\min f = x_1 - 2x_2 + x_3$.

4. 求线性规划的所有基和对应的基本可行解:

s. t. $\begin{cases} x_1 + x_2 + x_3 = 1, \\ 2x_1 + 2x_2 - x_3 = 1, \\ x_1, x_2, x_3 \geqslant 0, \end{cases}$

$\min f = c_1x_1 + c_2x_2 + c_3x_3$.

5. 求标准线性规划的最优解：

$$\text{s. t.} \begin{cases} 2x_1 + 2x_2 - x_3 = 1, \\ 4x_1 + x_2 + x_3 = 5, \\ x_1,\ x_2,\ x_3 \geqslant 0, \end{cases}$$

$\min f = x_1 - 2x_2 + 3x_3$.

6. 用单纯形法求解线性规划：

$$\text{s. t.} \begin{cases} x_1 + x_2 + x_3 - x_4 = 1, \\ 2x_1 + x_2 - x_3 + 2x_4 = 2, \\ x_1,\ x_2,\ x_3,\ x_4 \geqslant 0, \end{cases}$$

$\min f = x_1 - x_2 - x_3$.

7. 将下列线性规划化成标准线性规则，并用单纯形法求解：

$$\text{s. t.} \begin{cases} -x_1 + 2x_2 \leqslant 4, \\ 3x_1 + 2x_2 \leqslant 14, \\ 2x_1 - x_2 \leqslant 4, \\ x_1,\ x_2 \geqslant 0, \end{cases}$$

$\min f = 6x_1 + 4x_2$.

§5 其他应用

5.1 编码游戏

在通讯中，有时为了保密，不让第三者知道，设计了编码和译码的方法. 但第三者(往往是敌方)要千方百计去解密，破译密码内容. 编译和破译的技巧都在发展，用到的数学也越来越多，这里介绍的矩阵方法，恐怕只能是一个编码游戏了.

一般情况下，可将 26 个英文字母对应于 26 个数字.

A	*B*	*C*	*D*	*E*	*F*	*G*	*H*	*I*	*J*	*K*	*L*	*M*	*N*	*O*	*P*	*Q*
1	2	3	4	5	6	7	8	9	10	11	12	13	14	15	16	17
R	*S*	*T*	*U*	*V*	*W*	*X*	*Y*	*Z*	!	□						
18	19	20	21	22	23	24	25	26	27	28						

例如，我们要告诉朋友

$$Welcome!\square\square Fudan\square University\square$$

它对应于数字串：

23　5　12　3　15　13　5　27　28　28　6　21　4　1

14　28　21　14　9　22　5　18　19　9　20　25　28

为了增加破译的困难，发送和接收的双方可约定一个编码矩阵 A 和译码矩阵 A^{-1}，这完全是任意的．例如

$$A=\begin{pmatrix}1&2&5\\1&3&0\\0&0&1\end{pmatrix},\quad A^{-1}=\begin{pmatrix}3&-2&-15\\-1&1&5\\0&0&1\end{pmatrix}.$$

将要发送的数字串排成矩阵

$$C=\begin{pmatrix}23&5&12\\3&15&13\\5&27&28\\28&6&21\\4&1&14\\28&21&14\\9&22&5\\18&19&9\\20&25&28\end{pmatrix},$$

再求出乘积 CA：

$$CA=\begin{pmatrix}28&61&127\\18&51&28\\32&91&53\\34&74&161\\5&11&34\\49&119&154\\31&84&50\\37&93&99\\45&115&128\end{pmatrix}.$$

当我们将 CA 的 27 个数字逐行发出，第三方很难知道原来的内容，而接收者把收到的数字串排成 9×3 矩阵，再乘以 A^{-1} 得到

$$CA A^{-1} = C,$$

就知道内容了,既方便又安全,关键是 A 和 A^{-1} 的选取.

5.2 投入产出模型

投入产出模型是一种宏观的经济模型,它最早是由美国经济学家列昂惕夫(Leontieff, 1906—1999 年)提出的.几十年来被越来越多的国家所采用,它在编制经济计划、进行经济预测以及研究污染、人口等社会问题诸方面获得了很大成效.

列昂惕夫提出以下假设:

(1) 国民经济被划分为几个生产部门,每个部门生产一种产品;

(2) 每个生产部门的生产意味着将其他部门的产品经过加工,变成本部门产品.在这个过程中消耗掉的其他部门的产品称为"投入",生产所得的本部门产品称为"产出".

根据上述假设,一个模型中共有几个部门和几种产品,它们之间是一一对应的.

下面我们假设经济由农业、制造业和服务业 3 个部门组成(这是为了简单起见所作的例子,一般的经济模型可有几十个或几百个部门),每个部门都直接出售一部分产品给公众(这是最终需求),并将一部分产品卖给其他两个部门作为它们的"投入",制造业将办公设备、计算机等出售给服务业,把化肥和农机出售给农业部门,服务业将其保险和金融服务出售给其他两个部门,每个部门还要用掉一定比例的自身的产品.

这个假想的经济的各部门的投入和产出可用表 5.2 显示.

表 5.2

产出 / 投入	农　业	制造业	服务业	最终需求	总产品
农　业	40	100	60	100	300
制造业	10	20	50	320	400
服务业	10	40	10	340	400

表 5.2 中的数字表示产值,单位为亿元人民币.第 1 行表示农业的总产值为 300 亿元,其中 40 亿元农产品用于农业生产本身,100 亿元农产品用于制造业,60 亿元农产品用于服务业,最终有 100 亿元农产品满足公众需求.第 1 列表示这样的事实:为了生产总产值 300 亿元的农产品,要投入 40 亿元的农产品、10 亿元的制造业产品、10 亿元的服务业产品.如令

$$A=(a_{ij})=\begin{pmatrix}40 & 100 & 60\\10 & 20 & 50\\10 & 40 & 10\end{pmatrix},\ \boldsymbol{d}=\begin{pmatrix}d_1\\d_2\\d_3\end{pmatrix}=\begin{pmatrix}100\\320\\340\end{pmatrix},\ \boldsymbol{x}=\begin{pmatrix}x_1\\x_2\\x_3\end{pmatrix}=\begin{pmatrix}300\\400\\400\end{pmatrix},$$

$\boldsymbol{d}$ 为最终需求向量，$\boldsymbol{x}$ 为总产出向量，显然有

$$a_{i1}+a_{i2}+a_{i3}+d_i=x_i,\ i=1,\ 2,\ 3.$$

再引进矩阵

$$T=(t_{ij}),\quad t_{ij}=\frac{a_{ij}}{x_j},\quad i,\ j=1,\ 2,\ 3,$$

它的第 1 列表示生产 1 亿元的农产品，需要 t_{11} 的农产品的投入，需要 t_{21} 的制造业产品的投入，需要 t_{31} 的服务业产品的投入……称 t_{ij} 为直接消耗系数，称矩阵 (t_{ij}) 为直接消耗矩阵，它们在短时期内变化很小，可以将它们看成是已知的常数. 应用 t_{ij}，$a_{i1}+a_{i2}+a_{i3}+d_i=x_i$ 可写成

$$T\boldsymbol{x}+\boldsymbol{d}=\boldsymbol{x},$$

或

$$(I-T)\boldsymbol{x}=\boldsymbol{d}.$$

本节中的数字信息给出

$$T=\begin{pmatrix}\frac{2}{15} & \frac{1}{4} & \frac{3}{20}\\ \frac{1}{30} & \frac{1}{20} & \frac{1}{8}\\ \frac{1}{30} & \frac{1}{10} & \frac{1}{40}\end{pmatrix},\quad I-T=\begin{pmatrix}\frac{13}{15} & -\frac{1}{4} & -\frac{3}{20}\\ -\frac{1}{30} & \frac{19}{20} & -\frac{1}{8}\\ -\frac{1}{30} & -\frac{1}{10} & \frac{39}{40}\end{pmatrix}.$$

$I-T$ 是一个确定的矩阵，对任何最终需求向量 $\boldsymbol{d}$，可以求出相应的总产出向量 $\boldsymbol{x}$：

$$\boldsymbol{x}=(I-T)^{-1}\boldsymbol{d}.$$

为求 $I-T$ 的逆阵，我们当然可以用行初等变换，这里的矩阵 T 有一个很特殊的地方，就是它的元素的绝对值都小于 1. 于是

$$(I-T)^{-1}\approx I+T+T^2+T^3.$$

直接验证

$$(I-T)(I+T+T^2+T^3)=I-T^4,$$

因为 T 的元素都是小数，T^4 的元素都接近零，所以这种近似方法是可行的.

既然是近似计算，因此我们可将 T 的元素化成小数

$$T=\begin{pmatrix}0.1333 & 0.25 & 0.15\\ 0.0333 & 0.05 & 0.125\\ 0.0333 & 0.1 & 0.025\end{pmatrix},$$

经计算可得

$$(I-T)^{-1}\approx\begin{pmatrix}1.172 & 0.327 & 0.219\\ 0.046 & 1.079 & 0.147\\ 0.044 & 0.121 & 1.047\end{pmatrix}.$$

投入产出模型已被编制好计算机软件，只要输入必要的数据资料，就能生成投入产出矩阵 T，然后进行各种计算和分析. 上面列举的从最终需求量求总的产出，仅是最简单的一个应用.

5.3 两人零和对策

人们在竞争或斗争中，总希望自己的一方取胜. 每一方为取胜所作的努力一定会遭到对手的干扰. 因此，任何一方都必须考虑对手可能怎样决策，从而选出自己的好的对策. 这类竞争或斗争的现象，称为对策现象.

请看下面的矩阵游戏. 设矩阵

$$\begin{pmatrix}1 & 6 & -1\\ 3 & -2 & -3\\ 4 & 5 & 3\end{pmatrix}$$

为已知，甲可任选行数(可能是 1, 2, 3)，乙也可选列数. 当交错元素为正时，表示甲胜，当交错元素为负时，表示乙胜. 例如，甲选第 2 行，乙选第 3 列，交错元素为 -3，乙就获胜. 甲、乙两人称为局中人，(甲选行数，乙选列数)组成一个“局势”. 甲选某行是一个策略，甲可取 3 个策略；乙取某列也是一个策略，乙也可取 3 个策略，共可组成 9 个“局势”. 胜负或得失是局势的函数.

有限零和两人对策是一种特殊的现象，局中人只有两个，每个可选取的策略只有有限个，且任一局势对应的得失之和总等于零，即一人所得即另一人所失.

有限零和两人对策可用矩阵表示，用下列矩阵

$$(a_{ij})=\begin{pmatrix}a_{11} & a_{12} & \cdots & a_{1n}\\ a_{21} & a_{22} & \cdots & a_{2n}\\ \cdots & \cdots & \cdots & \cdots\\ a_{m1} & a_{m2} & \cdots & a_{mn}\end{pmatrix}$$

表示甲的得失表，它表示甲共有 m 个策略(行数)，乙共有 n 个策略(列数)，写

在 i 行 j 列的数 a_{ij} 就是甲的得失，即当甲选取第 i 个策略、乙选取第 j 个策略时，甲得 a_{ij}（当它大于零时称得，当它小于零时实际上是失）. 当然，乙的得失表即矩阵 $(-a_{ij})$.

例如，甲的得失表为

$$\begin{pmatrix} -2 & 5 & 1 \\ 4 & -4 & 0 \\ 3 & 4 & 1 \\ 3 & 3 & 2 \end{pmatrix}.$$

如甲选第 1 行，他可能得到 5 分，但他也可能失去 2 分；如甲选第 2 行，他可能得到 4 分，但他也可能失去 4 分；如甲选第 3 行或第 4 行，都肯定能得分. 同时，乙也会考虑他的对策.

甲的一种选择策略的办法是找出

$$\max_i(\min_j a_{ij}),$$

即行中最小的数的集合中的最大者，它所在的行是较好的策略. 在上面这矩阵中，各行的最小值为 $(-2,\ -4,\ 1,\ 2)$，这里面的最大者是 2. 甲如选第 4 行，稳得 2 分. 当行中最小数的集合中的元素都相等时，我们说 $\max_i(\min_j a_{ij})$ 不存在.

称 $\max_i(\min_j a_{ij})$ 为鞍点，称存在鞍点的对策为严格决定了的对策（称矩阵游戏更妥当）.

有些游戏矩阵没有鞍点，有些则有许多鞍点. 如

$$\begin{pmatrix} -1 & 1 \\ 1 & -1 \end{pmatrix}$$

无鞍点，又如

$$\begin{pmatrix} 2 & 3 & -2 & -1 \\ 6 & 7 & 8 & 6 \\ 0 & 1 & -2 & 3 \\ 6 & 8 & 9 & 6 \end{pmatrix}$$

有 4 个鞍点.

例如，齐王与田忌赛马的故事. 齐王与田忌赛马，规定每人牵出强、中、弱马各 1 匹，共 3 匹组成马队进行团体赛. 各队预先排好 1, 2, 3 次序，第 1 对第 1，第 2 对第 2，第 3 对第 3. 胜者得 1 分，可赢 1 千金. 一场比赛下来，最多可得 3 分，最多失分也是 3 分. 已知田忌的强马比齐王的强马差，但比齐王的中马好. 田忌的中马比齐王的中马差，但比齐王的弱马好，田忌的弱马最差. 齐王与田忌都

有 6 种策略：

(1) (强中弱)；(2)(强弱中)；(3)(中强弱)；(4)(中弱强)；

(5) (弱强中)；(6)(弱中强).

齐王的得失分表如下：

$$\begin{pmatrix} 3 & 1 & 1 & 1 & -1 & 1 \\ 1 & 3 & 1 & 1 & 1 & -1 \\ 1 & -1 & 3 & 1 & 1 & 1 \\ -1 & 1 & 1 & 3 & 1 & 1 \\ 1 & 1 & 1 & -1 & 3 & 1 \\ 1 & 1 & -1 & 1 & 1 & 3 \end{pmatrix},$$

它不存在鞍点，不是严格决定了的对策. 但确实存在一些局势，它们对应着齐王失 1 分，这故事中的确是田忌得了 1 分，齐王因此输了 1 千金.

如何解决不能严格决定了的对策？这就要依赖于概率论，引进“混合策略”的概念，这里就不再讨论了.

第六章　概率统计初步

客观世界中，除了确定性的现象外，还有大量的不确定的现象或偶然现象．正如名人所言："在表面是偶然性在起作用的地方，这种偶然性始终是受内部隐蔽着的规律支配的．"概率论和数理统计就是从定量的角度研究这种内在规律的数学分支学科．

无论是在自然科学、技术科学中，还是在社会科学、人文科学中，都要研究大量不确定的现象．概率统计无疑为研究这些现象提供了理论和思想库．在现实世界中存在大量的机遇和风险，概率统计可以为有效处理信息、正确作出决策、捕捉机遇、减少风险提供有力的工具．

§1　随机事件和概率

1.1　随机事件、概率的统计定义

在自然现象和社会现象中，有许多事情在一定的条件下必然会发生．如在没有外力作用的条件下，作等速直线运动的物体必然继续作等速直线运动．这种在一定条件下必然发生的事情称为必然事件；反之，在一定条件下必然不发生的事情就称为不可能事件．如"在标准大气压下，水加热到 100 ℃不沸腾"就是一个不可能事件．

但是在社会和自然现象中还存在一类与必然事件或不可能事件本质上不同的事情，这种事情在一定的条件下可能发生也可能不发生．这种事情称为随机事件，简称事件．这种事件是广泛存在的．例如，"6～8 月间某河流的最高水位高于 8 米"，"今天某种股票指数低于 1 200 点"，"从一批产品中抽取 10 件，其中有 1 件次品"，这 3 个事件均为随机事件．

随机事件虽然有其不确定的一面，即它在一次观察或试验中，可能发生也可能不发生，但是在多次和长期的观察或在多次的试验中，人们仍然可以发现其中的规律性．

例如，检验大批的产品，当产品的长度介于 13.60 厘米至 13.90 厘米时，产

品为合格品,否则是次品.分别抽取 5 件、10 件、60 件、150 件、600 件、900 件、1 200 件、1 800 件进行检验,其结果如表 6.1 所示.

表 6.1

抽取件数	5	10	60	150	600	900	1 200	1 800
合格产品数	5	7	53	131	548	820	1 091	1 631
合格品频率	1	0.7	0.883	0.873	0.913	0.911	0.909	0.906

其中合格品频率定义为抽到合格品数除以抽取件数.由此可见,虽然抽出的产品是合格品还是次品是随机的,然而随着检验件数的增加,合格品的频率越来越趋近于一个稳定值 0.9.

又如,投掷一枚硬币,“正面朝上”或“反面朝上”都是随机事件,但是随着投掷次数越来越多,规律性又呈现了.表 6.2 所示是历史上人们大量试验的记录.容易看出,投掷次数越来越多时,频率稳定在 0.5 附近.

表 6.2

实 验 者	投掷次数 n	出现“正面朝上”的次数 μ	频率 $=\mu/n$
德·摩根(DeMorgan)	2 048	1 061	0.518
蒲丰(Buffon)	4 040	2 048	0.506 9
皮尔逊(Pearson)	12 000	6 019	0.501 6
皮尔逊	24 000	12 012	0.500 5

据此,我们发现,随着试验次数的增多,频率越来越清楚地呈现出稳定性,这个稳定值是事件本身固有的性质,反映了该事件发生的可能性.据此我们引入以下定义.

定义 作 n 次重复试验,记 μ 是试验中事件 A 的发生次数.当 n 很大时,若频率 μ/n 稳定地在某一数值 p 附近摆动,则称 p 为随机事件 A 发生的概率,记为

$$P\{A\}=p.$$

据定义,显然成立 $0\leqslant P\{A\}\leqslant 1$. 若将必然事件记为 Ω,将不可能事件记为 $\varnothing$,把它们视作随机事件的特例,应有 $P\{\Omega\}=1$ 和 $P\{\varnothing\}=0$.

概率的上述定义称为概率的统计定义.

1.2 随机事件的关系和运算

在现实中,孤立地研究一个事件及其概率是不够的.我们往往还要研究同样

条件下的若干随机事件以及它们之间的关系.例如在检验某种圆柱形产品时,要求它的高度和直径都符合规格才算合格.这时,我们要考虑"产品合格"、"产品不合格"、"直径合格"、"直径不合格"、"高度合格"、"高度不合格"、"高度合格但直径不合格"等这类事件.显然,这类事件之间是有联系的,从而它们的概率之间也是有联系的.下面我们将讨论事件之间的几种主要的关系.

1. 事件的包含与相等

若事件 A 发生必导致事件 B 发生，则称事件 B 包含事件 A,记作

$$A \subset B \quad 或 \quad B \supset A.$$

例如"直径不合格"必然导致"产品不合格",所以"产品不合格"这一事件包含了"直径不合格"这一事件.

若 $A \subset B$, $B \supset A$ 同时成立，则称 A 和 B 两事件相等，记作 $A = B$.

2. 事件的和、积与差

事件 A 与事件 B 至少有一个发生构成的事件称为事件 A 与 B 之和,记作 $A \cup B$. 例如"产品不合格"就是"直径不合格"与"高度不合格"两事件之和.

由事件 A 与事件 B 同时发生构成的事件称为事件 A 与事件 B 之积,记作 $A \cap B$ 或 AB. 例如"产品合格"就是"直径合格"与"高度合格"之积.

事件的和与积可以推广到多个事件甚至是无穷多个事件的情形. n 个事件 $A_1, A_2, \cdots, A_n$ 中至少有一个发生构成的事件称为这 n 个事件之和,记作 $\bigcup\limits_{i=1}^{n} A_i$; $A_1, A_2, \cdots, A_i, \cdots$ 这无穷多个事件至少有一个发生,称为这无穷多个事件之和,记作 $\bigcup\limits_{i=1}^{\infty} A_i$. 类似地,可以定义一系列事件(有限个或无穷个)之积 $\bigcap\limits_{i=1}^{n} A_i$ 或 $\bigcap\limits_{i=1}^{\infty} A_i$.

事件 A 发生而事件 B 不发生构成的事件称为事件 A 与事件 B 之差,记作 $A - B$. 例如"直径合格但高度不合格"就是"直径合格"与"高度合格"之差.

3. 事件的互不相容性

若事件 A 与事件 B 不可能同时发生,即 A 发生时 B 必定不发生(反之,B 发生时 A 必定不发生),则称事件 A 与事件 B 是互不相容的.由事件积的定义,此时应有 $AB = \varnothing$, 若 A 和 B 是互不相容的,它们之和可记作 $A + B$.

若 n 个事件 $A_1, A_2, \cdots, A_n$ 是两两互不相容的,就称这 n 个事件是互不相容的.

4. 对立事件

"产品合格"与"产品不合格","直径合格"与"直径不合格",是两组互相对立的事件.对立事件的特征是两者不会同时发生,但两者必有一个发生.据此,我们称满足

$$A \cap B = \varnothing, A \cup B = \Omega$$

的事件为对立事件,记为 $A = \overline{B}$ 或 $B = \overline{A}$.

上述事件的关系与运算, $A \supset B$, $A \cup B$, $A \cap B$, $A-B$, $\overline{A}$ 等和集合相应的关系与运算是相同的.对事件的讨论可以转化为对集合的讨论,这给概率理论的研究带来了很大的方便.

1.3 古典概型

1. 定义

有一类简单而常见的随机现象,其特征是试验结果的个数是有限的,它的各个试验结果出现的可能性是相等的.例如投掷一枚硬币的结果只能是两种,正面朝上或反面朝上,正面朝上与反面朝上的可能性是相同的.又如,有 30 张考签,分别从 1 至 30 编号.一个学生任抽一张进行考试.每张被抽到的可能都是相同的,可能的结果共有 30 个,即"抽到 1 号","抽到 2 号"……"抽到 30 号".

这类现象在概率论发展的萌芽时期就获得了研究,被称为古典概型.我们给出一般的定义.

定义 若有一组互不相容的事件 $A_1, A_2, \cdots, A_n$ 具有如下性质:

(1) $A_1, A_2, \cdots, A_n$ 发生的可能性相等;

(2) 在任一次试验中, $A_1, A_2, \cdots, A_n$ 至少有一个发生,则称 $A_1, A_2, \cdots, A_n$ 为一个等可能完备事件组或基本事件组,其中任一事件 $A_i (i = 1, 2, \cdots, n)$ 称为基本事件.

具有这种基本事件组的概率模型就是古典概型.对古典概型,每次试验必有一个基本事件发生.但又因基本事件组是互不相容的,因此至多只有一个发生.

投掷一枚硬币,"正面朝上"和"反面朝上"就是两个基本事件,它们构成了基本事件组.

对古典概型,可以定义任一事件的概率.

定义 设 $A_1, A_2, \cdots, A_n$ 是一个基本事件组,事件 B 是基本事件组中 m 个事件之和,则称 m/n 为事件 B 的概率,记为

$$P\{B\} = \frac{m}{n}.$$

例如,对上述抽考签问题,"抽到 1 号","抽到 2 号"……"抽到 30 号",构成基本事件组,共有 30 个基本事件.事件"抽到前 5 号"是由"抽到 1 号"、"抽到 2 号"、"抽到 3 号"、"抽到 4 号"、"抽到 5 号"这 5 个事件之和构成,根据定义,有

$$P\{\text{“抽到前 5 号”}\} = \frac{5}{30} = \frac{1}{6}.$$

2. 排列组合

计算概率时需要计算基本事件的总数和某一事件包含的基本事件数，排列和组合是有效的工具.

在 n 个不同的元素中取 r 个 $(r \leqslant n)$ 加以排列，则第一个的取法有 n 种，第二个的取法有 $(n-1)$ 种……第 r 个的取法有 $n-r+1$ 种，所以不同的排列共有 $n(n-1)\cdot\cdots\cdot(n-r+1)$ 种，记为 P_n^r. 若 $r=n$，称为全排列，记为 $\mathrm{P}_n^n = n(n-1)\cdot\cdots\cdot 2\cdot 1$，若用 $n!$ 记 $n(n-1)\cdot\cdots\cdot 2\cdot 1$，则

$$\mathrm{P}_n^r = \frac{n!}{(n-r)!}.$$

在 n 个不同的元素中取 r 个元素得一个元素的组合. 若两个元素组合的成员除了排列次序可能不同外，组成的元素完全相同，我们将它们视作是完全相同的. 由于每一元素组合的成员可有 $r!$ 种不同的排列，所以不同的元素组合的个数为

$$\frac{n(n-1)\cdots(n-r+1)}{r!} = \frac{n!}{r!(n-r)!},$$

通常用 C_n^r 或 $\begin{pmatrix} n \\ r \end{pmatrix}$ 来表示.

例 1.1　从 0, 1, 2, 3, 4, 5, 6, 7, 8, 9 这 10 个数字中任抽 3 个可以构成多少个不同的数字?

解　这是从 10 个元素中取 3 个元素的排列，则

$$\mathrm{P}_{10}^3 = \frac{10!}{7!} = 720,$$

即共构成 720 个不同的数字.

例 1.2　一个口袋中有 5 个不同颜色的同样大小的球，从中任意摸取 2 个，有几种不同的结果?

解　这是从 5 个元素中取 2 个元素的组合，

$$\mathrm{C}_5^2 = \frac{5!}{3!2!} = 10,$$

即有 10 种不同的可能.

还有一种允许元素重复的排列. 在 n 个不同的元素中抽取 r 个，允许元素重

复.那么,每次都有 n 种取法.因此,不同的排列数为$\underbrace{n\cdot n\cdot\cdots\cdot n}_{r}$即 n^r.

例 1.3 从 0, 1,⋯, 9.这 10 个数字中抽出 1 个数字作为个位数,将此数字放回,再抽取 1 个数字作为 10 位数,然后将此数字放回,再抽取 1 个数字作为百位数.这样可以构成多少个不同的数字?

解 这是 10 个元素抽取 3 个元素的重复排列,总数为 10^3,即1 000 个.

将 n 个元素分为 r 组,第一组有 n_1 个元素,第二组有 n_2 个元素……第 r 组有 n_r 个元素 $(n_1+n_2+\cdots+n_r=n)$,则不同的分法共有

$$\frac{n!}{n_1!n_2!\cdot\cdots\cdot n_r!}$$

种.

3. 例子

我们给出若干计算古典概型的例子.

例 1.4 袋中有 3 个白球,2 个黑球.从中任意摸取 2 个,问 2 个全为白球的概率是多少?

解 从 5 个球中摸取 2 个共有 $C_5^2=\dfrac{5\times 4}{1\times 2}=10$ 种不同的结果,它们出现的机会相同,每一种结果对应于一个基本事件,因此基本事件组共包含 $n=10$ 个事件.5 个球中有 3 个白球,因此摸得 2 个白球共有 $m=C_3^2=\dfrac{3\times 2}{2\times 1}=3$ 种不同的摸法.由古典概型概率的定义,得

$$P\{\text{“摸得 2 个白球”}\}=\frac{m}{n}=\frac{3}{10}.$$

例 1.5 有一批产品共 120 件,其中一等品 35 件,二等品 85 件.现任抽 2 件,求至少有一件一等品的概率.

解 120 件中任抽 2 件共有 $n=C_{120}^2=7\ 140$ 种不同的抽法,即共有 7 140 个基本事件.“至少抽到一件一等品”这一事件是“抽到 2 件一等品”和“抽到 1 件一等品、抽到 1 件二等品”这 2 个事件之和.“抽到 2 件一等品”包含了 $m_1=C_{35}^2=595$ 个基本事件.“抽到 1 件一等品、抽到 1 件二等品”包含了 $m_2=C_{35}^1C_{85}^1=2\ 975$ 个基本事件.因此“至少抽到 1 件一等品”包含了 $m=m_1+m_2=3\ 570$ 个基本事件.于是

$$P\{\text{“至少抽到 1 件一等品”}\}=\frac{m}{n}=\frac{3\ 570}{7\ 140}=\frac{1}{2}.$$

例 1.6　从 0, 1, 2,…,9 这 10 个数字中任意抽取一个数字(抽后放回),接连抽 5 次,问抽到 5 个不同数字的概率是多少?

解　由于每次抽后放回,因此是重复排列,共有 $n=10^5$ 个不同的结果,即有 10^5 个基本事件. 5 个数字不同的抽法对应于从 10 个元素中取 5 个元素进行排列,不同的排列数为 $m=\mathrm{P}_{10}^5=30\,240$, 即包含了 30 240 个基本事件,因此

$$P\{\text{“抽到 5 个不同数字”}\}=0.302\,4.$$

4. *加法定理和乘法定理*

为了进一步计算各种复杂的概率,也为了进一步揭露概率的本质,我们介绍加法定理和乘法定理.

加法定理　两个互不相容的事件 A, B 的和的概率等于事件 A 与 B 的概率之和

$$P\{A\cup B\}=P\{A\}+P\{B\}.$$

证　设基本事件组为 $A_1, A_2,\cdots,A_n$,其中事件 A 包含了 m_1 个基本事件,事件 B 包含了 m_2 个基本事件,于是 $P\{A\}=m_1/n$, $P\{B\}=m_2/n$. 由于 A 和 B 是不相容的, $A\cup B$ 包含了 m_1+m_2 个基本事件,从而据定义,有

$$P\{A\cup B\}=\frac{m_1+m_2}{n}=\frac{m_1}{n}+\frac{m_2}{n}=P\{A\}+P\{B\}.$$

这个定理可以推广到有限个事件的情形. 设 $B_1, B_2,\cdots,B_m$ 是 m 个互不相容的事件,那么

$$P\{B_1\cup B_2\cup\cdots\cup B_m\}=P\{B_1\}+P\{B_2\}+\cdots+P\{B_m\}.$$

我们还可以得到以下两个推论.

推论 1　事件 A 的对立事件 $\overline{A}$ 的概率为 $P\{\overline{A}\}=1-P\{A\}$.

推论 2　$P\{A\cup B\}=P\{A\}+P\{B\}-P\{AB\}$.

推论 2 给出了 2 个未必不相容的事件之和的概率的公式.

例 1.7　有 10 件产品,其中一等品和三等品各 3 件,二等品 4 件. 现任抽 2 件,问 2 件全为一等品或全为二等品的概率是多少?

解　设 A=“2 件全为一等品或全为二等品”,B=“2 件全为一等品”,C=“2 件全为二等品”. 显然 $A=B\cup C$, 而 B 与 C 是互不相容的.

由于从 10 件产品中抽取 2 件,共有 $n=\mathrm{C}_{10}^2=45$ 个基本事件. 事件 B 包含了 $m_1=\mathrm{C}_3^2=3$ 个基本事件,事件 C 包含了 $m_2=\mathrm{C}_4^2=6$. 于是 $P\{B\}=3/45=\dfrac{1}{15}$, $P\{C\}=6/45=\dfrac{2}{15}$, 而

$$P\{A\}=P\{B\cup C\}=P\{B\}+P\{C\}=\frac{1}{15}+\frac{2}{15}=\frac{1}{5}.$$

例 1.8 将 50 个小球等可能地放入 365 个格子中去,求至少有 1 个格子中的球多于 1 个的概率.

解 设 A=“至少有 1 个格子中的球多于 1 个”,B=“有 50 个格子中恰有 1 球”. 显然 B 是 A 的对立事件,我们先求 B 的概率. 将 50 个球等可能地放入 365 个格子,共有 365^{50} 种放法,因而基本事件数为 $n=365^{50}$. 有 50 个格子中恰有 1 球可以视作从 365 个格子中选出 50 个格子,然后在每个格子中放入 1 球,从 365 个格子中选 50 个格子共有 C_{365}^{50} 种方法,而将 50 个球放入选定的格子中共有 50! 种放法. 因此有 50 个格子中恰有 1 球共有 $m=C_{365}^{50}\cdot 50!$ 种放法. 因此

$$P\{B\}=\frac{m}{n}=\frac{C_{365}^{50}\cdot 50!}{365^{50}}\approx 0.029\,63,$$

从而

$$P\{A\}=1-P\{B\}\approx 0.970\,3,$$

即至少有 1 个格子中的球多于 1 个的概率为 0.970 3.

这一例子说明了在一个 50 个人的群体中,至少有两个人的生日相同的概率超过 97%. 因此在有 50 人的班级中,至少有两人的生日相同是不足为奇的.

至今我们对概率 $P\{A\}$ 的讨论都只是在一组条件的限制下进行的,没有其他附加的限制. 但在许多场合,我们需要讨论在事件 B 已经发生的条件下事件 A 发生的概率.

我们称此概率为已知事件 B 发生的条件下事件 A 发生的条件概率,记为 $P\{A|B\}$. 对于古典概型,我们有下述定理.

定理 设 $P\{B\}\neq 0$, 则

$$P\{A\mid B\}=P\{AB\}/P\{B\}.$$

证 设基本事件组为 $A_1, A_2, \cdots, A_n$,其中事件 A 包含了 m 个基本事件,事件 B 包含了 k 个基本事件,事件 AB 包含了 r 个基本事件,显然 $r\leqslant \min(m, k)$. 如果 B 发生则 B 包含的基本事件中必有一个发生,即加上了 B 发生这一前提,基本事件变成了 k 个. 此时 A 要发生只可能有 r 个基本事件之一可能发生(它们是包含在 AB 中的基本事件),从而

$$P\{A\mid B\}=\frac{r}{k}=\frac{\frac{r}{n}}{\frac{k}{n}}=\frac{P\{AB\}}{P\{B\}}.$$

推论　$P\{AB\}=P\{B\}P\{A\mid B\}$.

这一推论称为乘法定理.

例 1.9　设 96 件产品中有 5 件次品，任抽 2 件，问 2 件均为合格品的概率是多少？

解　设 A="第一次抽得合格品"，B="第二次抽得合格品"，"2 次均抽得合格品"$=AB$.

由乘法定理　$P\{AB\}=P\{A\}P\{B\mid A\}$，而

$$P\{A\}=\frac{91}{96},\ P\{B\mid A\}=\frac{90}{95},$$

所以

$$P\{AB\}=\frac{91}{96}\cdot\frac{90}{95}\approx 0.898.$$

一般而言，

$$P\{B\mid A\}\neq P\{B\},$$

即事件 A 的发生影响了事件 B 发生的概率. 但有时，事件 A 的发生并不影响事件 B 发生的概率，我们称事件 A 与事件 B 是独立的. 亦即当 $P\{B\mid A\}=P\{B\}$ 时，称事件 B 与事件 A 是独立的. 当事件 A 与 B 独立时，乘法定理可以写成

$$P\{AB\}=P\{A\}P\{B\}.$$

由于此关系式与 $P\{A\mid B\}=P\{A\}$ 是等价的，因此也可以将它作为 A，B 独立的判别条件. 可以证明事件 A 与事件 B 独立，事件 B 也必与事件 A 独立. 所以 A 与 B 独立可进一步称为 A 与 B 是相互独立的.

例 1.10　一个口袋中有 2 个白球，4 个黑球. 每次摸取 1 个，取出后马上放回. 若摸取 2 次，求第一次摸到黑球的概率和第二次摸到黑球的概率.

解　设 $A=\{$第一次摸到黑球$\}$，$B=\{$第二次摸到黑球$\}$. 显然，$P\{A\}=4/6=2/3$. 由于摸取后立即放回，第一次摸的结果并不影响第二次摸到黑球，因此 AB 相互独立.

$$P\{B\mid A\}=P\{B\}=2/3.$$

1.4　几何概型

古典概型只能处理基本事件是有限个的情形，如果试验结果有无穷多可能时它就不适用了. 有一类问题，虽然其试验结果是无限的，但呈现某种均匀性，它们的概率可以用几何的方法进行计算.

例如，一个均匀的圆球，在球面上像地球仪一样画好经纬度，将球在光滑的

平面上滚动,等它静止下来后可以测得它与平面接触点的经、纬度.这种接触点可能有无穷多个,但是可以认为最后与球面上任何一点接触的可能性是均等的.若要计算接触点落在经度90°至135°之间的概率,可以这样进行考虑:接触点可以等可能地落在球面上的任一点,设球面的面积为S,而经度90°至135°之间包含的面积为$\frac{1}{8}S$,因此接触点落在经度90°至135°范围中即落在对应面积为$\frac{1}{8}S$的区域中,它的概率可以用

$$P=\frac{\text{经度 }90^\circ\text{—}135^\circ\text{ 包含的面积}}{\text{球面积}}=\frac{1}{8}$$

来计算.

一般而言,若随机试验的一切可能结果出现的机会是均等的且可以与一个有界区域Ω中的点建立一一对应的关系.而导致一个事件A发生的所有结果可以与Ω的一个子区域g中的点建立一一对应关系,那么事件A的概率定义为

$$P\{A\}=\frac{\text{meas}(g)}{\text{meas}(\Omega)},$$

其中,meas(g)和meas(Ω)分别表示g和Ω的几何测度.

若Ω为一维、二维和三维的区域,则测度通常分别为长度、面积和体积.

例 1.11 平面上画满了间距为d的平行线,向平面上任意投掷一长度为$l(l<d)$的细针,试求它与某一平行线相交的概率.

解 用x表示细针中点至最近一条平行线的距离,设针与该平行线的交角为α(见图6.1),显然有

$$0\leqslant x\leqslant\frac{d}{2},\ 0\leqslant\alpha\leqslant\pi.$$

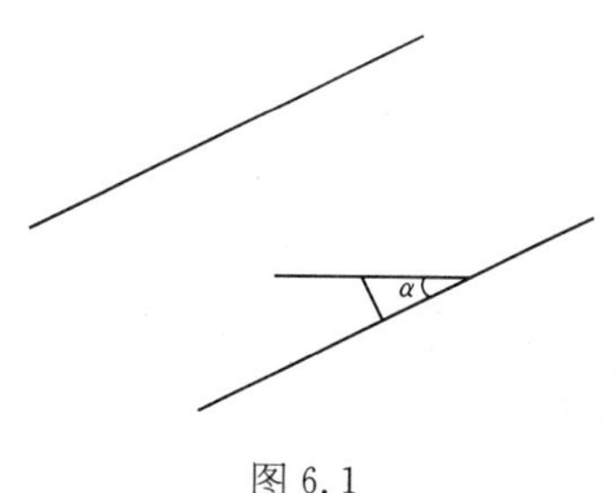

图 6.1

因此,当细针中点在两平行线间的某垂线段上时,细针的位置可与

$$\Omega=\left\{(x,\ \alpha)\,\middle|\,0\leqslant x\leqslant\frac{d}{2},\ 0\leqslant\alpha\leqslant\pi\right\}$$

中的点一一对应.

设事件$A=\{$针与平行线相交$\}$,则A发生的充要条件为

$$x\leqslant\frac{l}{2}\sin\alpha,$$

因此,A中每个基本事件与

$$g = \left\{ (x,\ \alpha) \middle| x \leqslant \frac{l}{2}\sin\alpha,\ 0 \leqslant \alpha \leqslant \pi \right\}$$

中的一点一一对应.

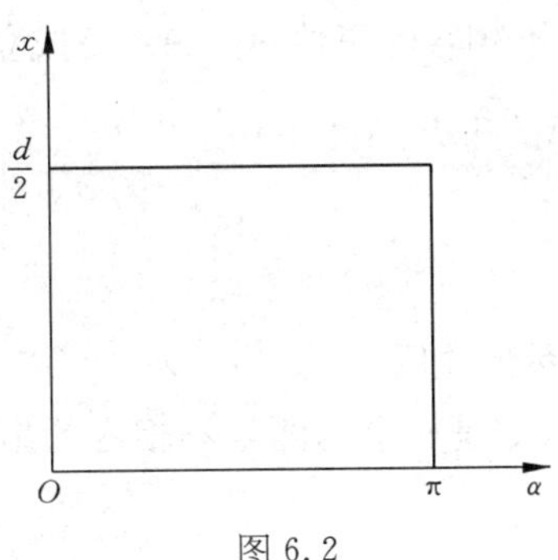

图 6.2

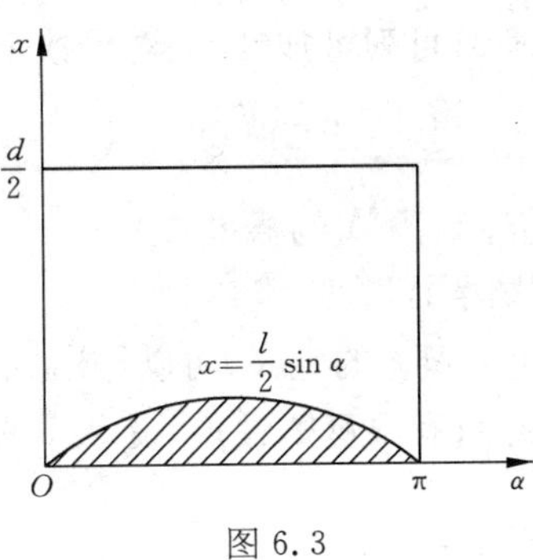

图 6.3

如图 6.2 所示,显然,Ω 的面积为 $\mathrm{meas}(\Omega) = \frac{d}{2}\pi$,而 g 的面积为

$$\mathrm{meas}(g) = \int_0^\pi \frac{l}{2}\sin\alpha \mathrm{d}\alpha = l,$$

参见图 6.3,于是

$$P\{A\} = \frac{\mathrm{meas}(g)}{\mathrm{meas}(\Omega)} = \frac{l}{\frac{d}{2}\pi} = \frac{2l}{\pi d}.$$

1.5　概率的公理化定义

1. 定义

在前面的讨论中我们引入了概率的统计定义,并且对古典概型以及几何概型引入了概率的定义.但是古典概型和几何概型是两类特定的问题,因此定义的概率是没有一般性的.概率的统计定义虽然有一定的普遍性,但是这一定义缺乏逻辑的严密性.例如,“稳定地在一个值附近摆动”实际上并未得到严格的描述.又如,事件的概率应该是一个内在的性质,但概率的统计定义是通过大量试验来定义的.这说明概率的统计定义是有缺陷的.

1933 年,苏联数学家柯尔莫哥洛夫(A. H. Колмогоров, 1903—1987 年)给出了概率的公理化定义.

定义　设实函数 $P\{A\}$ 的定义域为所考虑的全体随机事件构成的集合,此函数满足下述 3 条公理:

公理 1(非负性)　对任一事件 A,成立

$$0 \leqslant P\{A\} \leqslant 1.$$

公理 2(规范性)

$$P\{\Omega\} = 1,\ P\{\varnothing\} = 0.$$

公理 3(可列可加性) 对可数个两两互不相容的事件 $A_1, A_2, \cdots$ 成立

$$P\{A_1 \cup A_2 \cup \cdots) = P\{A_1\} + P\{A_2\} + \cdots$$

那么称 $P\{A\}$ 为 A 的概率.

2. 概率的性质

由上述概率的定义,可以导出概率的一系列性质.

性质 1(有限可加性) 设 $A_1, A_2, \cdots, A_n$ 是 n 个两两互不相容的事件,那么成立

$$P\{A_1 \cup A_2 \cup \cdots \cup A_n\} = P\{A_1\} + P\{A_2\} + \cdots + P\{A_n\}.$$

性质 2 对任何事件 A 成立

$$P\{\overline{A}\} = 1 - P\{A\}.$$

性质 3(减法定理) 若 $A \supset B$, 则

$$P\{A - B\} = P\{A\} - P\{B\}.$$

性质 4(加法定理) 设 A, B 是两个事件,则

$$P\{A \cup B\} = P\{A\} + P\{B\} - P\{AB\}.$$

这些性质都可以从概率定义的公理推导出来. 对古典概型我们已经看到这些性质是成立的,现在它们已经被推广至一般的情形.

3. 条件概率和独立性

古典概型中的条件概率可以推广至一般的情形.

定义 设 A, B 是两个事件, $P\{B\} > 0$, 称

$$P\{AB\}/P\{B\}$$

为事件 B 发生的条件下事件 A 发生的条件概率,记为 $P\{A|B\}$,由此定义可得乘法公式:

$$P\{AB\} = P\{B\}P\{A \mid B\}.$$

类似地,若成立

$$P\{AB\} = P\{A\} \cdot P\{B\},$$

则我们称事件 A 和 B 是相互独立的. 有时独立性在计算概率时是很有用的.

例 1.12　两人在靶场射击，甲的命中率为 0.95，乙的命中率为 0.8，两人对同一目标各射击一次，求目标被击中的概率.

解　设 $A=\{甲命中目标\}$，$B=\{乙命中目标\}$. 显然可以认为甲是否命中对乙的射击结果没有影响，因此 A，B 相互独立. 由于 $\{目标命中\}=A\cup B$，于是由加法公式：

$$P\{A\cup B\}=P\{A\}+P\{B\}-P\{AB\},$$

且因 A，B 相互独立，$P\{AB\}=P\{A\}P\{B\}$，得到

$$P\{A\cup B\}=0.95+0.8-0.95\cdot 0.8=0.99.$$

*1.6　全概率公式和逆概率公式

1. 全概率公式

计算复杂事件概率的一个有效途径是将它分解成若干个互不相容的较简单事件之和，求出这些简单事件的概率，再用加法定理和乘法定理求得复杂事件的概率.

设必然事件 Ω 是互不相容事件组 B_1，B_2，$\cdots$，B_n 之和，且 $P\{B_i\}>0$ $(i=1,2,\cdots,n)$，那么

$$\begin{aligned}A&=A\Omega=A(B_1\cup B_2\cup\cdots\cup B_n)\\&=AB_1\cup AB_2\cup\cdots\cup AB_n.\end{aligned}$$

由于 $B_i(i=1,2,\cdots,n)$ 互不相容，$AB_i(i=1,2,\cdots,n)$ 也互不相容，因此，由加法定理，有

$$P\{A\}=P\{AB_1\}+P\{AB_2\}+\cdots+P\{AB_n\}=\sum_{i=1}^{n}P\{AB_i\}.$$

又由乘法定理，有

$$P\{AB_i\}=P\{B_i\}P\{A\mid B_i\},$$

于是

$$P\{A\}=\sum_{i=1}^{n}P\{B_i\}P\{A\mid B_i\}.$$

这就是全概率公式. 若直接计算事件 A 的概率 $P\{A\}$ 比较困难，而计算事件 B_i 的概率 $P\{B_i\}$ 和条件概率 $P\{A|B_i\}$ 比较容易时，可以用全概率公式计算 $P\{A\}$.

例 1.13　播种时使用的一等小麦种子中混有 2% 的二等种子，1.5% 的三等种子，1% 的四等种子. 用一等、二等、三等、四等种子长出的麦穗含 50 颗以上麦粒的概率分别是 0.5，0.15，0.1，0.05. 求这批种子所结的穗含有 50 颗以上麦

粒的概率.

解 设从这批种子中任选一颗是一等麦种、二等麦种、三等麦种、四等麦种的事件分别记为 B_1, B_2, B_3, B_4,显然它们是不相容的,且成立

$$B_1 \cup B_2 \cup B_3 \cup B_4 = \Omega.$$

用 A 表示在这批种子中任选一颗,它结出的穗含有 50 颗以上麦粒这一事件,则

$$\begin{aligned} P\{A\} &= \sum_{i=1}^{4} P\{B_i\} P\{A \mid B_i\} \\ &= 95.5\% \times 0.5 + 2\% \times 0.15 + 1.5\% \times 0.1 + 1\% \times 0.05 \\ &= 0.4825. \end{aligned}$$

2. 逆概率公式(贝叶斯公式)

设必然事件 Ω 是互不相容事件 B_1, B_2, $\cdots$, B_n 之和,且 $P\{B_i\} > 0 (i = 1, 2, \cdots, n)$,那么对任一事件 A,成立

$$A = A\Omega = AB_1 \cup AB_2 \cup \cdots \cup AB_n.$$

现设法求事件 A 发生的条件下事件 B_i 发生的概率,由

$$P\{AB_i\} = P\{A\} P\{B_i \mid A\} = P\{B_i\} P\{A \mid B_i\}$$

可得

$$P\{B_i \mid A\} = \frac{P\{B_i\} P\{A \mid B_i\}}{P\{A\}}.$$

再利用全概率公式,有

$$P\{B_i \mid A\} = \frac{P\{B_i\} P\{A \mid B_i\}}{\sum_{i=1}^{n} P\{B_i\} P\{A \mid B_i\}}.$$

这就是逆概率公式,又称为贝叶斯(Bayes)公式.

例 1.14 某工厂有甲、乙、丙3 个车间,生产同一种产品,且各车间产量占总产量的百分比为 25%, 35%, 40%.若各车间的次品率分别为 5%, 4%, 2%,试求从全厂的产品中抽出 1 个次品,恰好是甲(乙或丙)车间生产的概率.

解 令

A=“抽到 1 个产品是次品”;

B_1=“抽到的产品是甲车间产品”;

B_2=“抽到的产品是乙车间产品”;

$$B_3=\text{“抽到的产品是丙车间产品”}.$$

由逆概率公式

$$P\{B_i \mid A\}=\frac{P\{B_i\}P\{A \mid B_i\}}{\sum_{i=1}^{3}P\{B_i\}P\{A \mid B_i\}},$$

又

$$P\{B_1\}=0.25,\ P\{B_2\}=0.35,\ P\{B_3\}=0.4,$$

$$P\{A \mid B_1\}=0.05,\ P\{A \mid B_2\}=0.04,\ P\{A \mid B_3\}=0.02,$$

代入逆概率公式,计算得

$$P\{B_1 \mid A\}=\frac{25}{69},\ P\{B_2 \mid A\}=\frac{28}{69},\ P\{B_3 \mid A\}=\frac{16}{69}.$$

即该次品为甲、乙、丙 3 个车间生产的概率分别为 25/69, 28/69 和 16/69.

1.7　贝努里概型

设随机试验只有两个可能的结果 A 和 $\overline{A}$,它们的概率分别为 $P\{A\}=p$, $P\{\overline{A}\}=1-p=q$, 其中 $0<p<1$. 重复做 n 次试验,设 n 次试验是相互独立的,即任一次试验不会影响其他试验的结果,这种试验称为贝努里(Bernoulli)试验,其概率的数学模型称为贝努里概型.

现在我们来确定 n 次试验中 A 发生 m 次的概率 $P_n\{m\}$.

首先,由于试验的独立性,事件 A 在指定的 m 次发生而在其余 $n-m$ 次不发生的概率为

$$p^m q^{n-m}.$$

由于我们并未指定事件 A 是在哪 m 次发生,因此由排列组合知识可知上述情况能以 $C_n^m=\frac{n!}{m!(n-m)!}$ 种方式发生,因此有

$$P_n\{m\}=C_n^m p^m q^{n-m}.$$

显然,n 次试验的所有互不相容的结果是 A 发生 0 次,1 次,2 次,…,n 次,于是有

$$\sum_{m=0}^{n}P_n\{m\}=1.$$

例 1.15　设每次射击击中目标的概率为 0.001,射击 5 000 次,求击中 2 次或 2 次以上的概率.

解 将射击一次看作一次试验,击中目标作为事件 A,这是一个贝努里概型, $p=0.001$. 所求概率为

$$P\{m\geqslant 2\}=\sum_{m=2}^{5\,000}P_{5\,000}\{m\}=1-P_{5\,000}\{0\}-P_{5\,000}\{1\},$$

其中

$$P_{5\,000}\{0\}=(1-0.001)^{5\,000}\approx 0.006\,72,$$

$$P_{5\,000}\{1\}=5\,000\times 0.001\times(1-0.001)^{4\,999}\approx 0.035\,4,$$

所以

$$P\{m\geqslant 2\}\approx 0.957\,5.$$

尽管概率论的产生有意大利文艺复兴时期商业繁荣的背景,但它确实起源于赌博的研究.最早完成的具有概率论思想萌芽的著作《赌博手册》和论文《关于骰子的发现》分别出自意大利数学家卡尔达诺(G. Cardano, 1501—1576 年)和著名科学家——意大利物理学家、天文学家伽利略(G. Galileo, 1564—1642 年)之手.据考证,前者完成于 1530 年左右.这本书首次用数学对某些赌博进行了正确的分析,后者对它进行了若干理论上的补充.但是,它们直到 1663 年和 1718 年才分别得以发表.

法国著名的数学家、物理学家、哲学家、散文家帕斯卡(B. Pascal, 1623—1662 年)和费马就人们提出的一个赌博问题交换了信件.

这个赌博问题是一个叫默勒的人提出的.他认为将一颗骰子掷 4 次,至少出现一次"6"的可能性是很大的.而掷一对骰子有 36 种不同的结果,是掷一颗骰子的 6 种可能结果的 6 倍,因此,只要掷 2 颗骰子的次数同样是掷一颗骰子 4 次的 6 倍即 24 次时,出现一对"6"的可能性也应是很大的.但他发现事实并非这样,因此他认为"数学定理并非总是正确的,数学也是自相矛盾的".他向帕斯卡提出了这一问题并要求得到解释.于是引发了帕斯卡和费马的讨论.从现在的观点来看,这个问题是很简单的,掷一颗骰子 4 次,共有 6^4 (=1 296)种不同的结果,而 4 次中不出现"6"的结果共有 5^4 (=625)种,从而掷 4 次出现"6"的结果有 $1\,296-625(=671)$ 种,即出现"6"的概率为 $671/1\,296\approx 0.52$. 掷 2 颗骰子 24 次共有 36^{24} 种结果,而不出现一对"6"的结果为 35^{24},从而出现一对"6"的概率为 $1-35^{24}/36^{24}\approx 0.49$. 因此掷 2 颗骰子 24 次出现一对"6"的概率小于掷一颗骰子 4 次出现"6"的概率.帕斯卡和费马分别用不同的方法解决了这个问题.在解决问题的过程中提出和发展了组合代数和组合分析的原理,为概率论的发展奠定了基础.

荷兰物理学家、数学家、天文学家惠更斯(C. Haygens, 1629—1695 年)总结了帕斯卡和费马的工作,于 1657 年发表了论文《赌博的推理》,它是第一篇正式发表的概率论方面的论文,因此,惠更斯也被视为概率论的创始人之一.

后来,瑞士数学家雅科布·贝努里(Jacob Bernoulli, 1654—1705 年),棣莫弗(De Moivre, 1667—1754 年),雅科布的侄儿丹尼尔·贝努里(Daniel Bernoulli, 1700—1782 年),贝叶斯(T. Bayes, 1702—1761 年)等人都对概率论研究作出重要贡献,发展和完善了古典概率的理论.

1777 年,蒲丰(G. Buffon, 1707—1788 年)发表了研究"投针问题"的论文,开创了几何概率的研究.

拉普拉斯(R. Laplace, 1749—1827 年)和高斯(C. F. Gauss, 1777—1855 年)首先引入了正态分布,使概率论研究突破了古典概型的框框.拉普拉斯 1812 年出版的著作《概率的分析理论》是概率论发展史中有重要地位的一部著作,它不仅系统总结了当时概率论的研究成果,而且将分析的方法引入到概率论的研究之中,对概率论后来的发展起了很重要的作用.

19 世纪末,贝特朗(J. Bertrand)给出了著名的贝特朗悖论,指出了概率经验性定义的缺陷,促使人们去研究、建立概率论的严密理论基础.

1919 年,冯·米赛斯(Von Mises, 1883—1953 年)给出了概率的统计定义,随后又提出了样本空间的概念. 1933 年,柯尔莫哥洛夫最终在前人工作的基础上完成了概率论的公理化体系结构.

卡尔达诺和伽利略有关概率的著作只能在百年之后发表以及概率论较之其他数学分支的发展和成熟要缓慢得多,或许与当时概率论主要研究赌博而脱离生产和社会发展不无关系.然而正如著名数学家波雷尔(Borel, 1871—1956 年)指出:"在军事、财政、经济等方面的概率论问题并非与赌博问题没有任何相似的地方,为解决这些问题数学需要用所谓'策略'的概念来充实."从 19 世纪开始概率论作为统计的基础发挥了巨大的作用,20 世纪初冯·诺依曼(Von Neumann, 1903—1957 年)等人创立的现代对策论和决策论获得了广泛的应用,从而使人们看到了这门从研究赌博起源的学科的巨大作用.概率论在 20 世纪得到了广泛的重视和迅猛的发展,其应用的触角伸向自然科学和社会科学的各个领域.英国作家吉格伦泽在一篇文章中惊叹:"概率论和统计学改变了我们关于自然、心智和社会的看法.这些转变是意义深远和范围广阔的,既改变着权力的结构,也改变着知识的结构,这些改变既使现代政治成形,也使现代科学成形."

习　题

1. 某地汽车牌照由 1 个英文字母开始加 3 个数字或由 2 个英文字母在前再加 2 个数字构成,问共有多少个不同的牌照?

2. 用题库中的题目构造出一份试卷,第一题从 13 个问答题中选出;第二题从 10 个填空题中选出;其余 5 题从 37 个选择题中选出但不得重复. 问能构造出多少份不同的试卷?

3. 甲、乙、丙 3 人为同班同学. 如果他们 3 人到校先后次序的模式的出现是等可能的,求甲比丙先到校的概率.

4. 100 件产品其中有 95 件正品 5 件次品,求:

(1) 任抽 1 件抽得次品的概率;

(2) 任抽 2 件,1 件为正品 1 件为次品的概率.

5. 袋中有红、黄、白三色球各 1 个,每次任摸 1 个,摸出后放回,连摸 3 次,求:

(1) 无黄球或无红球的概率;

(2) 全红或全黄的概率.

6. 一批产品中一级品占 48%,废品占 2%. 现从这批产品中任抽 1 个,已知抽出的产品不是一级品,求这件产品是废品的概率.

7. 某商店举行有奖销售,当你购物满 500 元,凭发票可以返回 50 元或有机会抽奖. 抽奖方式是从 1 个口袋中任摸 1 个球,口袋中共有 6 个蓝球和 4 个红球,其中 1 个蓝球和 3 个红球上有 100 元字样. 如抽到有 100 元字样的球就可得到 100 元奖励. 若你决定去抽奖,求:

(1) 赢 100 元的概率;

(2) 若已知你摸到蓝球,赢 100 元的概率;

(3) 正好摸到有奖蓝球的概率.

8. 运输公司为司机配备有效距离为 25 千米的对讲机,设某一时刻司机甲在基地正东距基地 30 千米以内的某处驶向基地,司机乙正在基地正北距基地 40 千米以内的某处驶向基地,求此刻甲、乙两司机能用对讲机通话的概率.

9. 单张计算机软盘无缺陷的概率是 0.99,在装有 7 张软盘的盒中恰好有 4 张无缺陷的概率是多少?

10. 一批土豆种子,其三分之一取自仓库甲,发芽率为 0.91;其三分之二取自仓库乙,发芽率为 0.88. 问这批种子混合播种的发芽率是多少?

11. 某种集成电路芯片使用到 20 000 小时还能正常工作的概率是 94%. 该种芯片使用到 30 000 小时仍能正常工作的概率是 87%. 问已经工作了 20 000 小时的芯片能工作到 30 000 小时的概率是多少?

12. 医院用血清甲胎蛋白法诊断肝癌. 用 C 表示被检者生肝癌的事件,用 B 表示用此法断定被检者生肝癌的事件,$\overline{C}$ 和 $\overline{B}$ 分别表示 C 和 B 的对立事件. 已知:

$$P(B \mid C) = 0.95,\quad P(\overline{B} \mid \overline{C}) = 0.90,\quad P(C) = 0.0004,$$

今某人被此法断定为肝癌，求他患肝癌的概率 $P(C|B)$.

§2　随机变量

在上一节研究的很多随机事件和数值之间有客观联系. 例如，在贝努里概型中，以 n 表示总的试验次数，用 ξ 表示这 n 次试验中 A 出现的次数，那么 n 次试验 A 出现 m 次这一事件就可以用 $\{\xi = m\}$ 来表示，从而有

$$P\{\xi = m\} = P_n\{m\} = \mathrm{C}_n^m p^m q^{n-m}.$$

有时随机事件本身并不一定直接与数值有联系，但通过一定的量化可以与数值建立对应关系. 如投掷一硬币，“正面朝上”可以用 $\xi = 1$ 表示，而“反面朝上”可以用 $\xi = 0$ 表示.

从以上两个例子中我们看到，事件(或随机试验的结果)可以与一个变量建立对应关系，这种变量就是随机变量.

定义　在一定的条件下，随机试验的每一个可能结果 ω 都唯一地对应于一个实数值 $\xi(\omega)$，则称 $\xi(\omega)$ 是一个随机变量，简记为 ξ.

2.1　离散型随机变量及其概率分布

1. 概率分布

若随机变量 ξ 只可能取有限个值 $x_1, x_2, \cdots, x_n$ 或可数个值 $x_1, x_2, \cdots, x_n, \cdots$ 则我们称此随机变量为离散型随机变量. 我们需要知道随机变量取各个值的概率，即要知道 $P\{\xi = x_1\}$, $P\{\xi = x_2\}$, $\cdots$, $P\{\xi = x_k\}$, $\cdots$

记 $P\{\xi = x_k\} = p_k$, $(k = 1, 2, \cdots)$，将 ξ 的取值与对应的概率列成表 6.3.

表 6.3

ξ	x_1	x_2	x_3	$\cdots$	x_k	$\cdots$
P	p_1	p_2	p_3	$\cdots$	p_k	$\cdots$

表 6.3 称为离散型随机变量 ξ 的概率分布表，亦可直接用一系列等式

$$P\{\xi = x_k\} = p_k \quad (k = 1, 2, \cdots)$$

来描述，称为离散型随机变量 ξ 的概率分布.

例如，有 100 件产品，其中 90 件为正品，10 件为次品，任意抽取 3 件，用 ξ 表

示抽到次品的件数,那么 ξ 是一个随机变量,它的可能取值为 $\xi=0$, $\xi=1$, $\xi=2$, $\xi=3$, 且

$$P\{\xi=0\}=C_{90}^{3}/C_{100}^{3}=\frac{178}{245},$$

$$P\{\xi=1\}=C_{10}^{1}C_{90}^{2}/C_{100}^{3}=\frac{267}{1\,078},$$

$$P\{\xi=2\}=C_{10}^{2}C_{90}^{1}/C_{100}^{3}=\frac{27}{1\,078},$$

$$P\{\xi=3\}=C_{10}^{3}/C_{100}^{3}=\frac{2}{2\,695}.$$

这就是随机变量 ξ 的概率分布, 亦可写成概率分布表的形式(见表 6.4).

表 6.4

ξ	0	1	2	3
P	$\frac{178}{245}$	$\frac{267}{1\,078}$	$\frac{27}{1\,078}$	$\frac{2}{2\,695}$

随机变量的概率分布应满足如下性质:

$$p_k\geqslant 0 \quad 和 \quad \sum_k p_k=1.$$

2. 常见的离散随机变量的分布

(1) 二点分布

随机变量 ξ 的分布为

$$P\{\xi=1\}=p \quad (0<p<1),$$
$$P\{\xi=0\}=q=1-p,$$

则称 ξ 服从二点分布.

例如有 100 件产品,其中 90 件为正品,10 件为次品. 从中任意抽取一件,那么抽得正品的概率为 0.9,抽得次品的概率为 0.1. 定义随机变量如下:

$$\xi=\begin{cases}1,抽到正品,\\0,抽到次品,\end{cases}$$

那么

$$P\{\xi=1\}=0.9,\ P\{\xi=0\}=0.1,$$

即 ξ 服从 $p=0.9$ 的二点分布.

(2) 二项分布

若随机变量 ξ 服从如下分布：

$$P\{\xi = k\} = C_n^k p^k q^{n-k} \quad (k = 0, 1, 2, \cdots, n),$$

其中 $0 < p < 1$, $q = 1 - p$, 则称 ξ 服从二项分布或贝努里分布.

由于 $C_n^k p^k q^{n-k}$ 正好是 $(p+q)^n$ 展开式的第 $k+1$ 项,因此被称为二项分布. 又

$$\sum_{k=0}^{n} p_k = \sum_{k=0}^{n} C_n^k p^k q^{n-k} = (p+q)^n = 1,$$

可见二项分布满足随机变量概率分布的性质.

(3) 泊松分布

随机变量 ξ 的概率分布为

$$P\{\xi = k\} = \frac{\lambda^k}{k!} e^{-\lambda} \quad (k = 0, 1, 2, \cdots),$$

其中 λ 为正实数,则称 ξ 服从泊松(Poisson)分布.

由于

$$\sum_{k=0}^{\infty} \frac{\lambda^k}{k!} e^{-\lambda} = e^{-\lambda} \sum_{k=0}^{\infty} \frac{\lambda^k}{k!} = e^{-\lambda} \cdot e^{\lambda} = 1,$$

因此,泊松分布满足概率分布的性质.

例 2.1　设某印刷厂生产中每页出现印刷错误的数目服从 $\lambda = 2$ 的泊松分布,求一页上印刷错误不超过 3 个的概率.

解　设 ξ 为一页上出现的印刷错误数,有

$$P\{\xi = k\} = \frac{2^k}{k!} e^{-2}.$$

一页印刷错误不超过 3 个的概率为

$$\begin{aligned} P\{\xi \leqslant 3\} &= P\{\xi = 0\} + P\{\xi = 1\} + P\{\xi = 2\} + P\{\xi = 3\} \\ &= \left(1 + 2 + 2 + \frac{4}{3}\right) e^{-2} \approx 0.857. \end{aligned}$$

放射性物质在单位时间放射的粒子数作为随机变量 ξ,它是服从泊松分布的. 若用 $\xi = k$ 表示某电话交换台接到 k 次呼唤这一事件,随机变量 ξ 也是服从泊松分布的.

2.2 连续型随机变量及其概率分布

1. 概率分布函数和密度函数

在现实生活中,并非所有的随机试验结果都能用离散型随机变量来表示.例如,生产圆柱形的产品,测量其直径产生的误差就不是一个离散的量.又如,射击时命中点离靶心的距离也不是离散量.为此必须引入连续型随机变量,即随机变量的取值可以充满一个区间.此外,在研究连续型随机变量时,我们发现研究随机变量取某个确定值的概率是没有多大意义的.例如,射击时用命中点离靶心的距离作为随机变量 ξ,那么 $\xi=a$ 发生的频率总在 0 附近摆动,因此 $P\{\xi=a\}=0$. 实际上,人们比较关心的是随机变量落在一定范围内的概率,即 $P\{a\leqslant\xi<b\}$. 在射击时,人们关心射中几环的概率就是这种情形.由于

$$P\{a\leqslant\xi<b\}=P\{\xi<b\}-P\{\xi<a\},$$

因此我们只需知道 $P\{\xi<a\}$ 和 $P\{\xi<b\}$ 就可以了.事件 $\{\xi<x\}$ 的概率 $P\{\xi<x\}$ 是 x 的函数,我们引入如下定义.

定义 ξ 是一个随机变量,

$$F(x)=P\{\xi<x\}$$

称为随机变量 ξ 的概率分布函数,简称分布函数.

若存在一个非负函数 $p(x)$,使随机变量 ξ 的分布函数 $F(x)$ 可以表示成

$$F(x)=\int_{-\infty}^{x}p(u)\mathrm{d}u,$$

则称 $p(x)$ 为随机变量 ξ 的概率密度函数,简称密度函数.

易知,密度函数 $p(x)$ 有如下性质:

(1) $p(x)\geqslant 0$;

(2) $\int_{-\infty}^{\infty}p(x)\mathrm{d}x=1$;

(3) $P\{a\leqslant\xi<b\}=F(b)-F(a)=\int_{a}^{b}p(x)\mathrm{d}x$.

2. 均匀分布

设连续型随机变量 ξ 在有限区间 (a,b) 内取值,其密度函数为

$$p(x)=\begin{cases}\dfrac{1}{b-a}, & a\leqslant x\leqslant b,\\ 0, & \text{其他},\end{cases}$$

由此可得

$$F(x)=\int_{-\infty}^{x}p(u)\mathrm{d}u=\begin{cases}0, & x<a,\\ \dfrac{x-a}{b-a}, & a\leqslant x<b,\\ 1, & x\geqslant b.\end{cases}$$

例 2.2　每隔 5 分钟有一辆地铁列车经过车站,乘客到这地铁站台的任意时刻是等可能的,求乘客候车不超过 3 分钟的概率.

解　设乘客到达站台的时间为 ξ,乘客到达后第一辆列车到达站台的时间为 t_1. 那么,ξ 是一个随机变量.

若 $t<t_1-5$,则 $P\{\xi<t\}=0$,因此乘客不可能在上一班车经过时间 (t_1-5) 之前到达;若 $t\in(t_1-5,\ t_1)$,则由几何概率计算公式,$P\{\xi<t\}=\dfrac{t-(t_1-5)}{t_1-(t_1-5)}$;若 $t\geqslant t_1$ 那么 $\xi<t$ 是必然事件,$P\{\xi<t\}=1$,亦即随机变量 ξ 的分布函数为

$$F(t)=P\{\xi<t\}=\begin{cases}0, & t\leqslant t_1-5,\\ \dfrac{t-(t_1-5)}{t_1-(t_1-5)}, & t_1-5\leqslant t\leqslant t_1,\\ 1, & t_1\leqslant t.\end{cases}$$

因此,ξ 服从$(t_1-5,\ t_1)$上的均匀分布,其分布密度为

$$p(t)=\begin{cases}\dfrac{1}{5}, & t_1-5<t<t_1,\\ 0, & \text{其他}.\end{cases}$$

"等待时间不超过 3 分钟"即为 $0<t_1-\xi\leqslant 3$,它等价于 $t_1-3\leqslant\xi<t_1$,于是等待时间不超过 3 分钟的概率为

$$P\{t_1-3\leqslant\xi<t_1\}=\int_{t_1-3}^{t_1}p(t)\mathrm{d}t=\int_{t_1-3}^{t_1}\frac{1}{5}\mathrm{d}t=\frac{3}{5}.$$

3. **指数分布**

设随机变量 ξ 的概率密度为

$$p(x)=\begin{cases}\lambda\mathrm{e}^{-\lambda x}, & x\geqslant 0,\\ 0, & \text{其他},\end{cases}$$

其中 λ 是一个正实数,则称 ξ 服从参数为 λ 的指数分布,其分布函数为

$$F(x)=\begin{cases}1-\mathrm{e}^{-\lambda x}, & x>0,\\ 0, & \text{其他}.\end{cases}$$

指数分布常常用来描述随机服务系统中的服务时间，如电话的通话时间，亦可用来描述系统和组件的寿命等.

例 2.3 某装置正常运行的时间(单位为小时)服从 $\lambda = 0.02$ 的指数分布，求该装置正常运行 100 小时以上的概率.

解 用 ξ 表示正常运行的时间，正常运行 100 小时以上即 $\xi \geqslant 100$，它的概率为

$$P\{\xi \geqslant 100\} = 1 - P\{\xi < 100\} = 1 - \int_0^{100} 0.02\mathrm{e}^{-0.02x}\mathrm{d}x$$

$$= 1 + \mathrm{e}^{-0.02x}\Big|_0^{100} = \mathrm{e}^{-2} \approx 0.135.$$

4. **正态分布**

正态分布是一种最常见和最有用的一种概率分布. 如前面叙述过的测量圆柱形产品的直径的例子，若用随机变量 ξ 表示测得的直径，那么 ξ 以一个值为中心，偏离这个值越远，概率越小. 类似于这样的随机变量大多数服从正态分布.

正态分布的分布密度函数为

$$p(x) = \frac{1}{\sqrt{2\pi}\sigma}\mathrm{e}^{-\frac{(x-\mu)^2}{2\sigma^2}}, -\infty < x < +\infty,$$

其中 μ 为实数，σ 为正实数，是两个给定的参数，其分布函数为

$$F(x) = \frac{1}{\sqrt{2\pi}\sigma}\int_{-\infty}^{x} \mathrm{e}^{-\frac{(z-\mu)^2}{2\sigma^2}}\mathrm{d}z.$$

随机变量 ξ 服从参数为 μ, σ 的正态分布亦可记为 $\xi \sim \mathrm{N}(\mu, \sigma^2)$.

图 6.4 给出了 μ 等于 0，σ 如图所示的正态分布密度函数的图像.

当 $\mu = 0$, $\sigma = 1$ 时，正态分布称为标准正态分布，它的密度函数为

$$\frac{1}{\sqrt{2\pi}}\mathrm{e}^{-\frac{x^2}{2}},$$

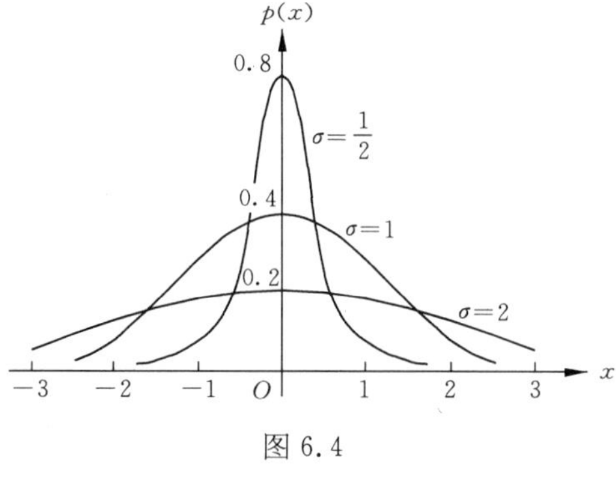

图 6.4

对应的分布函数为

$$\Phi(x) = \frac{1}{\sqrt{2\pi}}\int_{-\infty}^{x} \mathrm{e}^{-\frac{z^2}{2}}\mathrm{d}z,$$

它满足

$$\Phi(\infty) = \frac{1}{\sqrt{2\pi}}\int_{-\infty}^{\infty} \mathrm{e}^{-\frac{z^2}{2}}\mathrm{d}z = 1.$$

对一般的正态分布 $N(\mu, \sigma^2)$，满足

$$F(\infty)=\frac{1}{\sqrt{2\pi}\sigma}\int_{-\infty}^{\infty}\mathrm{e}^{-\frac{(z-\mu)^2}{2\sigma^2}}\mathrm{d}z=1.$$

设 $\xi\sim N(\mu, \sigma^2)$，它的概率计算可以用标准正态分布来表示. 例如，求 $x_1\leqslant\xi<x_2$ 的概率. 由定义，有

$$P\{x_1\leqslant\xi<x_2\}=\int_{x_1}^{x_2}\frac{1}{\sqrt{2\pi}\sigma}\mathrm{e}^{-\frac{(z-\mu)^2}{2\sigma^2}}\mathrm{d}z,$$

令

$$\frac{z-\mu}{\sigma}=t,$$

得

$$P\{x_1\leqslant\xi<x_2\}=\frac{1}{\sqrt{2\pi}}\int_{\frac{x_1-\mu}{\sigma}}^{\frac{x_2-\mu}{\sigma}}\mathrm{e}^{-\frac{t^2}{2}}\mathrm{d}t$$

$$=\Phi\left(\frac{x_2-\mu}{\sigma}\right)-\Phi\left(\frac{x_1-\mu}{\sigma}\right).$$

于是，只要求出 $\Phi\left(\frac{x_2-\mu}{\sigma}\right)$ 和 $\Phi\left(\frac{x_1-\mu}{\sigma}\right)$，即标准正态分布分别在 $\frac{x_2-\mu}{\sigma}$ 和 $\frac{x_1-\mu}{\sigma}$ 处之值，就可以求出 $P\{x_1\leqslant\xi<x_2\}$.

而 $\Phi(x)$ 在任何 x 处的值都可以用数值积分求得. 一般数学软件都提供求 $\Phi(x)$ 的功能. 为了方便使用，人们已将不同的 x 值所对应的 $\Phi(x)$ 值事先计算好并列成表格(见本章的附录)，通过查表可求得 $\Phi\left(\frac{x_2-\mu}{\sigma}\right)$ 和 $\Phi\left(\frac{x_1-\mu}{\sigma}\right)$ 的近似值，从而求得 $P\{x_1\leqslant\xi<x_2\}$.

但是，为节省篇幅，一般的正态分布表仅对 $x\geqslant 0$ 的某些值给出 $\Phi(x)$ 的值. 为了得到 $\Phi(-x)$，其中 $x>0$，我们可以利用标准正态分布的如下性质.

性质　$\Phi(-x)=1-\Phi(x)$.

这样，因 $x>0$，可以通过查表得到 $\Phi(x)$ 或其近似值.

这一性质是不难证明的. 由定义

$$\Phi(-x)=\frac{1}{\sqrt{2\pi}}\int_{-\infty}^{-x}\mathrm{e}^{-\frac{z^2}{2}}\mathrm{d}z=1-\frac{1}{\sqrt{2\pi}}\int_{-x}^{\infty}\mathrm{e}^{-\frac{z^2}{2}}\mathrm{d}z.$$

在上式最后一项的积分中作变换 $y=-z$，该积分化为

$$\frac{1}{\sqrt{2\pi}}\int_{-\infty}^{x}\mathrm{e}^{-\frac{y^2}{2}}\mathrm{d}y,$$

从而

$$\Phi(-x)=1-\frac{1}{\sqrt{2\pi}}\int_{-\infty}^{x}\mathrm{e}^{-\frac{y^2}{2}}\mathrm{d}y=1-\Phi(x).$$

例 2.4 设 $\xi\sim\mathrm{N}(1,\ 4)$，求 $P\{0\leqslant\xi<1.6\}$.

解 查表可得

$$P\{0\leqslant\xi<1.6\}=\Phi\Big(\frac{1.6-1}{2}\Big)-\Phi\Big(\frac{0-1}{2}\Big)$$

$$=\Phi(0.3)-\Phi(-0.5)=\Phi(0.3)-(1-\Phi(0.5))$$

$$=0.617\,911-(1-0.691\,463)=0.309\,374.$$

设 $\xi\sim\mathrm{N}(\mu,\ \sigma^2)$，我们来考察 $P\{\mu-k\sigma\leqslant\xi<\mu+k\sigma\}$，$k=1,\ 2,\ 3$. 先计算 $k=1$ 的情形. 用前述变换的办法，将此概率用标准正态分布表示就可得

$$P\{\mu-\sigma\leqslant\xi<\mu+\sigma\}=\Phi(1)-\Phi(-1).$$

注意到

$$\Phi(-1)=1-\Phi(1),$$

所以

$$P\{\mu-\sigma\leqslant\xi<\mu+\sigma\}=2\Phi(1)-1=0.682\,7.$$

类似地有

$$P\{\mu-2\sigma\leqslant\xi<\mu+2\sigma\}=2\Phi(2)-1=0.954\,4,$$

$$P\{\mu-3\sigma\leqslant\xi<\mu+3\sigma\}=2\Phi(3)-1=0.997\,3.$$

由此可见，$P\{\mu-k\sigma\leqslant\xi<\mu+k\sigma\}$ 是与 μ, σ 无关的常数. 此外，随机变量 ξ 落在 $(\mu-3\sigma,\ \mu+3\sigma)$ 之间的概率是很大的. 换言之，ξ 落在 $(\mu-3\sigma,\ \mu+3\sigma)$ 以外的概率接近于 0. 这就是正态分布的 3σ 原则.

2.3 离散型随机变量的数学期望与方差

随机变量的概率分布刻画了它的全部概率特征，但在一些实际问题中并不要求我们全面掌握随机变量的变化情况，只需要了解随机变量的某些数字特征就够了. 这些数字特征中最重要的是数学期望与方差.

1. 数学期望

有一大批产品，其中 15% 为一等品，75% 为二等品，10% 为三等品. 一、二、三等产品的单价分别为 10 元、8 元和 6 元. 有人要采购一批这种产品，但来不及检验，该如何定价？

假设采购数量为 n,其中一、二、三等品的件数分别为 μ_1, μ_2 和 μ_3,那么这 n 件产品的平均价格为

$$\frac{1}{n}(\mu_1 \times 10 + \mu_2 \times 8 + \mu_3 \times 6) = \frac{\mu_1}{n} \times 10 + \frac{\mu_2}{n} \times 8 + \frac{\mu_3}{n} \times 6.$$

显然,$\frac{\mu_1}{n}$, $\frac{\mu_2}{n}$和$\frac{\mu_3}{n}$分别为一、二、三等品出现的频率.只要 n 足够大,频率的稳定值即为相应的概率.因此,它们可以分别用一、二、三等品出现的概率 p_1, p_2 和 p_3 来近似,即平均价格可定为

$$p_1 \times 10 + p_2 \times 8 + p_3 \times 6.$$

而 p_1, p_2, p_3 分别为 15%, 75%和 10%.

引入随机变量 ξ,从这批产品中任意抽取一件抽得一等品这一事件对应于 $\xi = x_1 = 10$; 任抽一件抽得二等品这一事件对应于 $\xi = x_2 = 8$; 任抽一件抽得三等品这一事件对应于 $\xi = x_3 = 6$. 这一随机变量的概率分布如表 6.5 所示.

表 6.5

ξ	10	8	6
P	0.15	0.75	0.10

上述平均价格可以表示为

$$p_1x_1 + p_2x_2 + p_3x_3 = 0.15 \times 10 + 0.75 \times 8 + 0.1 \times 6 = 8.1,$$

即为随机变量的取值用对应的概率加权平均.

将以上事实一般化,我们有如下定义.

定义　设离散随机变量 ξ 的概率分布如表 6.6 所示,则称

$$\sum_i x_i p_i = x_1 p_1 + x_2 p_2 + \cdots + x_k p_k + \cdots$$

为随机变量 ξ 的数学期望或均值,记为 $\mathrm{E}(\xi)$或 $\bar{\xi}$.

表 6.6

ξ	x_1	x_2	$\cdots$	x_k	$\cdots$
P	p_1	p_2	$\cdots$	p_k	$\cdots$

在实际问题中,随机变量的数学期望有非常广泛的应用.

例 2.5　某厂有甲、乙两车间生产同一产品.用 ξ_1 和 ξ_2 分别表示两车间生产 1 000 件产品中的次品数,经统计 ξ_1, ξ_2 分布分别如表 6.7 所示,问哪一车间

的质量水平较高？

表 6.7

ξ_1	0	1	2	3	ξ_2	0	1	2	3
P	0.7	0.1	0.1	0.1	P	0.5	0.3	0.2	0

解 质量水平高低可以用 $E(\xi_1)$，$E(\xi_2)$来进行比较：

$$E(\xi_1) = 0 \times 0.7 + 1 \times 0.1 + 2 \times 0.1 + 3 \times 0.1 = 0.6,$$

$$E(\xi_2) = 0 \times 0.5 + 1 \times 0.3 + 2 \times 0.2 + 3 \times 0 = 0.7.$$

因为 $E(\xi_1) < E(\xi_2)$，所以，甲车间的质量水平比乙车间高.

2. *方差*

随机变量的数学期望刻画了它的平均取值的大小，是一个很重要的数字特征. 但是为了全面刻画随机变量，还需了解随机变量的分散程度或偏离平均值的程度.

例如，两所中学各有一个 5 人小合唱队. 甲校合唱队队员的身高分别为：1.60 米，1.62 米，1.59 米，1.60 米，1.59 米；乙校合唱队队员身高分别为 1.79 米，1.61 米，1.50 米，1.60 米，1.50 米. 虽然两校小合唱队队员的平均身高均为 1.60 米，但甲校合唱队队员身高波动小，乙校合唱队队员身高波动大，显得参差不齐，显然从外观看甲校合唱队队员的身高要优于乙校合唱队队员的身高.

因此，我们应该用一个数量来刻画这一性质，这就是引入随机变量另一个数字特征——方差的原因.

定义 设 ξ 是一个随机变量，若 $E[(\xi - E(\xi))^2]$ 存在，则称它为随机变量 ξ 的方差，记为 $D(\xi)$.

例 2.6 求上例两个车间 1 000 件产品中次品数的方差.

解 先考察甲车间的情形，$(\xi_1 - E(\xi_1))^2$ 也是一个随机变量，其分布如表 6.8 所示. 因此

$$E[(\xi_1 - E(\xi_1))^2] = 0.36 \times 0.7 + 0.16 \times 0.1 + 1.96 \times 0.1 + 5.76 \times 0.1 = 1.04.$$

表 6.8

$(\xi_1 - E(\xi_1))^2$	0.36	0.16	1.96	5.76
P	0.7	0.1	0.1	0.1

同样可得

$$E[(\xi_2-E(\xi_2))^2]=0.49\times0.5+0.09\times0.3+1.69\times0.2+5.29\times0$$
$$=0.61.$$

2.4　连续型随机变量的数学期望与方差

1. *数学期望*

对离散型随机变量我们已经看到数学期望是随机变量以相应的概率加权平均.这一定义可以推广至连续型随机变量,但此时的平均是积分平均.

定义　设连续型随机变量 ξ 的概率密度函数为 $p(x)$,称

$$\int_{-\infty}^{\infty}xp(x)\mathrm{d}x$$

为 ξ 的数学期望或均值,记作 $E(\xi)$ 或 $\bar{\xi}$.

例 2.7　求均匀分布随机变量的数学期望

解　均匀分布随机变量 ξ 的密度函数为

$$p(x)=\begin{cases}\dfrac{1}{b-a}, & a\leqslant x\leqslant b,\\ 0, & \text{其他},\end{cases}$$

由定义

$$E(\xi)=\int_{-\infty}^{+\infty}xp(x)\mathrm{d}x=\int_a^b x\,\frac{1}{b-a}\mathrm{d}x$$
$$=\frac{1}{b-a}\cdot\frac{x^2}{2}\Big|_a^b=\frac{1}{2}\cdot\frac{b^2-a^2}{b-a}=\frac{1}{2}(b+a).$$

这是区间 $[a, b]$ 的中点.

2. *方差*

类似于离散型随机变量,连续型随机变量的方差定义为 $E((\xi-E(\xi))^2)$,于是有下述定义.

定义　设连续型随机变量 ξ 的概率密度为 $p(x)$,称

$$\int_{-\infty}^{\infty}(x-E(\xi))^2p(x)\mathrm{d}x$$

为随机变量 ξ 的方差,记为 $D(\xi)$.

由方差的定义,可得方差的计算公式如下:

$$\begin{aligned}
D(\xi) &= \int_{-\infty}^{\infty} (x - E(\xi))^2 p(x) dx \\
&= \int_{-\infty}^{\infty} (x^2 - 2xE(\xi) + E^2(\xi)) p(x) dx \\
&= \int_{-\infty}^{\infty} x^2 p(x) dx - 2E(\xi)\int_{-\infty}^{\infty} xp(x) dx + E^2(\xi)\int_{-\infty}^{\infty} p(x) dx \\
&= E(\xi^2) - 2E^2(\xi) + E^2(\xi) \\
&= E(\xi^2) - E^2(\xi),
\end{aligned}$$

即

$$D(\xi) = E(\xi^2) - E^2(\xi),$$

其中

$$E^2(\xi) = [E(\xi)]^2.$$

2.5 常用随机变量的数学期望与方差

1. 离散型

(1) 二点分布

设 ξ 服从二点分布,其分布为

$$P\{\xi = 1\} = p,$$

$$P\{\xi = 0\} = q = 1 - p,$$

其中 $p \in (0, 1)$, 那么

$$E(\xi) = p,\ D(\xi) = pq.$$

(2) 二项分布

设 ξ 服从二项分布,其分布为

$$P\{\xi = k\} = C_n^k p^k (1-p)^{n-k},\ k = 0, 1, 2, \cdots, n,$$

其中 $p \in (0, 1)$, 则

$$E(\xi) = np,\ D(\xi) = np(1-p) = npq,$$

其中 $q = 1 - p$.

(3) 泊松分布

设 ξ 服从泊松分布,其分布为

$$P\{\xi = k\} = \frac{\lambda^k e^{-\lambda}}{k!},\ k = 0, 1, 2, \cdots$$

其中 $\lambda > 0$，则

$$\mathrm{E}(\xi) = \mathrm{D}(\xi) = \lambda.$$

例 2.8　电话交换台每秒钟接到呼唤的次数服从泊松分布，已知交换台每秒钟平均接到 5 次呼唤，求 1 秒钟接到不超过 4 次呼唤的概率.

解　设每秒钟接到的呼唤次数为 ξ，它服从泊松分布且数学期望为 5，即它服从 $\lambda = 5$ 的泊松分布，分布为

$$P\{\xi = k\} = \frac{5^k}{k!}\mathrm{e}^{-5} \quad (k = 0, 1, 2, \cdots),$$

因此 1 秒钟接到不超过 4 次呼唤的概率为

$$\begin{aligned} P\{\xi \leqslant 4\} &= P\{\xi = 0\} + P\{\xi = 1\} + P\{\xi = 2\} \\ &\quad + P\{\xi = 3\} + P\{\xi = 4\} \\ &= \left(1 + 5 + \frac{5^2}{2!} + \frac{5^3}{3!} + \frac{5^4}{4!}\right)\mathrm{e}^{-5} \approx 0.4405. \end{aligned}$$

2. 连续型随机变量

(1) 均匀分布

设 ξ 服从均匀分布，其概率密度函数为

$$p(x) = \begin{cases} \dfrac{1}{b-a}, & a \leqslant x \leqslant b, \\ 0, & \text{其他}, \end{cases}$$

则

$$\mathrm{E}(\xi) = \frac{a+b}{2},\ \mathrm{D}(\xi) = \frac{(b-a)^2}{12}.$$

(2) 指数分布

设 ξ 服从指数分布，其概率密度函数为

$$p(x) = \begin{cases} \lambda \mathrm{e}^{-\lambda x}, & x \geqslant 0, \\ 0, & \text{其他}, \end{cases}$$

则

$$\mathrm{E}(\xi) = \frac{1}{\lambda},\ \mathrm{D}(\xi) = \frac{1}{\lambda^2}.$$

(3) 正态分布

设 ξ 服从 $\mathrm{N}(\mu, \sigma^2)$，其概率密度函数为

$$p(x)=\frac{1}{\sqrt{2\pi}\sigma}e^{-\frac{(x-\mu)^2}{2\sigma^2}},$$

则

$$E(\xi)=\mu,\ D(\xi)=\sigma^2.$$

习　　题

1. 设某产品的不合格率为2%，从中任抽1件，以ξ表示抽得的不合格品数，试写出它的分布.

2. 一批零件中有9个合格品与3个废品，每次从这批零件中任抽一个，抽后不再放回.用ξ表示抽到合格品前抽到的废品数，写出它的分布.

3. 一大楼有5个同样的供水设备，调查表明任一时刻t每个设备被使用的概率为0.1.求在同一时刻

(1) 恰有2个设备同时使用的概率；

(2) 至少有3个设备被使用的概率；

(3) 至多有3个设备被使用的概率；

(4) 至少有1个设备被使用的概率.

4. 一电话交换台每分钟的呼唤次数服从$\lambda=4$的泊松分布，求：

(1) 每分钟恰有8次呼唤的概率；

(2) 每分钟呼唤次数大于10的概率.

5. 设连续型随机变量ξ的概率密度为

$$p(x)=\begin{cases}\dfrac{c}{\sqrt{1-x^2}}, & |x|<1,\\ 0, & |x|\geqslant 1,\end{cases}$$

求：

(1) 常数c；

(2) ξ落在$\left(-\frac{1}{2},\frac{1}{2}\right)$内的概率；

(3) ξ的分布函数$F(x)$.

6. 设$\xi\sim N(\mu,\sigma^2)$，对

$$P\{\mu-k\sigma<\xi<\mu+k\sigma\}=0.9,$$

$$P\{\mu-k\sigma<\xi<\mu+k\sigma\}=0.99,$$

$$P\{\xi > \mu - k\sigma\} = 0.95,$$

用查表方法求出 k 的值.

7. 某机床生产的零件的长度(单位:厘米)服从 $\mu = 10.05$, $\sigma = 0.06$ 的正态分布.若长度在 10.05 ± 0.12 范围内为合格品,求一个产品合格的概率.

8. 求题 2 中随机变量 ξ 的数学期望与方差.

9. 轮盘赌的转轮分成间隔相同的 37 个格子,从 0 至 36 编号,其中 1 至 36 中的偶数格是红色的,奇数格是黑色的.赌客可以赌红或赌黑.设赌客赌红,若轮子转动后停在红色的格子上,则赌客赢得赌注的两倍,若停在黑色格子上,则他输掉赌注;若停在格子 0,则再转一次,若这次停在红色格子,则他得到与赌注相同的钱,否则他就输掉赌注.如赌客下注 10 元,则他输赢额的数学期望值是多少?

10. 有一公司正在招聘,公司希望聘用有研究生学历的人.若报名的人中只有 10%人具有研究生学历,且面试次序是随机的,则招聘者可以指望面试多少次会遇到一位有研究生学历的人?

11. 设随机变量 ξ 服从指数分布,其概率密度函数为

$$p(x) = \begin{cases} \lambda e^{-\lambda x}, & x \geqslant 0, \\ 0, & x < 0, \end{cases}$$

其中 $\lambda > 0$, 求 $E(\xi)$, $D(\xi)$.

§3 统计数据的分析与处理

很多自然或社会现象中的实际问题可以用随机变量来定量描述.然而随机变量的本质是由它的概率分布或数学期望、方差等数字特征来刻画的.我们如何来确定这些随机变量的概率分布或数字特征呢?通常的方法就是通过随机抽样获得若干数据,经过分析和处理来估计和推断该随机变量的概率分布或它的期望、方差的近似值或变化的范围.

由于人力、时间和经费的原因,随机抽样获取的数据的个数通常有一定的限制,因此,如何设计合理的抽样方法也是一个重要的问题.

数理统计学就是以概率论为理论基础,研究科学的抽样方法和对获得的数据进行分析和处理的方法,从局部来推断整体的一门学科.

3.1 总体与样本

本节中,我们将粗略介绍如何对数据进行处理的问题,即如何由获得的数

据,从局部来推断整体.例如,为了搞清某地区成年男性的身高,随机抽查了5 000名成年男性,记录下他们的身高.要用这些数据推断出该地区成年男性身高这一随机变量的概率分布,并进一步估算出该地区成年男性身高在一定范围内的百分比等等.

我们将所研究的对象的全体称为总体,如上例中该地区全体成年男性就是总体;将总体中每一个基本对象称为个体,如上例中每一个成年男性就是一个个体.

我们的目的是研究总体的某一定量特性(如上例中的身高),它是一个随机变量.从这一意义出发,我们将总体用一个随机变量ξ来表示.

在一个总体中抽取n个个体考察它的同一个量的特性,它是n个随机变量$\xi_1, \xi_2, \cdots, \xi_n$.这$n$个个体$\xi_1, \xi_2, \cdots, \xi_n$称为总体$\xi$的一个容量为$n$的样本或子样.

$\xi_1, \xi_2, \cdots, \xi_n$是$n$个随机变量,但一旦抽取完毕,就是一组具体的数值,记作$x_1, x_2, \cdots, x_n$,称为样本值.

数据分析处理的任务就是用样本值$x_1, x_2, \cdots, x_n$来推断、估计ξ的某些性质.通常,我们假设$\xi_1, \xi_2, \cdots, \xi_n$是相互独立的,而且它们与总体$\xi$有相同的概率分布.

3.2 直方图与经验分布函数

1. 直方图和近似概率密度

设$x_1, x_2, \cdots, x_n$是总体ξ的一个容量为n的样本的一个样本值,且设它们的最小值为a,最大值为b.

在$[a, b]$中插入分点

$$a = t_1 < t_2 < \cdots < t_l = b,$$

将它分成$l-1$个小区间(t_i, t_{i+1}), $i=1, 2, \cdots, l-1$.剖分时注意使每一小区间(t_i, t_{i+1}) $(i=1, 2, \cdots, l-1)$中都有$x_j (j=1, 2, \cdots, n)$落入其中.我们用ν_i表示样本值落在(t_i, t_{i+1})中的个数,则

$$\frac{\nu_i}{n} = f_i$$

称为频率,它可近似地表示ξ落入(t_i, t_{i+1})中的概率.

若ξ的分布密度为$p(x)$,则应有

$$f_i \approx \int_{t_i}^{t_{i+1}} p(x)\mathrm{d}x = p_i = P\{t_i \leqslant \xi < t_{i+1}\}.$$

设 $\Delta t_i = t_{i+1} - t_i$，若用 $f_i/\Delta t_i$ 代替 $p(x)$在 $(t_i,\ t_{i+1})$ 中的值，画出函数的图像就是直方图，如图 6.5 所示. 图中 $(t_i,\ t_{i+1})$ 小区间上的矩形面积为

$$\frac{f_i}{\Delta t_i} \cdot \Delta t_i = f_i \approx p_i.$$

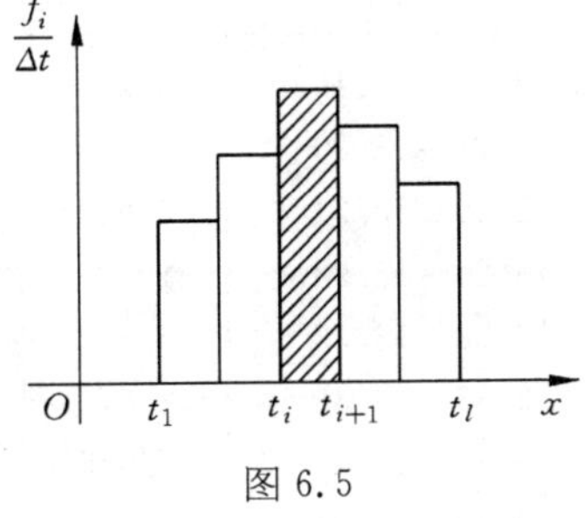

图 6.5

例 3.1　测量某机械零件的直径(单位：毫米)，精确到小数位两位得到表 6.9. 试画出直方图.

解　由表 6.9 可知，该组数据的最小值为 13.13 毫米，最大值为 13.69 毫米. 为方便起见，我们将上述小区间的长度均取为 0.04 毫米，于是可取 $a = 13.12$, $b = 13.72$，即剖分为

$$t_i = a + (i-1) \times 0.04,\ i = 1,\ 2,\ \cdots,\ 16.$$

表 6.9

直径(毫米)	频　数	直径(毫米)	频　数	直径(毫米)	频　数
13.13	1	13.32	7	13.51	6
13.14	1	13.33	6	13.52	5
13.15	0	13.34	7	13.53	4
13.16	0	13.35	4	13.54	4
13.17	0	13.36	3	13.55	3
13.18	1	13.37	6	13.56	3
13.19	0	13.38	10	13.57	4
13.20	3	13.39	7	13.58	5
13.21	0	13.40	12	13.59	2
13.22	0	13.41	4	13.60	1
13.23	2	13.42	6	13.61	1
13.24	3	13.43	9	13.62	3
13.25	1	13.44	6	13.63	1
13.26	4	13.45	7	13.64	1
13.27	1	13.46	7	13.65	0
13.28	5	13.47	3	13.66	1
13.29	6	13.48	1	13.67	0
13.30	2	13.49	1	13.68	0
13.31	5	13.50	6	13.69	1

统计落在各小区间中数据的个数(频数)ν_i，计算出 $\dfrac{f_i}{\Delta t_i} = \dfrac{\nu_i}{n\Delta t_i}$ 列成表 6.10.

表 6.10

组　　别	$f_i/\Delta t_i$	频数	组　　别	$f_i/\Delta t_i$	频数
13.12～13.16	0.25	2	13.44～13.48	2.25	18
13.16～13.20	0.5	4	13.48～13.52	2.25	18
13.20～13.24	0.625	5	13.52～13.56	1.75	14
13.24～13.28	1.375	11	13.56～13.60	1.5	12
13.28～13.32	2.5	20	13.60～13.64	0.75	6
13.32～13.36	2.5	20	13.64～13.68	0.125	1
13.36～13.40	4.375	35	13.68～13.72	0.125	1
13.40～13.44	3.125	25			

据表 6.10 画出直方图并可据此画出近似概率密度函数，如图 6.6 所示.

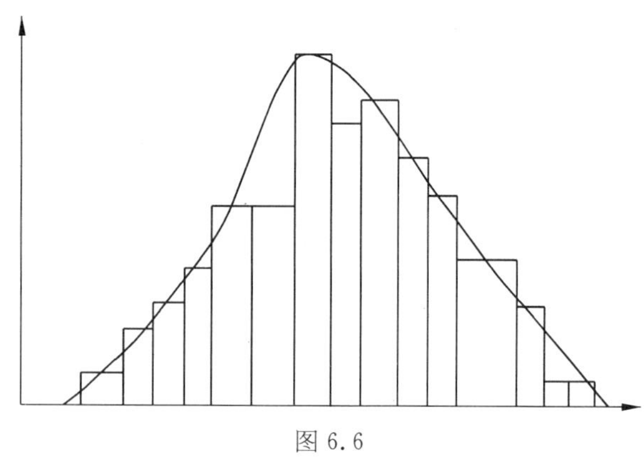

图 6.6

2. 经验分布函数

若给出总体 ξ 的一组样本值 $x_1, x_2, \cdots, x_n$，设其按由小至大的不减次序排列，即 $x_1 \leqslant x_2 \leqslant \cdots \leqslant x_n$.

由分布函数的定义，有

$$F(x) = P\{\xi < x\},$$

然而 $\xi < x$ 的概率可由样本值落在 $(-\infty, x)$ 的频率来近似，因此，若 $x \in (x_k, x_{k+1})$，则 $x_1, x_2, \cdots, x_k$ 落在 $(-\infty, x)$ 中，频率为 k/n，从而

$$F(x) = P\{\xi < x\} \approx \frac{k}{n}.$$

据此，我们定义经验分布函数 $F_n(x)$ 如下：

$$F_n(x)=\begin{cases}0, & x\leqslant x_1,\\ \dfrac{k}{n}, & x_k<x\leqslant x_{k+1},\\ 1, & x_n<x.\end{cases}$$

这是一个阶梯函数,用它或将它适当光滑后可作为分布函数的近似.

3.3　样本均值与样本方差

1. 样本均值

设 $x_1, x_2, \cdots, x_n$ 为总体 ξ 的容量为 n 的样本的样本值,则称

$$\bar{x}=\frac{1}{n}\sum_{i=1}^{n}x_i$$

为样本均值.

例 3.2　某市电视台随机询问了 12 个居民每天收看该台节目的时间分别为 40, 70, 35, 180, 60, 80, 120, 100, 90, 0, 45, 50(分钟),试求样本均值.

解

$$\bar{x}=\frac{1}{12}(40+70+35+180+60+80+120+100+90+0+45+50)=72.5(\text{分钟}).$$

在样本容量较大且样本值数据中有重复时可采用加权平均的方法来计算. 设在样本值 $x_1, x_2, \cdots, x_n$ 中只有 l 个数据是不同的,记为 $y_1, y_2, \cdots, y_l$,其中数据 y_i 重复了 n_i 次,那么由样本均值的定义,有

$$\bar{x}=\frac{1}{n}\sum_{i=1}^{n}x_i=\frac{1}{n}\sum_{i=1}^{l}n_iy_i=\sum_{i=1}^{l}\frac{n_i}{n}y_i.$$

例 3.3　计算例 3.1 中测量某机械零件直径的样本均值.

解

$$\bar{x}=\frac{1}{192}(13.13+13.14+13.18+3\times 13.20+2\times 13.23+\cdots+13.69)=13.4138.$$

2. 样本方差

设 $x_1, x_2, \cdots, x_n$ 是总体 ξ 的容量为 n 的样本值,则称

$$S^2=\frac{1}{n-1}\sum_{i=1}^{n}(x_i-\bar{x})^2$$

为样本方差,称

$$S=\sqrt{\frac{1}{n-1}\sum_{i=1}^{n}(x_i-\bar{x})^2}$$

为样本标准差.

很明显 S 或 S^2 的大小揭示了样本值的分散程度.

例 3.4 求例 3.2 中电视台收视时间样本值的样本方差.

解

$$\begin{aligned}S=&\frac{1}{11}((40-72.5)^2+(70-72.5)^2+(35-72.5)^2\\&+(180-72.5)^2+(60-72.5)^2+(80-72.5)^2\\&+(120-72.5)^2+(100-72.5)^2+(90-72.5)^2\\&+(0-72.5)^2+(45-72.5)^2+(50-72.5)^2)\\\approx&\ 2\,188.6.\end{aligned}$$

3. *数学期望与方差的估计*

我们希望用总体 ξ 的容量为 n 的样本 $\xi_1, \xi_2, \cdots, \xi_n$ 的样本值 $x_1, x_2, \cdots, x_n$ 估计出总体 ξ 的数学期望与方差. 例如,某灯泡厂生产灯泡,因种种随机因素灯泡的寿命是不同的,如果随机抽取 n 个灯泡,测试它们的寿命,如何利用这些数据估计出该厂生产的灯泡的平均寿命?

该厂生产的灯泡的寿命是一个随机变量,记为 ξ. 平均寿命即为它的数学期望,即 $E(\xi)$. 任意抽取 n 个灯泡即抽取一个容量为 n 的样本 $\xi_1, \xi_2, \cdots, \xi_n$,测得的寿命 $x_1, x_2, \cdots, x_n$ 即为样本值. 因此估计该厂生产的灯泡的平均寿命的问题实质上是利用样本值估计总体的数学期望.

由概率论中的大数定理,随机变量 $\bar{\xi}=\frac{1}{n}(\xi_1+\xi_2+\cdots+\xi_n)$ 当 $n\to\infty$ 时以很大的概率趋近于 $E(\xi)$,因此,我们可以用样本均值 $\bar{x}=\frac{1}{n}\sum_{i=1}^{n}x_i$ 来估计 $E(\xi)$,且 n 越大,估计越精确.

此外,$\frac{1}{n-1}\sum_{i=1}^{n}(\xi_i-\bar{\xi})^2$ 也是一个随机变量,不难证明

$$E\left(\frac{1}{n-1}\sum_{i=1}^{n}(\xi_i-\bar{\xi})^2\right)=D(\xi),$$

所以,我们可以用样本方差

$$S^2 = \frac{1}{n-1}\sum_{i=1}^{n}(x_i - \bar{x})^2$$

来估计总体 ξ 的方差 $D(\xi)$.

3.4　一元线性回归

变量之间的关系除了确定性的函数关系之外还有一种“相关关系”. 例如,人的身高和体重之间的关系;人的年龄和血压之间的关系等. 这些变量之间存在着密切的关系,但不能由一个变量的数值精确地求出另一个变量的值. 我们称这类关系为相关关系.

有时,两个变量之间有确定性的函数关系,但由于测量误差等因素,它们之间的关系表现为相关关系.

回归分析提供了描述变量之间关系的数学表达式的方法并利用概率理论去判断这些表达式的有效性. 一元线性回归分析主要研究一个随机变量 η 和一个普通变量 x 之间的关系,建立它们之间的经验公式.

设通过实验或测量获得两个变量 x 和 η 的若干对数据

$$(x_1,\ y_1),\ (x_2,\ y_2),\ \cdots,\ (x_n,\ y_n),$$

我们设法建立起 η 和 x 之间的经验公式. 例如,某化工厂的原料中含有两种有效成分 A 和 B. 人们发现,当原料中 A 含量较高时,B 的含量也较高. 测量 10 批原料中 A 和 B 的含量如表 6.11 所示.

表 6.11

A(%)	24	15	23	19	16	11	20	16	17	13
B(%)	67	54	72	64	39	22	58	43	46	34

用 x 表示 A 的含量,用 η 表示 B 的含量,将测量值在直角坐标系中表示出来(见图 6.7),称为散点图. 由图 6.7 可见,虽然实验数据点是散乱的,但大体上分布在一条直线周围,亦即成分 B 与成分 A 之间大致成线性关系:

$$\hat{\eta} = a + bx,$$

上式左端的 $\hat{\eta}$ 是为了区别于 η 的实际值,因为 η 与 x 之间一般不具有函数关系. 上述关系称为回归方程.

对给定的 n 个点 $(x_1,\ y_1),\ (x_2,\ y_2),\ \cdots,\ (x_n,\ y_n)$ 和平面上任意一条直线 l:

$$y = a + bx,$$

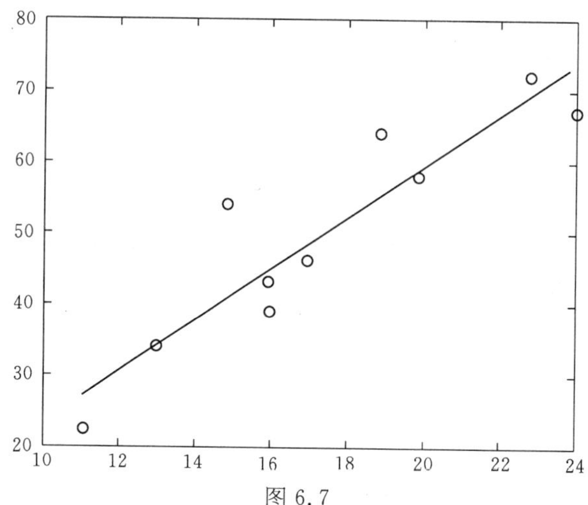

图 6.7

我们用量

$$[y_i-(a+bx_i)]^2$$

来刻画点(x_i, y_i)偏离直线 l 的程度. 因此

$$\sum_{i=1}^{n}[y_i-(a+bx_i)]^2$$

刻画了直线 l 和这 n 个点的总的偏离的程度. 这个量随不同的直线而变化,即它依赖于 a 和 b,是 a 和 b 的函数,不妨记为 $Q(a, b)$,即

$$Q(a, b)=\sum_{i=1}^{n}[y_i-(a+bx_i)]^2.$$

寻找一条最接近于这 n 个点的直线就归结为求数$\hat{a}$和$\hat{b}$,使$Q(a, b)$在 $a=\hat{a}$, $b=\hat{b}$ 时达到最小,这一方法称为最小二乘法. 由极值的必要条件,$\hat{a}$和$\hat{b}$应满足:

$$\begin{cases}\dfrac{\partial Q}{\partial a}=-2\sum\limits_{i=1}^{n}[y_i-(a+bx_i)]=0,\\[2ex]\dfrac{\partial Q}{\partial b}=-2\sum\limits_{i=1}^{n}[y_i-(a+bx_i)]\cdot x_i=0.\end{cases}$$

从上述方程的第一式可得

$$na=\sum_{i=1}^{n}y_i-b\sum_{i=1}^{n}x_i,$$

因此

$$a = \overline{y} - b\overline{x},$$

其中 $\overline{x}$ 和 $\overline{y}$ 分别为 x_i 和 y_i 的平均值. 从上述方程的第二式得

$$\sum_{i=1}^{n} x_i y_i - a\sum_{i=1}^{n} x_i - b\sum_{i=1}^{n} x_i^2 = 0.$$

将 $a = \overline{y} - b\overline{x}$ 代入上式可得

$$\sum_{i=1}^{n} x_i y_i - \overline{y}\sum_{i=1}^{n} x_i + b\left(\overline{x}\sum_{i=1}^{n} x_i - \sum_{i=1}^{n} x_i^2\right) = 0,$$

或

$$\sum_{i=1}^{n} x_i y_i - n\overline{x}\,\overline{y} + b\left(n\overline{x}^2 - \sum_{i=1}^{n} x_i^2\right) = 0.$$

从而

$$b = \frac{\sum_{i=1}^{n} x_i y_i - n\overline{x}\,\overline{y}}{\sum_{i=1}^{n} x_i^2 - n\overline{x}^2} = \frac{\sum_{i=1}^{n}(x_i - \overline{x})(y_i - \overline{y})}{\sum_{i=1}^{n}(x_i - \overline{x})^2}.$$

可以证明,求得的 a, b 确实使 $Q(a, b)$达到最小,这样

$$\hat{\eta} = a + bx$$

可视作 η 与 x 的经验公式.

用化工厂原料中成分 B 与成分 A 之间的 10 组数据,可以求得 $b \approx 3.4324$, $a \approx -11.5635$, 从而

$$\eta = 3.4324x - 11.5635,$$

即为化工原料中成分 $B(\eta)$和成分 $A(x)$间的经验公式(见图 6.7 中的直线).

现在我们对回归方程 $\hat{\eta} = a + bx$ 作一些统计分析. 已知

$$Q = \sum_{i=1}^{n} | y_i - (a + bx_i) |^2 = \sum_{i=1}^{n}(y_i - \hat{\eta}_i)^2$$

表示误差平方和,又称残差平方和。考察数据的离差 $y_i - \overline{y}$ 的平方和:

$$\begin{aligned} SST &= \sum_{i=1}^{n}(y_i - \overline{y})^2 = \sum_{i=1}^{n}[(y_i - \hat{\eta}_i) + (\hat{\eta}_i - \overline{y})]^2 \\ &= \sum_{i=1}^{n}(y_i - \hat{\eta}_i)^2 + \sum_{i=1}^{n}(\hat{\eta}_i - \overline{y})^2 + 2\sum_{i=1}^{n}(y_i - \hat{\eta}_i)(\hat{\eta}_i - \overline{y}), \end{aligned}$$

由 $\overline{y}=a+b\overline{x}$, 我们有

$$\begin{aligned}\sum_{i=1}^{n}(y_i-\hat{\eta}_i)(\hat{\eta}_i-\overline{y}) &= \sum_{i=1}^{n}(y_i-a-bx_i)(a+bx_i-\overline{y}) \\ &= \sum_{i=1}^{n}[(y_i-\overline{y})-b(x_i-\overline{x})](b(x_i-\overline{x})) \\ &= b\sum_{i=1}^{n}[(y_i-\overline{y})(x_i-\overline{x})-b(x_i-\overline{x})^2]=0,\end{aligned}$$

这是因为

$$b=\frac{\sum_{i=1}^{n}(y_i-\overline{y})(x_i-\overline{x})}{\sum_{i=1}^{n}(x_i-\overline{x})^2}.$$

于是成立

$$SST=\sum_{i=1}^{n}(y_i-\hat{\eta}_i)^2+\sum_{i=1}^{n}(\hat{\eta}_i-\overline{y})^2.$$

令

$$U=\sum_{i=1}^{n}(\hat{\eta}_i-\overline{y})^2$$

表示回归直线上的点的纵坐标的离差平方和,称为回归平方和,则成立

$$SST=Q+U.$$

这表明数据 y_i 的分散程度可以分解为两部分,其中一部分是由 y 关于 x 的线性依赖关系引起的部分,即回归平方和 U,另一部分 Q 即残差平方和体现了包含随机误差在内的其他因素引起的分散性。在总的离差中,若由线性关系引起的离差越大,随机误差越小,因此可以引入

$$R^2=\frac{U}{SSE}=\frac{\sum_{i=1}^{n}(\hat{\eta}_i-\overline{y})^2}{\sum_{i=1}^{n}(y_i-\overline{y})^2}$$

作为衡量回归好坏的指标. R 称为相关系数,$|R|$越接近 1,回归的效果越好。可以证明

$$R=\frac{\sum_{i=1}^{n}(x_i-\overline{x}_i)(y_i-\overline{y})}{\sqrt{\sum_{i=1}^{n}(x_i-\overline{x})^2}\sqrt{\sum_{i=1}^{n}(y_i-\overline{y})^2}}.$$

习　题

1. 对飞机飞行速度进行15次独立试验，测得最大飞行速度(单位:米/秒)如下:

422.2	418.7	425.6	420.3	425.8
423.1	431.5	428.2	438.3	434.0
412.3	417.2	413.5	441.3	423.7

求样本均值和样本方差.

2. 某食品厂为加强质量管理，对某天生产的罐头抽查了100个罐头的重量(数据如下)，试画直方图. 它是否近似服从正态分布?

100个罐头样品的净重数据(单位:克):

342	340	348	346	343
342	346	341	344	348
346	346	340	344	342
344	345	340	344	344
343	344	342	343	345
339	350	337	345	349
336	343	344	345	332
342	342	340	350	343
347	340	344	353	340
340	356	346	345	346
340	339	342	352	342
350	348	344	350	335
340	338	345	345	349
336	342	338	343	343
341	347	341	347	344
339	347	348	343	347
346	344	345	350	341
338	343	339	343	346
342	339	343	350	341
346	341	345	344	342

3. 某企业过去 10 个月的产量与生产费用的关系如表 6.12 所示.

试给出描述费用与产量之间关系的经验公式,并预测产量达到 200 000 个时生产费用约为多少.

表 6.12

产量(千个)	40	42	48	55	65	79	88	100	120	140
费用(千元)	150	140	160	170	150	162	185	165	190	185

§4 随机模拟方法

有许多复杂的现象,主要是随机现象,要进行直接的观测或试验是十分困难的. 美国洛斯阿拉莫斯国家实验室的科学家们在模拟中子扩散的研究中提出了随机模拟的方法,即在电子计算机上对中子的行为进行随机抽样模拟,通过对大量中子行为的观察,推断出所需的物理参数. 他们将这个方法命名为蒙特卡罗(Monte Carlo)方法. 蒙特卡罗是一座著名的赌城,用它来命名这一方法可见随机因素在此方法中的重要作用. 这一方法又称为随机模拟方法、随机试验法或计算机试验法. 本节将对随机模拟方法及其应用作一简单的介绍.

4.1 确定行为的模拟——计算定积分

设我们要计算定积分

$$I=\int_0^1 e^{-x}dx.$$

为了用随机模拟方法计算此定积分,我们先构造一个随机模型. 定积分 I 之值表示直角坐标系 O-xy 中直线 $x=0$, $x=1$, $y=0$ 和曲线 $y=e^{-x}$ 围成图形的面积, 如图 6.8 所示. 由本章 1.4 几何概型的结论,在正方形 $[0,1]\times[0,1]$ 中均匀等可能地投点,落入需计算面积的区域中的概率为该区域面积与单位正方形面积之比,因为单位正方形的面积为 1,于是有

$$p=I.$$

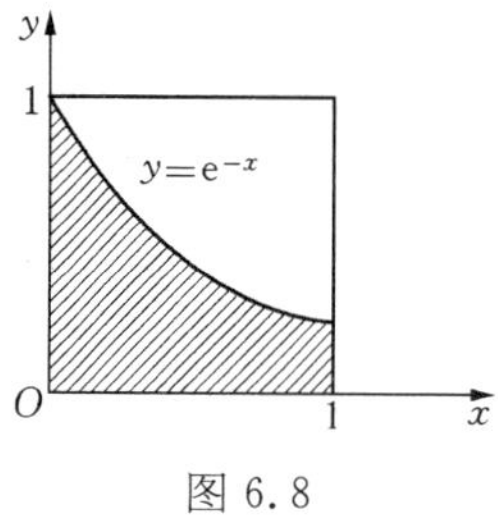

图 6.8

这里 p 为投点落入图 6.8 中阴影区域中的概率. 由于概率可以用频率来近似,因此有

$$I=p\approx \nu/N,$$

其中 N 是投点的次数,而 ν 是点落在阴影区域内的

次数. 现在我们用计算机模拟投点，将产生在两个[0, 1]中的随机数 x_i 和 y_i $(i=1, 2, \cdots, N)$ 来模拟第 i 次投点的横坐标和纵坐标；然后比较 y_i 和 e^{-x_i}，若 $y_i \leqslant e^{-x_i}$，则表明该点落在阴影区域中，于是将频数 ν 增加 1；模拟完 N 次投点后，将落在阴影区域的频数 ν 除以试验次数 N，即得频率 ν/N，它可以作为 I 的近似. 此积分之值 $I \approx 0.6321$，表 6.13 所示为用随机模拟法求得的近似.

表 6.13

N	100	600	900	2 000	5 000	6 000	7 000	8 000	9 000	10 000
$I \approx \nu/N$	0.672 7	0.662 7	0.649 5	0.627 9	0.640 1	0.622 1	0.637 3	0.631 0	0.629 5	0.632 4

4.2　随机数与伪随机数的生成

从上节可见，在随机模拟中要用到某个区间中的随机数. 产生均匀分布的随机数有两种方法，一种是物理的方法，另一种是数学的方法. 最简单的物理方法是掷骰子：连续不断地掷一颗骰子，掷出的点数即为 1～6 中的整数随机数列. 用数学方法产生随机数一般都用某种确定性算法，因此产生的并不是真正的随机数，所以称为伪随机数. 用物理方法产生随机数比较复杂，一般都用数学方法，由计算机产生伪随机数. 一般的计算机高级语言或应用程序中都有产生随机数的子程序或命令. 以下我们简单介绍两种产生伪随机数的算法.

1. 平方取中法

该算法是从一个 4 位数 x_0(称为种子)开始，将其平方后得到一个 8 位数字(必要时在前面加 0)；取该 8 位数字的中间 4 位作为下一个随机数. 用这一方法可以得到一列 0～9 999 之间的整数，它们可以换算成任何$[a, b]$中的数. 例如，将它们除以 10 000 就得到[0, 1]之间的随机数. 这个方法可以推广至产生任意 2^n 位随机数的情形. 这一方法的缺点是产生的随机数会退化为 0.

2. 线性同余法

这个方法是先选择 3 个整数 a, b, c 和给定一个随机数种子 x_0，然后按以下规则产生随机数列

$$x_{n+1} = (a \times x_n + b) \bmod (c),$$

其中 mod (c)表示除以 c 取余.

这一方法比平方取中法好. 但会产生周期循环，有时数列中的各个数之间缺乏独立性. 该方法即使有这些缺点，但在实际中还是可行的. 现在大部分计算机软件都采用这一算法.

4.3 随机现象的模拟

1. 掷骰子的随机模拟

将区间[0, 1]分成 6 个子区间 $\left[0, \frac{1}{6}\right]$, $\left(\frac{1}{6}, \frac{2}{6}\right]$, $\left(\frac{2}{6}, \frac{3}{6}\right]$, $\left(\frac{3}{6}, \frac{4}{6}\right]$, $\left(\frac{4}{6}, \frac{5}{6}\right]$, $\left(\frac{5}{6}, 1\right]$. 进行随机模拟时,我们将[0, 1]中的随机数 x 作为骰子掷一次的结果,若 x 落在第一个子区间中,就认为骰子出现 1 点,若 x 落在第二个子区间中就认为骰子出现 2 点……依此类推.

为验证这一模型的有效性,我们共产生 N 次[0, 1]中的随机数,若其中有 ν_1 次落在第一个子区间中,有 ν_2 次落在第二个子区间中……有 ν_6 次落在第六个子区间中,则 ν_i/N 为落在第 i 个区间中的频率,它应该随着 N 的增大,接近于掷骰子出现 i $(i=1, 2, \cdots, 6)$ 点的概率,均为 $1/6 \approx 0.1667$. 表 6.14 列出了随机模拟的结果. 由此可见模拟是相当成功的.

表 6.14

N	10	100	1 000	10 000	100 000
ν_1/N	0.30	0.190	0.152	0.170 3	0.165 2
ν_2/N	0.00	0.150	0.152	0.165 2	0.165 7
ν_3/N	0.10	0.090	0.157	0.163 9	0.168 5
ν_4/N	0.00	0.160	0.180	0.165 3	0.168 5
ν_5/N	0.40	0.150	0.174	0.173 8	0.167 6
ν_6/N	0.20	0.160	0.185	0.161 5	0.165 2

2. 路口停车信号管理的随机模拟

停车信号管理是目前另一种常用的交通管理方法. 所谓停车信号管理是指在交叉路口设置图文停车信号和停车线. 车辆见到停车信号后必须在停车线前停车,待完全停稳后,只有在其他方向没有往来车辆时才能重新启动行驶. 当路口有不同方向行驶的车辆按信号在停车线前停车时,那么按照先停先开的原则,后停的车辆必须等先停的车辆开走后方能启动行驶.

假设道路向东、西、南、北 4 个方向都只有一个车道,在交叉路口的各个方向都设置停车信号.

设单位时间到达路口的各方向车辆总和为 B,车辆的启动时间为 S. 我们引入一个非常重要的量 C,用于表示在停车线上的一辆汽车启动到下一辆汽车能够从停车线安全启动所需要的时间,称为让车时间.

我们要分析在一定车流量时,车辆在该路口滞留的时间. 由于车辆到达路口的时间带有随机性,采用实测统计的方法其工作量很大,因此采用随机模拟的方法可以获得理想的结果.设单位时间内到达路口的车辆总数为 B,但到达的时间是随机的.令 $A(k)$ $(k=1,2,\cdots,B)$ 表示第 k 辆车到达路口的时间,它们是按到达路口的先后次序排列的,即 $A(k)\leqslant A(k+1)$.

显然,一辆车的等待时间就是它的离开时间(即启动时间)与到达时间之差.对于无阻塞的情形,离开时间等于到达时间;而对于有阻塞的情形,离开时间等于前一辆车的离开时间加上让车时间 C.

设第 k 辆车的等待时间为 $W(k)$,那么它的离开时间为 $A(k)+W(k)$,第 $k+1$ 辆车的最早可能离开时间为 $A(k)+W(k)+C$. 如果第 $k+1$ 辆车在此时间之后到达,即 $A(k+1)\geqslant A(k)+W(k)+C$, 它到达停车之后马上可以离开,即 $W(k+1)=0$. 但如果第 $k+1$ 辆车早于这个时间到达,就必须等待,等待时间为 $W(k+1)=A(k)+W(k)+C-A(k+1)$. 于是

$$W(k+1)=\begin{cases}0, & A(k+1)\geqslant A(k)+W(k)+C,\\ A(k)+W(k)+C-A(k+1), & A(k+1)<A(k)+W(k)+C.\end{cases}$$

此式可改写为

$$\begin{aligned}&W(k+1)\\ =&\begin{cases}0, & W(k)+C-[A(k+1)-A(k)]\leqslant 0\\ W(k)+C-[A(k+1)-A(k)], & W(k)+C-[A(k+1)-A(k)]>0\end{cases}\\ =&\max\{0,\ W(k)+C-[A(k+1)-A(k)]\}.\end{aligned}$$

于是,得到等待时间的递推公式

$$\begin{cases}W(k+1)=\max\{0,\ W(k)+C-[A(k+1)-A(k)]\} \quad (k=1,2,\cdots,B-1),\\ W(1)=0,\end{cases}$$

总滞留时间为

$$T=SB+\sum_{k=1}^{B}W(k).$$

上面关于 $W(k+1)$ 的表达式依赖于 $W(k)$,而 $W(k)$可用 $A(k)$递推求得.但 $A(k)$是随机的,事先并不知道.为克服这个困难,可采用随机模拟的方法:随机产生 B 个[0, 1]之间的数,将其按从小到大的次序排列,作为车辆到达时间 $A(k)$,然后用 $W(k+1)$ 和 T 的表达式得到总滞留时间.如此重复多次,得到总滞留时间的平均值,用来估计单位时间内车辆在路口的总滞留时间.

例 4.1　设某路口采用停车信号管理,每 2 分钟有 36 辆车随机地到达路

口，设车辆的启动时间为2秒，让车时间为3秒. 试求车辆在路口的总滞留时间.

解 取单位时间为2分钟，产生36个随机数并乘以120后取整即得到达路口的时间(秒)，按从小到大次序排列后得数列 $\{A(k)\}=\{0, 3, 10, 14, 15, 16, 17, 18, 19, 21, 25, 28, 30, 32, 38, 46, 47, 49, 50, 59, 66, 67, 70, 71, 74, 78, 81, 85, 86, 101, 102, 106, 107, 112, 114, 117\}$. 由

$$\begin{cases} W(1)=0, \\ W(k+1)=\max\{0, W(k)+C-[A(k+1)-A(k)]\}, k=2, \cdots, 36, \end{cases}$$

注意到 $C=3$(秒)，得数列 $\{W(k)\}=\{0, 0, 0, 0, 2, 4, 6, 8, 10, 11, 10, 10, 11, 12, 9, 4, 6, 7, 9, 3, 0, 2, 2, 4, 4, 3, 3, 2, 4, 0, 2, 1, 3, 1, 2, 2\}$. 总的等待时间为

$$\sum_{k=1}^{36} W(k)=157(\text{秒}).$$

加上每辆车的启动时间2秒共72秒，因此总滞留时间为 $T=229$ 秒 $=3$ 分 19 秒.

当然，为了取得比较切合实际的总滞留时间，上述模拟过程必须进行多次，取它们的平均值.

3. *码头卸货效率分析的随机模拟*

有一个只有一个舶位的小型卸货专用码头，船舶运送的某些特定的货物(如矿砂、原油等)在此码头卸货. 若相邻两艘船到达的时间间隔在15～145分钟之间变化；每艘船的卸货时间由船的大小、类型所决定，在45～90分钟的范围内变化.

现在需对该码头的卸货效率进行分析，即设法计算每艘船在港口停留的平均时间和最长时间、每艘船等待卸货的时间、卸货设备的闲置时间的百分比等.

为简单起见，假设前一艘船卸货结束后马上离开码头，后一艘船立即可以开始卸货.

引进如下记号：

a_j——第 j 艘船的到达时间；

t_j——第 $j-1$ 艘船与第 j 艘船到达之间的时间间隔；

u_j——第 j 艘船的卸货时间；

l_j——第 j 艘船的离开时间；

w_j——第 j 艘船的等待时间；

s_j——第 j 艘船在港口的停留时间；

d_j——卸完第 $j-1$ 艘船的货物到开始卸第 j 艘船的货物之间的设备闲置时间；

w_m——船只的最长等待时间；

w_a——船只的平均等待时间；

s_m——船只的最长停留时间；

s_a——船只的平均停留时间；

d_l——设备闲置的总时间；

R_d——设备闲置的百分比.

为了分析码头的效率，我们考虑共有 n 条船到达码头卸货的情形，原则上讲，n 越大越好. 由于 n 条船到达码头的时间和卸货的时间都是不确定的，因此，我们要用随机模拟的方法.

首先，我们假设两条船到达之间的时间间隔是一个随机变量，服从 15～145 分钟之间的均匀分布；各船的卸货时间也是一个服从 45～90 分钟之间均匀分布的随机变量. 然后我们可以用产生均匀分布的随机数的方法，分别产生 n 个 [15, 145]和[45, 90]之间的随机数 $t_1, t_2, \cdots, t_n$ 和 $u_1, u_2, \cdots, u_n$，模拟 n 艘船两两之间到达的时间间隔和各艘船的卸货时间.

利用船舶到达的时间间隔，设初始时刻为 0，我们可以计算出各船的到达时间：

$$a_1 = t_1,\ a_j = a_{j-1} + t_j\ (j = 2, 3, \cdots, n).$$

有了这些数据后，我们就可以计算各艘船在码头等待卸货的时间、离开的时间，以及两艘船之间卸货设备的闲置时间.

第一艘船到港就可以卸货，卸完货即可离开，因而有

$$w_1 = 0,\ l_1 = a_1 + u_1.$$

而在该船到达之前设备闲置，即

$$d_1 = a_1.$$

以后各艘船到达码头时，若前一艘船已经离港，则马上可以卸货，否则必须等待，等待时间为上一艘船的离港时间与本船到达时间之差，从而第 j 艘船的等待时间为

$$w_j = \begin{cases} 0, & a_j \geqslant l_{j-1} \\ l_{j-1} - a_j, & a_j < l_{j-1} \end{cases} \quad (j = 2, 3, \cdots, n),$$

或

$$w_j = \max(0, l_{j-1} - a_j) \quad (j = 2, 3, \cdots, n).$$

由此可得

$$l_j = a_j + w_j + u_j.$$

若第 j 艘船需等待卸货，则设备不会闲置，但若第 j 艘船的到达时间迟于第 $j-1$ 艘船的离开时间，那么这段时间差就是设备的闲置时间，即

$$d_j = \begin{cases} a_j - l_{j-1}, & a_j \geqslant l_{j-1} \\ 0, & a_j < l_{j-1} \end{cases} \quad (j = 2, 3, \cdots, n),$$

或

$$d_j = \max(0, a_j - l_{j-1}), \quad (j = 2, 3, \cdots, n).$$

进一步可以用以下式子计算船只的停留时间：

$$s_j = l_j - a_j \quad (j = 1, 2, \cdots, n),$$

船只的平均和最大停留时间以及平均和最大等待时间：

$$s_m = \max_{1 \leqslant j \leqslant n} s_j, \quad s_a = \frac{1}{n} \sum_{j=1}^{n} s_j,$$

$$w_m = \max_{1 \leqslant j \leqslant n} w_j, \quad w_a = \frac{1}{n} \sum_{j=1}^{n} w_j,$$

也可以计算出设备闲置总时间和闲置时间百分比：

$$d_l = \sum_{j=1}^{n} d_j, \ R_d = d_l / l_n.$$

由于 t_j 和 u_j 是随机产生的，重复计算结果是会有差异的，因此仅用一次计算的结果作为分析的依据是不合理的. 较好的做法是重复进行多次模拟，取各项数据的平均值作为分析的依据.

例 4.2 设码头只有一个装卸舶位，考察 100 条船，相邻两船到达的时间随机地从 15～145 分钟之间变化，卸货时间从 45～90 分钟之间变化，求船在港口的平均停留时间、最长停留时间、平均等待时间、最长等待时间和设备闲置时间所占的百分比.

解 我们进行 6 次模拟，每次分别产生随机数列表示各船到达的间隔时间和卸货时间，然后分别计算 s_a，s_m，w_a，w_m 和 R_d，并将结果列于表 6.15 中.

表 6.15

船在港口的平均停留时间	106	85	101	116	112	94
船在港口的最长停留时间	287	180	233	280	234	264
船的平均等待时间	39	20	35	50	44	27
船的最长等待时间	213	118	172	203	167	184
设备闲置时间的百分比	0.18	0.17	0.15	0.2	0.14	0.21

我们可以将这 6 次模拟的结果进行平均作为对各参数的估计,即船只在港口的平均停留时间 $s_a = 102.33$ 分钟,船只在港口的最长停留时间 $s_m = 246.33$ 分钟,船只平均等待时间 $w_a = 35.83$ 分钟,船只最长等待时间 $w_m = 176.17$ 分钟,设备闲置时间百分比 $R_d = 17.5$.

例 4.3　若为了提高码头的卸货能力,增加了部分劳力和改善了设备,从而使卸货时间减少至 35～75 分钟之间,两艘船到达的间隔仍为 15～145 分钟,则情况将会发生什么变化?

解　重新进行 6 次模拟,与上例不同的是各船的卸货时间是用产生 100 个[35, 75]间的随机数给出的,用 s_a, s_m, w_a, w_m, R_d 的计算公式,并将得到的结果列于表 6.16 中.

表 6.16

船在港口的平均停留时间	74	62	64	67	67	73
船在港口的最长停留时间	161	116	167	178	173	190
船的平均等待时间	19	6	10	12	12	16
船的最长等待时间	102	58	102	110	104	131
设备闲置时间的百分比	0.25	0.33	0.32	0.3	0.31	0.27

从表 6.16 可见,每艘船的卸货时间缩短了 15～20 分钟,等待时间明显缩短,但设备闲置时间的百分比增加了一倍.

例 4.4　在上题提高卸货能力的基础上,为了提高效率,接纳更多的船前来卸货,将两船到达的时间间隔缩短为 10～120 分钟,情况又会有什么变化?

解　同样进行 6 次模拟,产生[10, 120]中的随机数列作为各船到达的时间间隔;产生[35, 75]中的随机数列作为卸货时间.然后分别计算 s_a, s_m, w_a, w_m 和 R_d,将结果列于表 6.17 中.

表 6.17

船在港口的平均停留时间	114	79	96	88	126	115
船在港口的最长停留时间	248	224	205	171	371	223
船的平均等待时间	57	24	41	35	71	61
船的最长等待时间	175	152	155	122	309	173
设备闲置时间的百分比	0.15	0.19	0.12	0.14	0.17	0.06

由表 6.17 可见,设备闲置率下降了,但等待时间却有所增加.

§5 应用实例

5.1 敏感问题的调查

有时,我们需要进行某种调查,调查的问题比较敏感,如需要了解一群人中有吸毒行为人数的比例,一个班级在某次考试中有作弊行为的比例,大学生谈恋爱人数的比例,等等.

若调查者直接用这种问题去询问被调查者,一般难以获得被调查者的合作.他们有可能拒绝回答,也可能给出虚假的回答.

为改善调查的效果,瓦纳(Warner)设计了一种随机问答法,设法减轻被调查者的抵触情绪,依据概率论的理论估算出合理的结果.

随机问答法是这样进行的:设某个总体中具有某种敏感特征人的比例为 α,称具有这种特征的人的全体为团体 A. 直接向被调查者询问你是否属于团体 A 是会引起反感的. 瓦纳设计的方法是提出两个问题:

问题 1:你属于团体 A;

问题 2:你不属于团体 A.

调查者准备好一副纸牌,其中百分比 p 的纸牌标有数字 1,百分比 $1-p$ 的纸牌标有数字 2. 调查时,调查人请被调查人从这副纸牌中任抽 1 张,并告诉被调查人不要把抽到的结果告诉调查人,若抽到标有 1 的纸牌就回答问题 1;若抽到标有 2 的纸牌应回答问题 2,请他们选择“是”或“非”. 由于调查人并不知道被调查人究竟回答哪一个问题,因此被调查人作出真实回答的可能性比较大.

设调查了 n 个人,其中有 m 人回答“是”,我们要用概率论的方法估算总体中属于团体 A 的比例.

由概率的加法公式和乘法公式,我们计算回答“是”的概率:

$P\{$回答“是”$\}=P\{$抽到标有 1 的牌且回答“是”$\}+P\{$抽到标有 2 的牌且回答“是”$\}=P\{$抽到标有 1 的牌$\}P\{$回答“是”$\mid$ 抽到标有 1 的牌$\}+P\{$抽到标有 2 的牌$\}P\{$回答“是”$\mid$ 抽到标有 2 的牌$\}$.

由于样本数为 n,回答“是”的总数为 m,回答是的概率可以用 m/n 来估计,设属于团体 A 的概率为 α,于是上式可写成:

$$\frac{m}{n}=p\cdot\alpha+(1-p)(1-\alpha).$$

从中解出

$$\tilde{\alpha}=\frac{1}{2p-1}\left(p-1+\frac{m}{n}\right),\ p\neq\frac{1}{2},$$

其中$\tilde{\alpha}$是总体中属于团体 A 的概率的估计值.

例 5.1　为调查大学中某一年级中学生参加外语考试作弊的比例,用随机问答法进行调查.设计的两个问题为

问题 1:你在这次考试中有作弊行为;

问题 2:你在这次考试中无作弊行为.

设计的纸牌共 100 张,其中 75 张标有数字 1, 25 张标有数字 2.请 200 名学生根据任意抽得的牌上的标号对问题 1 或问题 2 用“是”或“否”回答(抽出的牌再放回),结果有 60 名回答为“是”,求该年级学生外语考试作弊的比例.

解　据题意,$n=200$, $p=0.75$, $m=60$,用公式

$$\tilde{\alpha}=\frac{1}{2p-1}\left(p-1+\frac{m}{n}\right)$$

计算,得

$$\tilde{\alpha}=\frac{1}{2\times 0.75-1}\left(0.75-1+\frac{60}{200}\right)=2\times 0.05=0.1.$$

因此,估计作弊人数比例为 10%.

这一方法无法推算某一个人是否具有某种特性,只能估计总体中具有这种特性的人数的比例.瓦纳证明,随机问答法在很多情形下均优于直接询问法.

5.2　方法的改进——不相关问题的模型

瓦纳的随机问答法中所设计的两个问题都是与敏感特性直接有关的,很有可能引起人们的戒备.有人对此方法作了改进,将第二个问题改为与敏感特性不相关的问题,其余的做法与上述随机问答法完全相同.

第二个问题可以是:

你是冬季出生的吗?

你的学生证号码末位是奇数?

你出生在长江以南?

等等.这些问题都可以抽象为:你属于团体 B.这些问题设计的技巧是,回答“是”的概率要么是已知的,要么是以前曾已作过估计的,设它为 α_B.

这样,改进方法中的两个问题成为

问题 1:你属于团体 A;

问题 2:你属于团体 B.

仍设样本容量为 n,牌中标有 1 的比例为 p, m 人回答“是”.

类似于随机问答法,有

$$\frac{m}{n}=p\cdot\alpha+(1-p)\alpha_B,$$

从而

$$\tilde{\alpha}=\frac{1}{p}\left[(p-1)\alpha_B+\frac{m}{n}\right],\ p>0.$$

例 5.2 某高级中学要调查学生谈恋爱的比例.设计了一副纸牌,其中 75 张标有 1, 25 张标有 2.调查 100 个学生,提以下两个问题:

问题 1:你谈过恋爱吗?

问题 2:你学生证末位号码是偶数吗?

让被调查学生任意抽取 1 张牌(随即放回并不让调查者看到所标的数字),根据牌上的标号所对应的问题用“是”或“否”加以回答,有 18 人回答“是”,要估计该校学生谈过恋爱的人数的比例.

解 显然 $n=100$, $p=0.75$, $m=18$. 学生证号码奇、偶数各占一半,因此 $\alpha_B=0.5$. 所以

$$\begin{aligned}\tilde{\alpha}&=\frac{1}{p}\left[(p-1)\alpha_B+\frac{m}{n}\right]\\&=\frac{1}{0.75}[-0.25\times0.5+0.18]=0.073,\end{aligned}$$

即谈过恋爱的学生占 7%略多一些.

5.3 风险决策

人们在作决策时,可能面临几种客观状态,到底哪种状态出现是不确定的,因此决策就有风险,这种决策称为风险决策.如果设法知道各种不同客观状态出现的概率,就可以采用适当的方法进行科学决策,获得某种意义下最优的效果.下面,我们用实例加以说明.

例 5.3 设一家体育用品商店要决定夏季销售的网球衫的订购数量.这种网球衫的订购数必须是 100 的倍数,订购 100 件每件单价 10 元;订购 200 件,单价 9 元;订购 300 件或 300 件以上,单价为 8.5 元.这种网球衫的售价为每件 12 元,但若在夏季末还未售完,则必须以每件 6 元处理完.为简单起见,对网球衫的需求可以分成 3 种情形:100 件、150 件和 200 件.同时,若一个顾客想买网球衫而未能如愿,将会对商店的信誉带来损失,为简单起见,量化为商店损失0.5 元.若根据历年的统计,需求 100 件的概率为 0.5,需求 150 件的概率为 0.3,需求

200 件的概率为 0.2,商店应订购多少件网球衫可获利最多?

解　该商店可以采用的 3 个方案为订购 100 件、200 件和 300 件,分别记为 a_1, a_2 和 a_3. 可能遇到的状态分别为需求 100 件、150 件和 200 件,记为 Q_1, Q_2, Q_3.

我们可以计算各个方案在不同状态下的获利. 例如,采用方案 a_1 遇到状态 Q_1,即订购 100 件,需求也是 100 件,每件获利 2 元,共获利 200 元. 又如,采用方案 a_1,遇到状态 Q_3,即订购 100 件,需求 200 件. 售出的每一件获利 2 元,共获利 200 元,但有 100 位顾客买不到网球衫. 商店的信誉损失费共为 50 元,因此总的获利为 150 元.

若用 v_{ij} 表示采用方案 a_i,遇到状态 Q_j 时的获利,我们有

$$v_{11} = 200,\ v_{13} = 150.$$

类似地,我们可以求得所有 $v_{ij}(i,\ j = 1,\ 2,\ 3)$. 将它们写成矩阵的形式,得

$$V = (v_{ij}) = \begin{pmatrix} 200 & 175 & 150 \\ 0 & 300 & 600 \\ -150 & 150 & 450 \end{pmatrix}.$$

记 $p_1 = P\{Q_1\} = 0.5$, $p_2 = P\{Q_2\} = 0.3$, $p_3 = P\{Q_3\} = 0.2$, 方案 a_1, a_2, a_3 的收益的数学期望分别为

$$\mathrm{E}(a_1) = \sum_{j=1}^{3} p_j v_{1j} = 0.5 \times 200 + 0.3 \times 175 + 0.2 \times 150 = 182.5,$$

$$\mathrm{E}(a_2) = \sum_{j=1}^{3} p_j v_{2j} = 0.5 \times 0 + 0.3 \times 300 + 0.2 \times 600 = 210,$$

$$\mathrm{E}(a_3) = \sum_{j=1}^{3} p_j v_{3j} = 0.5 \times (-150) + 0.3 \times 150 + 0.2 \times 450 = 60.$$

可见,方案 a_2 的获利的数学期望最大,应采取的决策是方案 a_2,即订购 200 件.

除了用上述矩阵的方法来分析以外,还可以用更为直观的决策树方法来进行分析. 对例 4.3 画出决策树如图 6.9 所示.

其中 A 称为决策结点,由它发出的 3 条线称为决策枝,分别表示决策的 3 个方案. a_1, a_2, a_3 称为状态结点,每点发出的 3 条线表示 3 种状态及其概率,称为概率枝. 在概率枝末端标上对应方案遇到此状态的获利数.

计算每一方案获利的数学期望,标记在相应的状态结点的上方,比较这 3 个期望值的大小,剪去对应于期望值较小的两个决策枝,剩下一枝对应的方案 a_2 就是我们最后的决策.

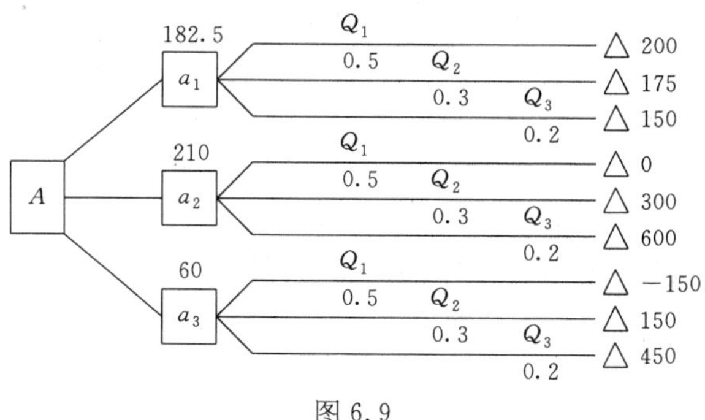

图 6.9

5.4 质量控制——6σ 管理的数学模型

产品的质量是制造业最关注的问题.现代质量管理从 20 世纪至今经历了质量检验、统计质量控制(SQC)、全面质量控制(TQC)和全面质量管理(TQM)几个阶段.1980 年左右,美国摩托罗拉公司实施了以改进质量为目标的 6σ 管理方式,获得了巨大的成功,并推广至全球主要的制造企业,本节介绍支撑 6σ 管理的核心统计数学模型.

产品的质量特性往往可以用一个随机变量来表示.例如,加工一个半径为 2 毫米的圆柱状的零件,实际加工出来的产品的直径尺寸 ξ 一般会在 2 毫米周围波动.如果做一些统计就可以发现,生产零件的直径的平均值大约就是 2 毫米,直径接近 2 毫米的比较多,直径尺寸偏离 2 毫米越大的零件越少.据此,我们可以用正态分布的随机变量来作为产品直径的数学模型.本章 2.2 中已经指出,正态分布有两个参数,数学期望 μ 和标准差 σ,其中 μ 是随机变量的概率平均值,而 σ 刻画随机变量偏离 μ 的程度.

以 μ 的数学期望,σ 为标准差的正态分布记作 $\mathrm{N}(\mu,\ \sigma^2)$,其概率密度函数为

$$f(x)=\frac{1}{\sqrt{2\pi}\sigma}\mathrm{e}^{-\frac{(x-\mu)^2}{2\sigma^2}}.$$

见图 6.4,它的概率分布函数为

$$F(x)=\frac{1}{\sqrt{2\pi}\sigma}\int_{-\infty}^{x}\mathrm{e}^{-\frac{(\xi-\mu)^2}{2\sigma^2}}\mathrm{d}\xi,$$

表示 $\xi<x$ 的概率,即

$$P\{\xi<x\}=F(x).$$

特别称 N(0, 1)为标准正态分布函数,记其分布函数为

$$\Phi(x)=\frac{1}{\sqrt{2\pi}}\int_{-\infty}^{x}\mathrm{e}^{-\frac{\xi^2}{2}}\mathrm{d}\xi.$$

对 $x\geqslant 0$,其函数值已制成表格(参见本章附录).

设产品的某质量指标 ξ 是服从 $N(\mu,\sigma^2)$ 的随机变量,设 μ 是产品的设计目标值,产品的合格范围为 $\mu\pm\varepsilon$,即若 $\xi\in[\mu-\varepsilon,\mu+\varepsilon]$,则均为合格,其中 ε 称为公差.我们可以算出产品合格的概率

$$P\{\mu-\varepsilon\leqslant\xi\leqslant\mu+\varepsilon\}=\frac{1}{\sqrt{2\pi}\sigma}\int_{\mu-\varepsilon}^{\mu+\varepsilon}\mathrm{e}^{-\frac{(\xi-\mu)^2}{2\sigma^2}}\mathrm{d}\xi.$$

令

$$z=\frac{\xi-\mu}{\sigma},$$

$$P\{\mu-\varepsilon\leqslant\xi\leqslant\mu+\varepsilon\}=\frac{1}{\sqrt{2\pi}}\int_{-\frac{\varepsilon}{\sigma}}^{\frac{\varepsilon}{\sigma}}\mathrm{e}^{-\frac{z^2}{2}}\mathrm{d}z=\Phi\left(\frac{\varepsilon}{\sigma}\right)-\Phi\left(-\frac{\varepsilon}{\sigma}\right),$$

标准正态分布表中只给出自变量非负的数值,所以,不能从表上直接查得 $\Phi\left(-\frac{\varepsilon}{\sigma}\right)$,但注意到成立 $\Phi(-x)=1-\Phi(x)$,因此,有

$$P\{\mu-\varepsilon\leqslant\xi\leqslant\mu+\varepsilon\}=2\Phi\left(\frac{\varepsilon}{\sigma}\right)-1.$$

当 $\varepsilon=\sigma$ 时,查表得

$$P\{\mu-\varepsilon\leqslant\xi\leqslant\mu+\varepsilon\}=P\{\mu-\sigma\leqslant\xi\leqslant\mu+\sigma\}=2\Phi(1)-1\approx 0.6828;$$

当分别取 $\varepsilon=2\sigma$, 3σ 时,有

$$P\{\mu-\varepsilon\leqslant\xi\leqslant\mu+\varepsilon\}=P\{\mu-2\sigma\leqslant\xi\leqslant\mu+\sigma\}=2\Phi(2)-1\approx 0.9544,$$

$$P\{\mu-\varepsilon\leqslant\xi\leqslant\mu+\varepsilon\}=P\{\mu-3\sigma\leqslant\xi\leqslant\mu+3\sigma\}=2\Phi(3)-1\approx 0.9973.$$

以上结果表明,当公差等于产品的标准差时,合格率为 68.28%;当公差等于产品的标准差 2 倍时,合格率为 95.44%;当公差等于产品的标准差的 3 倍时,合格率为 99.73%.因此,在相当长一段时间内人们控制质量的原则是,控制生产过程,使产品的有关指标的数学期望尽量接近设计指标 μ,同时使其标准差不大于公差的三分之一,即 $3\sigma\leqslant\varepsilon$.这就是质量控制的 3σ 准则.

从表面上看,3σ 准则可以获得 99.73%的高合格率.但实际上一个零件需经

多道加工工序才能制成.而整个产品又由许多个零件构成,生产环节是相当多的.即便每个环节的合格率都达到 99.73%,若生产过程有 50 个环节,那么产品的合格率就为$(99.73\%)^{50}$,即为 87.36%;若生产过程有 100 个环节,则产品的合格率为$(99.73\%)^{100}$,仅为 76.31%,这样的合格率是远远不够的.况且,在生产过程中加工的指标会随时间的改变偏离设计指标,指标 ξ 的数学期望会偏离设计值 μ,换言之 ξ 的数学期望会变成 $\mu\pm\delta$,称为中心偏移,在计算合格率时需考虑这一因素.由对称性,我们仅考虑中心右移的情形,此时,产品指标 ξ 是服从正态分布 $N(\mu+\delta,\ \sigma^2)$ 的随机变量,参见图 6.10,产品合格率为

$$P\{\mu-\varepsilon\leqslant\xi<\mu+\varepsilon\}=\int_{\mu-\varepsilon}^{\mu+\varepsilon}\frac{1}{\sqrt{2\pi}\sigma}\mathrm{e}^{-\frac{(\xi-\mu-\delta)^2}{2\sigma^2}}\mathrm{d}\xi.$$

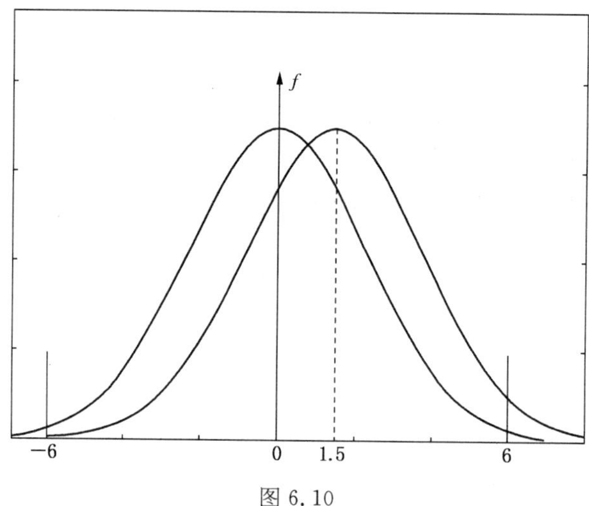

图 6.10

作变换

$$z=\frac{\xi-\mu-\delta}{\sigma},$$

则

$$P\{\mu-\varepsilon\leqslant\xi<\mu+\varepsilon\}=\int_{\frac{-\varepsilon-\delta}{\sigma}}^{\frac{\varepsilon-\delta}{\sigma}}\frac{1}{\sqrt{2\pi}}\mathrm{e}^{-\frac{z^2}{2}}\mathrm{d}z=\Phi\Big(\frac{\varepsilon-\delta}{\sigma}\Big)-\Phi\Big(\frac{-\varepsilon-\delta}{\sigma}\Big)$$

$$=\Phi\Big(\frac{\varepsilon+\delta}{\sigma}\Big)+\Phi\Big(\frac{\varepsilon-\delta}{\sigma}\Big)-1.$$

通常可设偏离值不超过 1.5σ.当 $\delta=1.5\sigma$ 时,分别令 $\varepsilon=n\sigma,\ n=2,\ 3,\ \cdots,$

6 可得合格率分别为

$$P\{\mu-2\sigma\leqslant\xi<\mu+2\sigma\}=\Phi(3.5)+\Phi(0.5)-1\approx 69.12\%,$$

$$P\{\mu-3\sigma\leqslant\xi<\mu+3\sigma\}=\Phi(4.5)+\Phi(1.5)-1\approx 93.32\%,$$

$$P\{\mu-4\sigma\leqslant\xi<\mu+4\sigma\}=\Phi(5.5)+\Phi(2.5)-1\approx 99.38\%,$$

$$P\{\mu-5\sigma\leqslant\xi<\mu+5\sigma\}=\Phi(6.5)+\Phi(3.5)-1\approx 99.976\,747\%,$$

$$P\{\mu-6\sigma\leqslant\xi<\mu+6\sigma\}=\Phi(7.5)+\Phi(5.5)-1\approx 99.999\,66\%.$$

由此可见，当 $\varepsilon=6\sigma$ 时，合格率达到 99.999 66%，即 100 万件产品中次品只有 3.4 件，用质量管理的术语称为 3.4 ppm 的缺陷率. 由对称性，当中心向左偏移 1.5σ 时，结论完全相同.

于是，我们有结论：只要中心偏移不超过 1.5σ，当 $6\sigma\leqslant\varepsilon$ 时，产品的缺陷率不超过 3.4 ppm. 这样的缺陷率足以保证产品的质量，因为即使有 100 个生产环节，若每个环节的合格率为 99.999 66%，成品的合格率也可达到 $(99.999\,66\%)^{100}\approx 99.97\%$.

所以质量控制的 6σ 原则是，控制生产过程，使产品指标随机变量 ξ 的标准差 $6\sigma\leqslant\varepsilon$，其数学期望偏离设计指标不超过 1.5σ.

设我们要控制某零部件的某个质量指标，该指标的设计值为 μ，允许公差为 ε. 测量 n 件产品，该指标的测量值为 $\xi_1, \xi_2, \cdots, \xi_n$，则该指标值 ξ 的数学期望可分别用

$$\bar{\xi}=\frac{1}{n}\sum_{i=1}^{n}\xi_i$$

来估计. 而方差 σ^2 可用

$$\bar{S}^2=\frac{1}{n-1}\sum_{i=1}^{n}(\xi_i-\bar{\xi})^2$$

来估计.

在获得 $\bar{\xi}$ 和 $\bar{S}$ 后，就可以应用 6σ 准则. 若 $|\bar{\xi}-\mu|\leqslant 1.5\bar{S}$ 和 $6\bar{S}<\varepsilon$，则生产正常，缺陷率低于 3.4 ppm；否则，质量有问题，必须寻找原因，对生产过程进行调整.

如今 6σ 原则已经从一种改进生产过程、提高质量的统计方法发展成为一种企业文化，有力地推动企业在质量、技术、管理意识方面的改革.

5.5　企事业人员结构的预测和控制的随机矩阵方法

有些企事业的员工是分级别的，如软件公司的初级程序员、中级程序员和高

级程序员;又如大学中的助教、讲师、副教授、教授.低级别的员工可以晋升为高级别的员工.当高级别员工的比例过大时,员工的结构就变得不合理了.例如必须安排高级别的员工去从事十分简单的工作.同时,因为对高级别的员工通常支付更高的工资,在一定的工资总额下,企业无法承受高级别员工比例过高的负担.于是,企业十分关心企业员工组成结构的预测,同时希望用比较人性化的手段(例如尽量避免解雇人员)来控制各类员工的比例,达到一种比较合理的员工结构.我们将用随机矩阵的方法来解决这一问题.

设某单位一共有 k 种不同级别的员工,并设晋升、招聘均按年度进行.因此,我们用 $n_i(T)$ $(i=1, 2, \cdots, k)$表示 T 年第 i 级员工的总数.用 $n_{ij}(T)$ $(i=1, 2, \cdots, k)$表示下一年($T+1$ 年)将从 i 级晋升(或降级)至 j 级的人数,并用 $n_{i,k+1}(T)$表示即将离开本企业的第 i 级员工数.

我们还假设每年从 i 级人员变为 j 级的人员的概率以及第 i 级人员离开企业的概率分别为 p_{ij} 和 w_i,即近似地成立

$$n_{ij}(T)/n_i(T)=p_{ij},$$

$$n_{i,k+1}(T)/n_i(T)=w_i,$$

显然应成立

$$\sum_{j=1}^{k} p_{ij}+w_i=1.$$

此外,设企业员工总数是固定的,每年招聘的总人数等于离开企业的总人数,记 $T+1$ 年招聘的人数为 $R(T+1)$,则

$$R(T+1)=\sum_{i=1}^{k} n_{i,k+1}(T).$$

又设新招聘分配至各级的员工比率为 $r_i(i=1, 2, \cdots, k)$,则成立

$$n_{0,i}(T+1)=r_iR(T+1),$$

和

$$\sum_{i=1}^{k} r_i=1.$$

第 $T+1$ 年第 j 级员工的人数应等于第 T 年该等级的员工数,加上新招聘的人数以及从其他级别的人数进入该级别的人数减去该级别离开企业的人数和升降至其他级别的人数,即

$$n_j(T+1) = n_j(T) + n_{0,j}(T+1) + \sum_{\substack{i=1 \\ i \neq j}}^{k} n_{ij}(T) - n_{j,k+1}(T) - \sum_{\substack{i=1 \\ i \neq j}}^{k} n_{ji}(T)$$

$$= \sum_{i=1}^{k} n_{ij}(T) + n_{0,j}(T+1),$$

其中

$$n_{jj}(T) = n_j(T) + \sum_{\substack{i=1 \\ i \neq j}}^{k} n_{ij}(T) - n_{j,k+1}(T) - \sum_{\substack{i=1 \\ i \neq j}}^{k} n_{ji}(T)$$

表示第 j 级人员中,第 $T+1$ 年仍留在第 j 级的人员数.

据假设,我们有

$$\bar{n}_{i,k+1}(T) = n_i(T) w_i,$$

采用$\bar{n}_{i,k+1}$代替 $n_{i,k+1}$的原因是考虑到不确定因素(以下类同),表示离开人数的数学期望,于是

$$R(T+1) = \sum_{i=1}^{k} n_i(T) w_i.$$

又因为

$$\bar{n}_{i,j}(T) = n_j(T) p_{ij},$$

则

$$\bar{n}_j(T+1) = \sum_{i=1}^{k} n_i(T) p_{ij} + r_j \sum_{i=1}^{k} n_i(T) w_i.$$

引入向量 $\boldsymbol{n}(T) = (n_1(T),\ n_2(T),\ \cdots,\ n_k(T))$, $\boldsymbol{w} = (w_1,\ w_2,\ \cdots,\ w_k)$, $\boldsymbol{r} = (r_1,\ r_2,\ \cdots,\ r_k)$ 以及矩阵 $P = (p_{ij})(i,\ j = 1,\ 2,\ \cdots,\ k)$, 上式可以改写为

$$\bar{\boldsymbol{n}}(T+1) = \boldsymbol{n}(T)(P + \boldsymbol{w}^{\mathrm{T}}\boldsymbol{r}) = \boldsymbol{n}(T)Q,$$

其中 $Q = (P + \boldsymbol{w}^{\mathrm{T}}\boldsymbol{r})$, 称为随机矩阵(又称为转移概率矩阵),“T”表示矩阵转置.

由上式不难预测 s 年后员工的结构为

$$\bar{\boldsymbol{n}}(s) = \boldsymbol{n}(0)Q^s,$$

其中 $\boldsymbol{n}(0)$是当前企业员工的结构向量.

若企业希望员工结构保持不变,用 $\boldsymbol{n}$ 表示今年的员工结构向量,则应成立

$$\boldsymbol{n} = \boldsymbol{n}Q.$$

注意到 $Q = (P + \boldsymbol{w}^{\mathrm{T}}\boldsymbol{r})$, 我们可以调节 P, $\boldsymbol{w}$ 和 $\boldsymbol{r}$,使上式成立. 但是矩阵 P 表示升迁概率,是不能随意变动的. 而 $\boldsymbol{w}$ 表征离开企业的概率,若企业想采取人

性化的管理手段，不随意解雇员工；也不能用改变它作为调节控制的手段，从而我们将 $\boldsymbol{r}$ 作为控制变量，视 P 和 $\boldsymbol{w}$ 为不变的量来使上式成立. 由上式，即从

$$\boldsymbol{n} = \boldsymbol{n}(P + \boldsymbol{w}^{\mathrm{T}}\boldsymbol{r})$$

中可解出

$$\boldsymbol{r}=\boldsymbol{n}(I-P)/(\boldsymbol{n}\boldsymbol{w}^{\mathrm{T}}),$$

其中 I 为单位矩阵，当然 $\boldsymbol{r} = (r_1, r_2, \cdots, r_k)$ 还需满足

$$r_i \geqslant 0\ (i = 1, 2, \cdots, k),\ \sum_{i=1}^{k} r_i = 1.$$

例 5.4 设企业的员工分 3 个等级，由低至高排列. 企业的初始员工结构、离职概率、招聘分配和升迁概率为

$$\boldsymbol{n}(0) = (300, 100, 50),$$

$$\boldsymbol{w} = (0.2, 0.1, 0.2),$$

$$\boldsymbol{r} = (0.75, 0.25, 0),$$

$$P = \begin{pmatrix} 0.6 & 0.2 & 0 \\ 0 & 0.7 & 0.2 \\ 0 & 0 & 0.8 \end{pmatrix}.$$

请预测 10 年后的员工结构.

注 不难看出，最低级别和最高级别的员工离职概率较大. 高级员工的离开包括退休和死亡，因此他们的离职概率较大是符合实际的. P 的下三角为 0 表示只有升职，没有降职. 从 P 的性态还可以看出，越级晋升的概率为 0.

解 考察 10 年后的员工结构，应有

$$\boldsymbol{n}(10) = \boldsymbol{n}(0)Q^{10},$$

而

$$Q = (P + \boldsymbol{w}^{\mathrm{T}}\boldsymbol{r}) = \begin{pmatrix} 0.75 & 0.25 & 0 \\ 0.075 & 0.725 & 0.2 \\ 0.15 & 0.05 & 0.8 \end{pmatrix},$$

$$\boldsymbol{n}(10) = \boldsymbol{n}(0)Q^{10} = (138.96, 158.61, 152.4),$$

由此可见，高级员工的比例有越来越高的趋势.

若要控制企业员工结构保持不变，设员工总数为 N，令

$$x = \frac{1}{N}n,$$

表示各级员工的比率,那么 r 的表达式可改写为

$$r = x(I - P)/(xw^{\top}),$$

即应采取上式决定的招聘分配比率,使员工结构保持不变.

例 5.5　设对某企业,员工比率、离职和升迁的概率分别为

$$x = (0.3, 0.3, 0.4), w = (0.1, 0.1, 0.2),$$

$$P = \begin{pmatrix} 0.6 & 0.3 & 0 \\ 0 & 0.7 & 0.2 \\ 0 & 0 & 0.8 \end{pmatrix},$$

求保持员工结构不变的招聘分配比率.

解　$r = x(I - P)/(xw^{\top}) = (0.86, 0, 0.14)$,

即要保持人员结构不变,每年招聘人数中的 86% 为最低级别的员工,其余 14% 为最高级别的员工.

5.6　需求随机的最优存储策略

考虑如下的存储问题:已知某商品,其每单位存储一天的费用为 C_s. 该商品的进货是周期性的,即每 T 天进货一次,待商品销售完毕后再一次进货. 每进货一次需支付一次性费用 C_b(包括手续费、运费等). 我们已经积累了一批历史销售数据,如何确定进货周期 T,使每天平均的存储和进货费用最省? 下面我们以一个加油站为例叙述解决这一随机需求的存储问题的方法.

设我们有某加油站以前 1 000 天汽油需求量的数据,每天的需求量在 1 000～2 000 升之间. 从 1 000～2 000 升用 100 升作为一级,分成 10 个区间,统计每天的需求量分别落在这 10 个区间中的天数,如表 6.18 所示. 将这些天数除以 1 000,得到需求量在每个区间中的频率(见表 6.19),并画出直方图(见图 6.11).

表 6.18

需求量(升)	出现天数	需求量(升)	出现天数
1 000～1 099	10	1 500～1 599	270
1 100～1 199	20	1 600～1 699	180
1 200～1 299	50	1 700～1 799	80
1 300～1 399	120	1 800～1 899	40
1 400～1 499	200	1 900～1 999	30
			1 000

表 6.19

需求量(升)	出现概率	需求量(升)	出现概率
1 000～1 099	0.01	1 500～1 599	0.27
1 100～1 199	0.02	1 600～1 699	0.18
1 200～1 299	0.05	1 700～1 799	0.08
1 300～1 399	0.12	1 800～1 899	0.04
1 400～1 499	0.20	1 900～1 999	0.03
			1.00

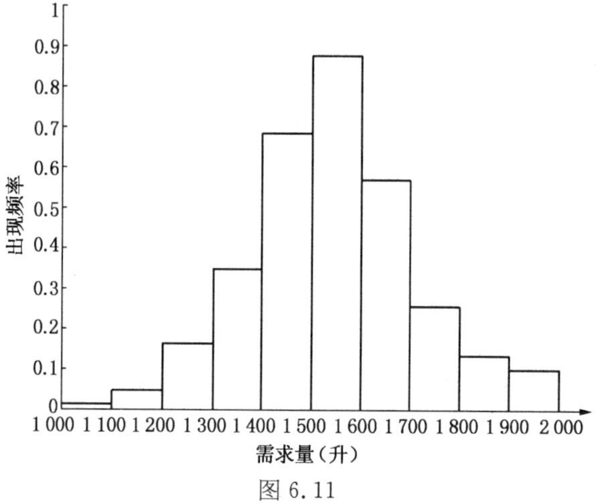

图 6.11

在随机实验次数较多的情形下,概率可以用频率来近似.将每个需求区间的概率一次相加得到累计直方图(见图 6.12).

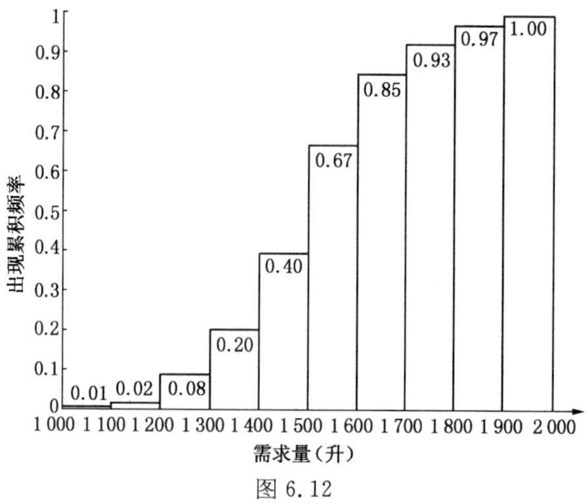

图 6.12

表 6.20

随机数	相应的需求	出现的百分比	随机数	相应的需求	出现的百分比
$0 \leqslant x < 0.01$	1 000～1 099	0.01	$0.40 \leqslant x < 0.67$	1 500～1 599	0.27
$0.01 \leqslant x < 0.03$	1 100～1 199	0.02	$0.67 \leqslant x < 0.85$	1 600～1 699	0.18
$0.03 \leqslant x < 0.08$	1 200～1 299	0.05	$0.85 \leqslant x < 0.93$	1 700～1 799	0.08
$0.08 \leqslant x < 0.20$	1 300～1 399	0.12	$0.93 \leqslant x < 0.97$	1 800～1 899	0.04
$0.20 \leqslant x < 0.40$	1 400～1 499	0.20	$0.97 \leqslant x < 1.00$	1 900～1 999	0.03

现在我们就可以根据累计直方图,用[0, 1]中均匀分布的随机数来模拟需求的情况(见表 6.20).当发生的随机数 x 满足 $0.01 \leqslant x \leqslant 0.03$ 时,日需求量落在 1 100～1 199 升之间.由于 x 是[0, 1]中均匀分布的随机数,它落在上述各小区间中的概率等于小区间的长度.因此,这样的模拟方法是合理的.我们通过随机试验可说明这一点.分别产生[0, 1]之间均匀分布的随机数 1 000 次和 10 000 次,按照表 6.20 的规则,确定需求所在的区间(见表 6.21).不难看出,随机模拟的结果与统计数据的结果(见表 6.19)是十分接近的.

表 6.21

区　　间	模拟中出现数/期望出现数		区　　间	模拟中出现数/期望出现数	
	1 000 次试验	10 000 次试验		1 000 次试验	10 000 次试验
1 000～1 099	8/10	91/100	1 500～1 599	275/270	2 681/2 700
1 100～1 199	16/20	198/200	1 600～1 699	187/180	1 812/1 800
1 200～1 299	46/50	487/500	1 700～1 799	83/80	857/800
1 300～1 399	118/120	1 205/1 200	1 800～1 899	34/40	377/400
1 400～1 499	194/200	2 008/2 000	1 900～1 999	39/30	284/300
				1 000/1 000	10 000/10 000

为方便计算,我们可以根据累积直方图(见图 6.12)构造连续的经验分布函数.取图 6.12 中每个矩形顶部的中点并将它们用直线连接,就得到经验分布函数(见图 6.13).

这 10 个点的坐标为(1 050, 0.01),(1 150, 0.03),(1 250, 0.08),(1 350, 0.02),(1 450, 0.40),(1 550, 0.67),(1 650, 0.85),(1 750, 0.93),(1 850, 0.97),(1 950, 1.0).将它们用(x_i, q_i),$(i = 1, 2, \cdots, 10)$表示,另计$(x_0, q_0) = (0, 0)$,则经验分布函数可以表示为

$$x = F(q) = x_{i-1} + \frac{x_i - x_{i-1}}{q_i - q_{i-1}}(q - q_{i-1}),\ q_{i-1} \leqslant q \leqslant q_{i-1},\ (i = 1, 2, \cdots, 10),$$

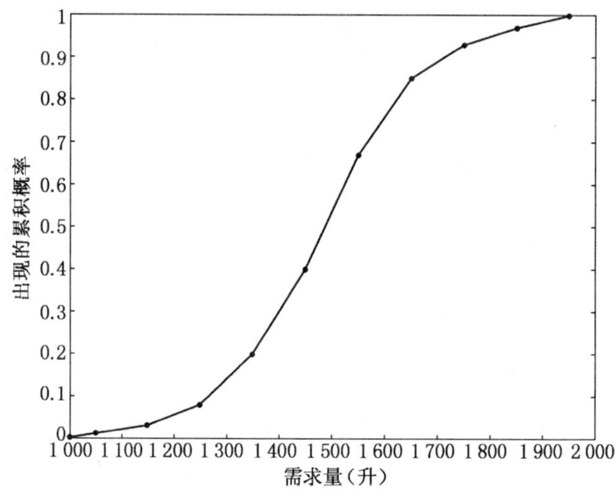

图 6.13

其反函数可表示为

$$q = F^{-1}(x) = q_{i-1} + \frac{q_i - q_{i-1}}{x_i - x_{i-1}}(x - x_{i-1}),$$

$$x_{i-1} \leqslant x \leqslant x_{i-1}, \ (i = 1, 2, \cdots, 10).$$

我们可以用随机模拟的方法来模拟任一天汽油的需求量,具体做法如下:产生一个[0, 1]间的均匀分布的随机数 $\bar{x}$,设其满足 $\bar{x} \in [x_{j-1}, x_j)$,则由

$$\bar{q} = q_{j-1} + \frac{q_j - q_{j-1}}{x_j - x_{j-1}}(\bar{x} - x_{j-1})$$

得到当日汽油需求量的模拟值 $\bar{q}$.

设每次供货的费用为 C_b,每升汽油每天的存储费用为 C_s,用随机模拟的方法模拟每天的需求量,可以进而计算进货周期 T(天)和进货量为 Q(升)时每天的平均费用.

首先,用上述随机模拟的方法,求出周期内每一天的需求量 $R_i\,(i=1, 2, \cdots, T)$;然后可以计算第 j 天的汽油需求量,并可以用

$$C_j = \left(Q - \sum_{i=1}^{j-1} R_i - \frac{R_j}{2}\right) C_s$$

作为第 j 天的存储费用,于是一个周期中每天的平均费用为

$$C(T) = \frac{1}{T}(C_b + \sum_{j=1}^{T} C_j) = \frac{1}{T}\left[C_b + \sum_{j=1}^{T}\left(Q - \sum_{i=1}^{j-1} R_i - \frac{R_j}{2}\right) C_s\right]$$

$$= \frac{1}{T}\left[C_b + \left(TQ - \sum_{j=1}^{T}\sum_{i=1}^{j-1}R_i - \frac{1}{2}\sum_{j=1}^{T}R_j\right)C_s\right].$$

将上述做法重复 n 次，取得结果的平均值就是周期中每天平均费用的估计值.

对于不同的 T，进行上述随机模拟，获得其每天平均费用的估计，可取其中费用最小所对应的 T 作为进货周期.

附　录

正态分布函数

$$\Phi(x) = \frac{1}{\sqrt{2\pi}}\int_{-\infty}^{x} e^{-\frac{t^2}{2}} dt$$

的数值表如表 6.22 所示.

表 6.22

x	$\Phi(x)$	x	$\Phi(x)$	x	$\Phi(x)$	x	$\Phi(x)$	x	$\Phi(x)$	x	$\Phi(x)$
0.00	0.500 000	0.50	0.691 463	1.00	0.841 345	1.50	0.933 193	2.00	0.977 250	2.50	0.993 790
0.05	0.519 939	0.55	0.708 840	1.05	0.853 141	1.55	0.939 429	2.05	0.989 818	2.55	0.994 614
0.10	0.539 828	0.60	0.725 747	1.10	0.864 334	1.60	0.945 201	2.10	0.982 136	2.60	0.995 339
0.15	0.559 618	0.65	0.742 154	1.15	0.874 928	1.65	0.950 528	2.15	0.984 222	2.65	0.995 975
0.20	0.579 260	0.70	0.758 036	1.20	0.884 930	1.70	0.955 434	2.20	0.986 097	2.70	0.996 533
0.25	0.598 706	0.75	0.773 373	1.25	0.894 350	1.75	0.959 941	2.25	0.987 776	2.75	0.997 020
0.30	0.617 911	0.80	0.788 145	1.30	0.903 200	1.80	0.964 070	2.30	0.989 276	2.80	0.997 445
0.35	0.636 831	0.85	0.802 338	1.35	0.911 492	1.85	0.967 843	2.35	0.990 613	2.85	0.997 814
0.40	0.655 422	0.90	0.815 940	1.40	0.919 243	1.90	0.971 283	2.40	0.991 80	2.90	0.998 134
0.45	0.673 645	0.95	0.828 944	1.45	0.926 471	1.95	0.974 412	2.45	0.992 857	2.95	0.998 411
										3.00	0.998 650

习题参考答案

第一章

§1 略.

§3

1. (1) $AB \approx 12.2$; $AC \approx 13.7$; $BC = 10.8$; (2) BC 的中点 $D(8, 7, 10)$; AC 的中点 $E(3.5, 8, 6)$; AB 的中点 $F(6.5, 4, 4)$; (3) $AD \approx 11.8$; $BE \approx 9.2$; $CF \approx 10.7$. **2.** (1) 无; (2) 有. **3.** 3 个分点依次为 $\left(\frac{1}{2}, 0, \frac{5}{4}\right)$, $\left(1, 1, -\frac{1}{2}\right)$, $\left(\frac{3}{2}, 2, -\frac{9}{4}\right)$. **4.** (1) 平行于 yOz 平面; (2) 平行于 y 轴; (3) 过原点. **5.** $3x - y + z - 3 = 0$. **6.** 与 $x = 0$ 的交线是 $\begin{cases} x = 0, \\ -y + 2z - 1 = 0; \end{cases}$ 与 $y = 0$ 的交线是 $\begin{cases} y = 0, \\ 4x + 2z - 1 = 0; \end{cases}$ 与 $z = 0$ 的交线是 $\begin{cases} z = 0, \\ 4x - y - 1 = 0. \end{cases}$ **7.** (1) 球心为 $(6, -2, 3)$,半径为 7; (2) 球心为 $(-4, 0, 0)$,半径为 4. **8.** 曲线既落在球面 $x^2 + y^2 + z^2 = 25$ 上,又落在平面 $4x - 3y = 0$ 上. **9.** (1) (1.767 8, 3.061 9, 3.535 5); (2) (4.330 1, 2.5, 8.660 3). **10.** (1) (10, 60°, 45°); (2) (20, 30°, −60°). **11.** $\widehat{SL} \approx$ 10 493 千米.(注意:L 城的西经 118°应化为东经 242°, $\widehat{SL}$ 才是劣弧.)
12. $\widehat{P_0P_1} \approx 551.1$ 千米; $\widehat{P_1P_2} \approx 3\,849.4$ 千米; $\widehat{P_2P_3} \approx 1\,917.3$ 千米; $\widehat{P_3P_4} \approx 989.9$ 千米; $\widehat{P_4P_5} \approx 350.1$ 千米; $\widehat{P_5P_6} \approx 1\,836.8$ 千米; $\widehat{P_6P_7} \approx 218.4$ 千米; $\widehat{P_7P_8} \approx 88.4$ 千米; $\widehat{P_0P_1} + \widehat{P_1P_2} + \cdots + \widehat{P_7P_8} \approx 9\,801.4$ 千米.

第二章

§1

1. (1) $[0, 4) \cup (4, +\infty)$; (2) $[1, +\infty)$; (3) $[1, 3]$; (4) $(-\infty,$

1) $\cup (2, +\infty)$； (5) $(-\infty, -1] \cup [2, 6]$； (6) $(-\infty, 1) \cup (1, +\infty)$.

2. $f(0)=0$, $f(1)=\frac{\pi}{4}$, $f\left(-\frac{\sqrt{3}}{3}\right)=-\frac{\pi}{6}$, $f(\sqrt{3})=\frac{\pi}{3}$, $f(-1)=-\frac{\pi}{4}$.

3. (1) 偶函数； (2) 偶函数； (3) 奇函数； (4) 奇函数； (5) 偶函数； (6) 非奇非偶. **4.** 略. **5.** $\varphi(\varphi(x))=\frac{x-1}{x}$, $\varphi\left(\frac{1}{\varphi(x)}\right)=\frac{1}{x}$ $(x\neq 0, 1)$.

6. (1) $T=\frac{2\pi}{\omega}$； (2) $T=\frac{\pi}{3}$； (3) 非周期函数； (4) $T=2\pi$. **7.** (1) $y=1+2^{2x}$； (2) $y=\sin\frac{x}{2}$, $x\in[-\pi, \pi]$； (3) $y=\sqrt{1-x^2}$, $x\in[-1, 0]$； (4) $y=\frac{1+2x}{2-x}$ $(x\neq 2)$. **8.** (1) $y=\ln u$, $u=\sin v$, $v=x^2$； (2) $y=e^u$, $u=\arctan x$； (3) $y=\sqrt{u}$, $u=v^2-v+2$, $v=e^x$； (4) $y=u^2$, $u=\sin v$, $v=2x$. **9.** $y=\begin{cases}3x, & 0\leqslant x\leqslant 10,\\ 30+\frac{5}{2}(x-10), & 10<x\leqslant 50,\\ 130+2(x-50), & x>50.\end{cases}$ **10.** $V=x(a-2x)^2$ $\left(0<x<\frac{a}{2}\right)$. **11.** $y=\begin{cases}10, & 0\leqslant x\leqslant 3,\\ 10+2(x-3), & 3<x\leqslant 10,\\ 24+3(x-10), & x>10.\end{cases}$

§2

1. (1) 极限为1； (2) 极限为0； (3) 极限为0； (4) 极限为0； (5) 极限为1； (6) 无极限. **2.** (1) 1； (2) $\frac{1}{2}$； (3) 0； (4) $2x$； (5) 1； (6) 2； (7) 0； (8) 5； (9) $\frac{3}{2}$； (10) $\frac{1}{3}$； (11) e^{-2}； (12) 2； (13) $e^{\frac{1}{2}}$； (14) 3； (15) 1； (16) $\frac{1}{2}$. **3.** 略. **4.** 略. **5.** (1) $\ln\frac{\pi}{2}$； (2) 1； (3) $\frac{1}{2}$； (4) 1； (5) $\sec^2 a$.

§3

1. (1) $a_n=\frac{1+n}{1+2^n}$； (2) $a_n=\frac{1}{n(n+1)}$； (3) $a_n=\frac{1}{4n-3}$； (4) $a_n=\frac{(-1)^{n-1}}{n^2}$. **2.** (1) 发散； (2) 收敛； (3) $x\in(-2, 0)$ 时收敛，其余情形发

散；(4) 发散；(5) $a>1$ 时收敛，$0<a\leqslant 1$ 时发散；(6) 发散. **3.** (1) 发散；(2) 收敛；(3) 收敛；(4) 发散；(5) 收敛；(6) 收敛；(7) 收敛；(8) 发散.

第 三 章

§1

1. (1) $f'(x_0)$；(2) $f'(x_0)$；(3) $-f'(x_0)$；(4) $2f'(x_0)$. **2.** $y=-x+2$. **3.** (1) $y'=3x^2+\frac{1}{\sqrt{x}}$；(2) $y'=-\frac{1}{x^2}$；(3) $y'=2x\sin x+x^2\cos x$；(4) $y'=\mathrm{e}^x(x^2+x-1)$；(5) $y'=\mathrm{e}^x(\sin x+\cos x)$；(6) $y'=\sec^2 x+\sec x\tan x$；(7) $y'=\frac{2}{(x+1)^2}$；(8) $y'=-\frac{2\cos x}{(1+\sin x)^2}$；(9) $y'=\frac{\mathrm{e}^x(x-2)-2}{x^3}$；(10) $y'=2x\arctan x+\frac{x^2}{1+x^2}$. **4.** (1) $y'|_{x=1}=0$, $y'|_{x=2}=2$；(2) $f'(1)=-1$, $f'(-2)=-\frac{1}{4}$；(3) $f'(0)=1$, $f'(\pi)=-\mathrm{e}^{\pi}$. **5.** (1) $y'=12x(2x^2+3)^2$；(2) $y'=2\cos 2x$；(3) $y'=-x\mathrm{e}^{-\frac{x^2}{2}}$；(4) $y'=\frac{\mathrm{e}^x}{1+\mathrm{e}^{2x}}$；(5) $y'=\frac{x}{\sqrt{a^2+x^2}}$；(6) $y'=\frac{2x}{1+x^4}$；(7) $y'=-2\sin 4x$；(8) $y'=\frac{1}{2\sqrt{x-x^2}}$；(9) $y'=\sec x$；(10) $y'=\frac{2\arcsin x}{\sqrt{1-x^2}}$；(11) $y'=\csc x$；(12) $y'=\frac{1}{\sqrt{1+x^2}}$；(13) $y'=\frac{1}{1+x^2}$；(14) $y'=x^{\sin x}\left(\cos x\ln x+\frac{\sin x}{x}\right)$. **6.** $y=x+1$. **7.** (1) $y''=\mathrm{e}^x(x^2+5x+5)$；(2) $y''(0)=-1$；(3) $y''=2\mathrm{e}^x(\cos x-\sin x)$；(4) $y^{(n)}=\sin\left(x+\frac{n}{2}\pi\right)$.
8. (1) $z_x=2x\sin(xy^2)+y^2(x^2+y^2)\cos(xy^2)$, $z_y=2y\sin(xy^2)+2xy(x^2+y^2)\cos(xy^2)$；(2) $u_x=-\frac{x}{\sqrt{(x^2+y^2+z^2)^3}}$；(3) $z_x=yx^{y-1}$, $z_y=x^y\ln x$；(4) $f_x(0,\pi)=1$, $f_y(0,\pi)=0$. **9.** (1) $\mathrm{d}y=(2x\tan x+x^2\sec^2 x)\mathrm{d}x$；(2) $\mathrm{d}y=-\tan x\mathrm{d}x$；(3) $\mathrm{d}y=\frac{x\cos x-\sin x}{x^2}\mathrm{d}x$；(4) $\mathrm{d}y=\frac{1-2x^2}{\sqrt{1-x^2}}\mathrm{d}x$；(5) $\mathrm{d}y=\mathrm{e}^{\sin x}\cos x\mathrm{d}x$；(6) $\mathrm{d}y=\frac{1}{x(1+\ln^2 x)}\mathrm{d}x$.

§ 2

1. 略. **2.** (1) 在$(-\infty, -1]$和$[1, +\infty)$上分别递增,在$[-1, 0)$和$(0, 1]$上分别递减； (2) 在$(-\infty, -3]$和$[1, +\infty)$上分别递增,在$[-3, 1]$上递减； (3) 在$(-\infty, +\infty)$上递减； (4) 在$[0, 2]$上递增,在$(-\infty, 0]$和$[2, +\infty)$上分别递减. **3.** (1) $y_{\min}=1$； (2) $y_{\max}=\frac{5}{4}$； (3) 没有极值； (4) $y_{\max}=0$, $y_{\min}=-1$； (5) $y_{\min}=\frac{3}{2}\sqrt[3]{2}$； (6) $y_{\max}=91$, $y_{\min}=-17$. **4.** (1) $y_{最大}=6$, $y_{最小}=-3$； (2) $y_{最大}=\frac{5}{4}$, $y_{最小}=\sqrt{6}-5$. **5.** (1) 在$[2, +\infty)$上凹,在$(-\infty, 2]$上凸； (2) 在$\left[\frac{4}{3}, +\infty\right)$上凹,在$\left(-\infty, \frac{4}{3}\right]$上凸； (3) 在$(0, +\infty)$上凹； (4) 在$(-\infty, -\sqrt{3}]$上凹,在$[-\sqrt{3}, 0]$上凸,在$[0, \sqrt{3}]$上凸,在$[\sqrt{3}, +\infty]$上凹. **6.** (1) 定义域为$(-\infty, +\infty)$, $y'=3x^2-3$, $y''=6x$, 列表讨论单调性、极值、凸性和拐点,如表 1 所示,图略；

表 1

x	$(-\infty, -1)$	-1	$(-1, 0)$	0	$(0, 1)$	1	$(1, +\infty)$
y'	+	0	−	−	−	0	+
y''	−	−	−	0	+	+	+
y	↗凸	极大值	↘凸	拐点	↘凹	极小值	↗凹

(2) 奇函数,定义域为$(-\infty, +\infty)$, $y'=\frac{2(1-x^2)}{(1+x^2)^2}$, $y''=\frac{4x(x^2-3)}{(1+x^2)^3}$, 列表讨论单调性、极值、凸性和拐点如表 2 所示,渐近线: $y=0$, 图略.

表 2

x	0	$(0, 1)$	1	$(1, \sqrt{3})$	$\sqrt{3}$	$(\sqrt{3}, +\infty)$
y'	+	+	0	−	−	+
y''	0	−	−	−	0	+
y	拐点	↗凸	极大值	↘凸	拐点	↘凹

§ 3

1. 半径 $r=6$ 厘米时,其周长最小. **2.** 日产量件 $Q=8$ 时,利润最高. **3.** 邮局 C 的位置在距离 D 点 1.2 千米时,使距离 $AC+BC$ 为最小. **4.** 最经济的订货批量为 300 件,全年订购次数为 10 次. **5.** 每批生产 10 吨时,才能使总费用最省.

第 四 章

§1

1. (1) $\sqrt{2}x+c$; (2) $\pi t+c$; (3) $\frac{1}{4}u^4+c$; (4) $\frac{4}{3}x^{\frac{3}{2}}+c$; (5) $-\frac{1}{5}x^{-5}+c$; (6) $t^{100}+t^{99}+t^{98}+\cdots+t^2+t+c$; (7) $\frac{1}{4}x^4+\frac{\sqrt{2}}{3}x^3-\frac{\pi}{2}x^2-\sqrt{3}x+c$; (8) $-\frac{2}{x}-x+c$; (9) $2t^3+\frac{1}{2}t^{-2}+c$; (10) $\frac{1}{3}x^3-\frac{1}{2}x^2+x+c$; (11) $\frac{1}{3}(t-3)^3+c$; (12) $\frac{1}{4}(t+1)^4+c$; (13) $2u^2-4u+c$; (14) $\frac{1}{4}u^4-u+c$. **2.** (1) $\frac{2}{3}(t-2)^{\frac{3}{2}}+c$; (2) $\frac{1}{9}(3x^2+4)^3+c$; (3) $-\frac{1}{6(2x-3)^3}+c$; (4) $\frac{1}{3}(x^2+4)^{\frac{3}{2}}+c$; (5) $\sqrt{x^2+2}+c$; (6) $-\frac{1}{4(x^2+1)^2}+c$; (7) $-2e^{-\frac{x}{2}}+c$; (8) $\frac{1}{3}e^{x^3}+c$; (9) $\frac{3}{2}\ln(x^2+5)+c$; (10) $\frac{1}{3}x^3-\frac{1}{x}-\frac{1}{3}e^{3x}+c$; (11) $\frac{1}{2}x^2+\ln(x+4)-\sqrt{x^2+2}+c$.
3. (1) $(x^2-2)\sin x+2x\cos x+c$; (2) $\frac{1}{4}x^4\ln x-\frac{x^4}{16}+c$; (3) $\frac{1}{2}x^2\ln^2 x-\frac{1}{2}x^2\ln x+\frac{1}{4}x^2+c$; (4) $\left(-\frac{1}{2}x^3-\frac{3}{4}x^2-\frac{3}{4}x-\frac{3}{8}\right)e^{-2x}+c$; (5) $\frac{4}{13}e^{2x}\left(\frac{1}{2}\sin 3x-\frac{3}{4}\cos 3x\right)+c$.

§2

1. (1) 12; (2) $\frac{8}{3}$; (3) $\frac{26}{3}$; (4) $\frac{4}{3}$; (5) $\frac{8}{3}$. **2.** 略. **3.** (1) $\frac{15}{4}$; (2) $\frac{112}{3}$; (3) $\frac{1}{6}$; (4) $\frac{127}{648}$; (5) $\frac{1}{2}(1-e^{-4})$; (6) 1; (7) $\frac{\pi}{2}+1$; (8) $\frac{1}{4}(e^2+1)$. **4.** (1) $\frac{92}{3}$; (2) $\frac{51}{4}$; (3) $\frac{1}{2}(1-e^{-9})$; (4) $\frac{1}{12}$; (5) $\frac{15}{4}$.

§3

1. (1) 41.6 米； (2) ≈ 45.9 米. **2.** $-\frac{1}{2}x^2+x-1$. **3.** $x=-1$ 或 $\frac{2}{3}$.
4. $\frac{9}{2}\pi$. **5.** $4\sqrt{3}\pi$.

§4

1. $\frac{1}{4}$. **2.** 1. **3.** $\frac{1}{2}$. **4.** ∞. **5.** ∞.

§5

1. $y=c(x-a)+b$, c 为任意常数. **2.** $y=cx-1$, c 为任意常数.
3. $y=c\cos x+\sin x$, c 为任意常数. **4.** $y=de^{cx}-\frac{a+bx}{c}-\frac{b}{c^2}$, d 为任意常数.

第 五 章

§1

1. $\begin{pmatrix}14 & -3 & 10 & 25\\ 10 & 6 & 18 & 2\end{pmatrix}$, $\begin{pmatrix}12 & 18 & -12 & -6\\ 20 & -4 & 4 & 4\end{pmatrix}$. **2.** (18). **3.** (8).
4. (1) $\begin{pmatrix}11 & 26\\ 19 & 38\end{pmatrix}$; (2) $\begin{pmatrix}14 & 29 & 15\\ 16 & 36 & 20\\ -2 & -3 & -1\end{pmatrix}$; (3) $\begin{pmatrix}-10 & -24 & -1\\ 4 & 6 & 1\\ 16 & 30 & 3\end{pmatrix}$;
(4) $\begin{pmatrix}1 & 1 & 1 & 1\\ 5 & 5 & 5 & 5\\ 0 & 0 & 0 & 0\\ 0 & 0 & 0 & 0\\ 0 & 0 & 0 & 0\end{pmatrix}$. **5.** $A^2=\begin{pmatrix}1 & -3\\ 9 & -2\end{pmatrix}$, $A^3=\begin{pmatrix}-7 & -4\\ 12 & -11\end{pmatrix}$. **6.** 略.
7. (1) $\begin{pmatrix}-7 & 4\\ 2 & -1\end{pmatrix}$; (2) 无逆阵; (3) $\begin{pmatrix}-\frac{4}{11} & -\frac{8}{11} & \frac{4}{11} & \frac{5}{11}\\ \frac{15}{22} & \frac{4}{11} & -\frac{2}{11} & -\frac{5}{22}\\ -\frac{9}{22} & \frac{2}{11} & -\frac{1}{11} & \frac{3}{22}\\ \frac{6}{11} & \frac{1}{11} & \frac{5}{11} & -\frac{2}{11}\end{pmatrix}$. **8.** 略.

§ 2

1. (1) $x_1=7,\ x_2=-1,\ x_3=-4$; (2) $x_1=-4,\ x_2=-23,\ x_3=9$; (3) $x_1=3,\ x_2=-2,\ x_3=1,\ x_4=1$. **2.** (1) $x_1=8,\ x_2=6,\ x_3=-3$; (2) 无解; (3) $\begin{cases}x_1=17+5x_4,\\ x_2=22+8x_4,\\ x_3=-27-11x_4.\end{cases}$

§ 3

1. $A=\begin{pmatrix}2 & 1\\ 5 & -1\end{pmatrix}$. **2.** (1, 1)的像是(3, 4); (1, −1)的像是(1, 2); $(s,\ t)$的像是 $(2s+t,\ 3s+t)$. **3.** $N\cdot M$: $\begin{pmatrix}x'\\ y'\end{pmatrix}=\lambda\begin{pmatrix}\cos\theta & -\sin\theta\\ \sin\theta & \cos\theta\end{pmatrix}\begin{pmatrix}x\\ y\end{pmatrix}$. **4.** $N\cdot M$: $\begin{pmatrix}x'\\ y'\end{pmatrix}=\begin{pmatrix}0 & -1\\ 1 & 0\end{pmatrix}\begin{pmatrix}x\\ y\end{pmatrix}$. **5.** 顶点为(1, 1), (3, 2), (4, 5), (2, 4)的平行四边形.

§ 4

1. (1) f 的最大值在(2, 0)达到, $\max f=4$; (2) f 的最小值在 $x+2y=1$ 上达到, $\min f=1$. **2.** 生产零件 B 13 件,能使收入最大. **3.** (1)

s. t. $\begin{cases}x_1+x_2+x_3+x_5=10,\\ x_1-x_6+x_7-x_8=2,\\ x_1,\ x_2,\ x_3,\ x_5,\ x_6,\ x_7,\ x_8\geqslant 0,\end{cases}$ $\min f=x_1+x_6-x_7$; (2)

s. t. $\begin{cases}x_1+x_2+x_3+x_5-x_6+x_7=2,\\ x_1-x_5+x_6-x_8=3,\\ 2x_1+x_3+x_9=4,\\ x_1,\ x_2,\ x_3,\ x_5,\ x_6,\ x_7,\ x_8,\ x_9\geqslant 0,\end{cases}$ $\min f=x_1-2x_2+x_3$.

4. $x_2,\ x_3$ 是一组基,对应的基本可行解是$\left(0,\ \frac{2}{3},\ \frac{1}{3}\right)$; $x_1,\ x_3$ 是一组基,对应的基本可行解是$\left(\frac{2}{3},\ 0,\ \frac{1}{3}\right)$. **5.** 在 $x_1=1,\ x_2=0,\ x_3=1$ 处有最小值 4. **6.** 在 $x_1=0,\ x_2=0,\ x_3=4,\ x_4=3$ 时达到最小值−4. **7.** 标准线性规划为

s. t. $\begin{cases}-x_1+2x_2+x_3=4,\\ 3x_1+2x_2+x_4=14,\\ 2x_1-x_2+x_5=4,\\ x_1,\ x_2,\ x_3,\ x_4,\ x_5\geqslant 0,\end{cases}$ $\min f=6x_1+4x_2$. 它在(0, 0, 4, 14, 4)处

有最小值 0.

第 六 章

§1

1. $26\times10^3+26^2\times100=93\,600$. **2.** $13\times10\times C_{37}^5=56\,666\,610$. **3.** 0.5.

4. (1) 5%; (2) $\frac{C_{95}^1C_5^1}{C_{100}^2}=\frac{95}{990}\approx0.096$. **5.** (1) $\frac{2\times2^3-1}{3^3}=\frac{15}{27}\approx0.556$; (2) $\frac{2}{3^3}=\frac{2}{27}\approx0.074$. **6.** $\frac{2}{52}\approx0.074$. **7.** (1) $\frac{2}{5}$; (2) $\frac{1}{6}$; (3) $\frac{1}{10}$.

8. $\frac{\frac{1}{4}\pi\times25^2}{30\times40}\approx0.409$. **9.** $C_7^4\cdot0.99^4\cdot0.01^3\approx0.000\,084\,1$. **10.** $\frac{1}{3}0.91+\frac{2}{3}0.38\approx0.89$. **11.** $\frac{0.87}{0.94}\approx0.926$. **12.** $\frac{0.95\cdot0.4}{0.95\cdot0.4+0.1\cdot0.96}\approx0.798$.

§2

表 3

ξ	0	1
P	0.98	0.02

1. 见表 3. **2.** $P\{\xi=0\}=\frac{3}{4}=0.75$, $P\{\xi=1\}=\frac{9}{44}\approx0.204$, $P\{\xi=2\}=\frac{9}{220}\approx0.041$, $P\{\xi=3\}=\frac{1}{220}=0.005$. **3.** (1) $C_5^2\cdot0.1^2\cdot0.9^3\approx0.072\,9$; (2) $C_5^3\cdot0.1^3\cdot0.9^2+C_5^4\cdot0.1^4\cdot0.9+0.1^5\approx0.509$; (3) $1-C_5^4\cdot0.1^4\cdot0.9-0.1^5\approx0.999\,5$; (4) $1-0.9^5\approx0.41$. **4.** (1) $\frac{4^8}{8!}e^{-4}\approx0.029\,8$; (2) $1-\sum_{k=0}^{10}\frac{4^k}{k!}e^{-4}\approx0.002\,8$. **5.** (1) $\frac{1}{\pi}$; (2) $\frac{1}{3}$; (3) $F(x)=\begin{cases}0, & x<-1,\\ \frac{1}{\pi}\arcsin x+\frac{1}{2}, & -1\leqslant x\leqslant1,\\ 1, & x>1.\end{cases}$ **6.** 1.65, 2.58, 1.65. **7.** 0.954 4.

8. 0.291, 0.319 2. **9.** $-\frac{5}{37}$. **10.** 10. **11.** $\frac{1}{\lambda}$, $\frac{1}{\lambda^2}$.

§3

1. 425.074, 71.881. **2.** 是. **3.** $y=134.789\,3+0.397\,8x$, 214.353 6.

图书在版编目(CIP)数据

文科高等数学/华宣积,谭永基,徐惠平编著. —2版. —上海:
复旦大学出版社, 2000.8(2020.8重印)
(博学·数学系列)
ISBN 978-7-309-02607-8

Ⅰ.文… Ⅱ.①华…②谭…③徐… Ⅲ.高等数学-高等学校-教材 Ⅳ.013

中国版本图书馆CIP数据核字(2000)第35828号

文科高等数学(第二版)
华宣积 谭永基 徐惠平 编著
责任编辑/范仁梅 陆俊杰

复旦大学出版社有限公司出版发行
上海市国权路579号 邮编:200433
网址:fupnet@fudanpress.com http://www.fudanpress.com
门市零售:86-21-65102580 团体订购:86-21-65104505
外埠邮购:86-21-65642846 出版部电话:86-21-65642845
上海春秋印刷厂

开本 787×960 1/16 印张 17 字数 319 千
2020年8月第2版第17次印刷
印数 40 301—42 400

ISBN 978-7-309-02607-8/O·208
定价:39.00元